T0253505

Wolfgang Stegmüller

Probleme und Resultate der Wissenschaftstheorie und Analytischen Philosophie, Band II
Theorie und Erfahrung

Studienausgabe, Teil A

Erfahrung, Festsetzung, Hypothese und Einfachheit in der wissenschaftlichen Begriffs- und Theorienbildung

Von der Qualität zur Quantität
Variable Deutungsmöglichkeiten von Theorien:
Das Beispiel der Newtonschen Mechanik
Die kombinierte Raum-Zeit-Metrik
Reichenbachs Lichtgeometrie
Die wissenschaftstheoretische Stellung der allgemeinen Relativitätstheorie

Springer-Verlag Berlin · Heidelberg · New York 1970

Professor Dr. Wolfgang Stegmüller
Philosophisches Seminar II
der Universität München

Dieser Band enthält die Einleitung und die Kapitel I und II der unter dem Titel „Probleme und Resultate der Wissenschaftstheorie und Analytischen Philosophie, Band II, Theorie und Erfahrung" erschienenen gebundenen Gesamtausgabe.

ISBN 3-540-05019-1 broschierte Studienausgabe Teil A
Springer-Verlag Berlin Heidelberg New York

ISBN 0-387-05019-1 soft cover (Student edition) Part A
Springer-Verlag New York Heidelberg Berlin

ISBN 3-540-06692-6 gebundene Gesamtausgabe
Springer-Verlag Berlin Heidelberg New York

ISBN 0-387-06692-6 hard cover
Springer-Verlag New York Heidelberg Berlin

2142/3140-5432

Inhaltsverzeichnis

Von der gebundenen Gesamtausgabe des Bandes „Probleme und Resultate der Wissenschaftstheorie und Analytischen Philosophie, Band II, Theorie und Erfahrung", sind folgende weiteren Teilbände erschienen:

Studienausgabe Teil B: Wissenschaftssprache, Signifikanz und theoretische Begriffe.

Studienausgabe Teil C: Beobachtungssprache, theoretische Sprache und die partielle Deutung von Theorien.

Einleitung: Inhaltsübersicht und Zusammenfassung

Im **ersten Kapitel** wird *die Theorie der Begriffsformen* behandelt. Man unterscheidet drei Arten von Begriffsformen: *klassifikatorische* oder qualitative, *topologische* oder komparative und *quantitative* oder metrische Begriffe. Die Theorie der Begriffsformen kann in zweifacher Weise aufgebaut werden: entweder streng *axiomatisch* oder in einer mehr *intuitiv-konstruktiven* Weise. Das zweite Verfahren wird auch als *operationales* bezeichnet. Heute wird der axiomatischen Darstellung gewöhnlich der Vorzug gegeben. Sie hat zweifellos das Verdienst, zu wichtigen mathematisch-strukturellen Einsichten zu führen und darüber hinaus gewisse fundamentale Begriffe der Metrisierung erstmals formal zu präzisieren (z. B. den Begriff der Skala). Die wissenschaftstheoretischen Probleme lassen sich dagegen bei der zweiten Darstellung viel besser herausarbeiten. Daher wurde hier diese Darstellung gewählt.

Ein besonderes Gewicht wird auf die Untersuchung des Zusammenspiels von fünf Faktoren bei der wissenschaftlichen Begriffsbildung gelegt: *willkürlichen Konventionen* (Festsetzungen), *empirischen Befunden* (Tatsachenfeststellungen), *hypothetischen Annahmen* (Verallgemeinerungen aus den empirischen Befunden), *Einfachheitsüberlegungen* und *Fruchtbarkeitsbetrachtungen*. Es wird gezeigt, daß die oft geäußerte Auffassung, wonach ein Begriffssystem nur auf Festsetzungen beruht, unhaltbar ist. Vielmehr stellt sich heraus, daß bereits auf der einfachsten Stufe der Begriffsbildung alle vier anderen Faktoren eine bedeutsame Rolle spielen. Sogar bei der logisch elementarsten Klassifikation, der Aufgliederung eines Gegenstandsbereiches in zwei Teilbereiche, muß man sich im allgemeinen *auf Erfahrungen und Hypothesen* stützen. Der Sachverhalt wird zunächst in abstracto geschildert und dann an verschiedenen Beispielen illustriert. Es läßt sich ferner zeigen, daß bereits auf dieser elementaren Stufe die endgültige Wahl eines Begriffssystems häufig von der Beantwortung der Frage abhängig gemacht wird, welches unter den vorgeschlagenen möglichen Systemen das *einfachste* ist. Auch *Fruchtbarkeitsüberlegungen* spielen bereits hier eine ausschlaggebende Rolle. Bei Überlegungen dieser Art trachtet man danach, die Frage zu beantworten: „Welches Begriffssystem führt zu möglichst einfachen und zu möglichst zahlreichen Gesetzmäßigkeiten?"

Für die Einführung *komparativer* oder *topologischer* Begriffe werden zwei verschiedene Methoden angegeben. Diese Begriffe können entweder auf der Basis von zwei Grundbegriffen oder auf der Basis eines einzigen Grundbegriffs eingeführt werden. In beiden Fällen geht es darum, einen Gegen-

standsbereich nicht bloß in Teilklassen zu zerlegen, sondern in ihn eine bestimmte *Ordnung* einzuführen (auch Quasiordnung genannt, da verschiedene
Objekte des Bereiches dieselbe Position in der Ordnung einnehmen können). Ob es wirklich geglückt ist, eine solche Ordnung zu konstruieren,
hängt davon ab, ob die beiden Grundrelationen (bzw. die eine Grundrelation bei der zweiten Methode des Aufbaues) bestimmte Adäquatheitsbedingungen erfüllen. Diese Bedingungen haben die Form von Allsätzen, die
außerdem in der größeren Anzahl von Fällen keine logischen Folgerungen
der Definitionen darstellen. Damit ist gezeigt, daß auch beim Aufbau eines
komparativen Begriffssystems *empirisch-hypothetische Annahmen* als gültig
vorausgesetzt werden müssen. Abermals wird der Sachverhalt an verschiedenen konkreten Beispielen illustriert.

Bei der Einführung *quantitativer* oder *metrischer Begriffe* erfolgte aus
Gründen der Ökonomie sowie der Anschaulichkeit eine Beschränkung auf
solche Begriffe, die dadurch zustandekommen, daß zunächst ein komparativer Begriff eingeführt und die entstandene Quasiordnung nachträglich
metrisiert wurde. Es wird eine zweifache Klassifikation vorgenommen. Die
erste betrifft die Unterscheidung in Metrisierungen, die zu *extensiven* Größen
(z. B. Länge, Gewicht) führen, und solche, die zu *intensiven Größen* (z. B.
Temperatur) führen. Die Regeln für die Einführung extensiver Größen
sind einfacher, da hier eine Kombinationsoperation zur Verfügung steht,
welche eine formale Ähnlichkeit mit der arithmetischen Addition besitzt.
Die zweite Klassifikation betrifft die Unterscheidung in *primäre* oder *fundamentale Metrisierung* und in *abgeleitete Metrisierung*. Die erste ist von größerem
wissenschaftstheoretischen Interesse, da es hier darum geht, einen Größenbegriff erstmals zu konstruieren, während im zweiten Fall quantitative Begriffe durch Zurückführung auf bereits verfügbare andere metrische Begriffe eingeführt werden. Damit *die Bedingungen für eine adäquate Metrisierung* erfüllt sind, müssen zahlreiche allgemeine Prinzipien (Maßprinzipien) gelten,
die abermals zum größten Teil die Natur empirisch-hypothetischer Annahmen besitzen. Nicht einmal die Frage, ob eine Größe eine extensive
oder intensive Größe ist, läßt sich a priori beantworten. Dies wird am Beispiel der Geschwindigkeit erläutert: Nach der vorrelativistischen Auffassung ist die Geschwindigkeit eine extensive Größe, nach der relativistischen
Auffassung hingegen eine intensive Größe.

Die primäre Metrisierung kann nur zu *rationalen* Zahlenwerten führen
und erfüllt daher das sog. *Prinzip der Kommensurabilität*. Wenn man trotzdem
auch irrationale Zahlenwerte zuläßt und damit dieses Prinzip preisgibt, so
kann dies nicht empirisch motiviert sein, sondern wird allein durch *theoretische Überlegungen* erzwungen. Diese Motive werden hier nur angedeutet.
Eine genauere Schilderung findet sich im zweiten Abschnitt des vierten
Kapitels, in welchem die Gründe für die Einführung theoretischer Begriffe
systematisch zusammengestellt werden.

Die beiden wichtigsten Metrisierungen bilden die Einführung einer *Zeitmetrik* sowie die Einführung einer *Längenmetrik*. Hier ergeben sich außerdem eine Reihe von besonderen Problemen. Daher werden diesen beiden quantitativen Begriffen jeweils eigene Abschnitte gewidmet. Die Metrisierung wird darin jedoch nur so weit erörtert, als es möglich ist, Raum und Zeit getrennt zu behandeln. Im Fall der Zeit wird allerdings auch das erstmals von EINSTEIN gesehene Problem der Gleichzeitigkeitsdefinition für räumlich entfernte Ereignisse diskutiert; denn dieses Problem zwingt einen, die Zeitmetrik zum Unterschied von anderen extensiven Größen nicht auf der Grundlage von drei, sondern von vier Regeln einzuführen. Mit der kombinierten Raum-Zeit-Metrik wird der Boden der Theorie der Begriffsformen verlassen. Die sich hierbei ergebenden weiteren Probleme werden daher erst im zweiten Abschnitt des zweiten Kapitels geschildert.

Bei der *abgeleiteten Metrisierung* wird ein wichtiger Aspekt der Metrisierung hervorgehoben: die Erweiterung des ursprünglichen Definitionsbereichs quantitativer Begriffe durch Extrapolation und Interpolation. Alle diese Verfahren stützen sich auf hypothetisch angenommene Naturgesetze. Weiter wird hier das Problem der störenden Faktoren und im Zusammenhang damit das Verfahren der sukzessiven Approximation erörtert, durch welches man einer scheinbaren Zirkelgefahr entgehen kann.

Zu Beginn des ersten Kapitels wird die philosophische These aufgestellt, daß sich die Welt nicht unabhängig von der Sprache in Tatsachen gliedere, ebenso, daß die Unterscheidung zwischen dem Qualitativen und dem Quantitativen keinen vorsprachlichen ontologischen Unterschied ausmache, sondern daß es sich dabei um einen Unterschied in der Sprechweise handle. Auch diese These versuchen wir im ersten Kapitel zu begründen. Aus ihr ergibt sich die Forderung nach einer *Rechtfertigung* der quantitativen Methode. Die wichtigsten Rechtfertigungsgründe werden in einem eigenen Abschnitt angeführt. Dazu gehört vor allem *die Bedeutung metrischer Begriffe bei der Formulierung von Gesetzen*. Zur Illustration dieses Punktes wird zunächst ein einfaches quantitatives Gesetz beschrieben und dann der Versuch geschildert, dieses Gesetz unter Benützung rein qualitativer Begriffe wiederzugeben. Es stellt sich heraus, daß dabei außerordentliche Komplikationen bei gleichzeitiger starker Vergröberung des Inhaltes in Kauf genommen werden müssen.

Von der Metrisierung wird die *Messung* unterschieden. Betrifft die erstere die Einführung metrischer Begriffe, so handelt es sich bei der letzteren um die empirische Bestimmung des tatsächlichen Wertes spezieller Größen. Im Zusammenhang mit dem Begriff der Messung werden einige Ideen zum *Basisproblem* der Erfahrungserkenntnis entwickelt, die vermutlich nicht auf allgemeine Zustimmung stoßen werden, da sie von den herkömmlichen Anschauungen stark abweichen. Die Basissätze, durch welche quantitative Hypothesen überprüft werden, beinhalten Aussagen über Meßresultate.

1*

Würde darin über die tatsächlich gewonnenen Messungen gesprochen, so hätte dies unvermeidlich die katastrophale Konsequenz, *daß fast alle Hypothesen als empirisch widerlegt betrachtet werden müßten;* denn die Meßresultate werden nur in den seltensten Fällen mit den theoretisch vorausgesagten Werten übereinstimmen. Diese Schwierigkeit kann in der Weise behoben werden, *daß die systematischen Basissätze,* welche die Überprüfungsinstanzen von in quantitativer Sprache formulierten wissenschaftlichen Theorien bilden, *als statistische Hypothesen bestimmter Art gedeutet werden.* Die Aussagen, welche die direkten Meßresultate festhalten, bilden demgegenüber die außersystematischen Basissätze, die nur dazu dienen, die Beurteilungsbasis für die systematischen Basissätze abzugeben, so daß die letzteren auf Grund einer Likelihood-Betrachtung ausgesondert werden können. Damit ist gezeigt, daß die statistische Test- und Stützungstheorie nicht nur für die Beurteilung von Wahrscheinlichkeitshypothesen, sondern darüber hinaus für das Grundlagenproblem der Erfahrungserkenntnis überhaupt von allergrößter Bedeutung ist.

Im **zweiten Kapitel** werden die verschiedenen Komponenten der wissenschaftlichen *Theorienbildung* untersucht. Dieselben fünf Faktoren, welche bei der Begriffsbildung bestimmend sind, kehren hier wieder: *Festsetzungen, Erfahrungen, Hypothesen, Einfachheits- und Fruchtbarkeitsbetrachtungen.* Es ergeben sich jedoch auch Abweichungen in einigen wesentlichen Hinsichten. Eine dieser Abweichungen ist die folgende: Während die Rollen von Festsetzungen und hypothetischen Annahmen in der Begriffsbildung eindeutig bestimmt sind und sich auch genau fixieren lassen, gilt dies für die Theorienbildung nicht mehr. Hier sind diese Rollen vielmehr oft vertauschbar. Diese *These von der variablen Deutungsmöglichkeit von Theorien* versuchen wir im ersten Abschnitt am Beispiel der *Newtonschen Mechanik* zu begründen. Die Theorie hat in ihrer Gänze zwar unleugbar einen empirischen Gehalt. Es kann auch angenommen werden, daß NEWTON in jedem seiner drei Bewegungsgesetze eine Tatsachenbehauptung formulieren wollte. *Trotzdem lassen sich alle drei Bewegungsgesetze konventionalistisch deuten.* Das erste Gesetz kann sogar auf drei Weisen als Definition interpretiert werden, je nachdem, von welchen anderen Annahmen man ausgeht. Das zweite Gesetz kann als Definition der wirkenden Kraft und das dritte nach einem Vorschlag MACHs als Definition der Masse aufgefaßt werden. Akzeptiert man derartige Interpretationen, so wird dadurch der empirische Gehalt aus der globalen Theorie nicht etwa wegtransformiert, sondern nur *an andere Stellen* transformiert. Dies kann im einzelnen verfolgt werden.

Im zweiten Abschnitt wird die isolierte Betrachtung der Zeit- und Längenmetrik im ersten Kapitel teilweise wieder aufgehoben und die Struktur der *kombinierten Raum-Zeit-Metrik* in Grundzügen skizziert. Es erfolgt eine Beschränkung auf das Wesentlichste, da die Beschäftigung mit Einzelheiten tief in das Gebiet der Raum-Zeit-Philosophie hineinreichen würde. REI-

CHENBACHs *Lichtgeometrie* wird in Umrissen geschildert. Auch hier wird wieder Wert darauf gelegt, die Rolle von Festsetzungen und von empirischen Hypothesen genau auseinanderzuhalten. An einer entscheidenden Stelle (EINSTEINs Gleichzeitigkeitsdefinition) zeigt sich die Wirksamkeit einer rationalen Einfachheitsüberlegung. In Abweichung von den üblichen Darstellungen, auch jener REICHENBACHs, wird auf eine Doppeldeutigkeit im Begriff des Inertialsystems hingewiesen.

Noch deutlicher als im zweiten Abschnitt tritt die Wichtigkeit von Einfachheitsüberlegungen bei der im dritten Abschnitt gegebenen wissenschaftstheoretischen Analyse der *allgemeinen Relativitätstheorie* zutage. Zwei miteinander konkurrierende Einfachheitsprinzipien werden einander gegenübergestellt: das *Einfachheitsprinzip von* POINCARÉ und das *Einfachheitsprinzip von* EINSTEIN, welches erstmals von REICHENBACH explizit formuliert worden ist. Um diesen Punkt in aller Schärfe herauszuarbeiten, wurde ein unüblicher fiktiver Ausgangspunkt gewählt, nämlich die Frage: Was für eine Theorie *wäre* entstanden, wenn EINSTEIN sich an das von POINCARÉ propagierte Prinzip gehalten hätte, wonach es, grob gesprochen, nicht auf die Einfachheit eines physikalischen Gesamtsystems ankommt, sondern auf die Einfachheit der Geometrie (so daß die Physik der Geometrie unterzuordnen ist)? Die Struktur der allgemeinen Relativitätstheorie in der Poincaré-Fassung wird mit der Struktur dieser Theorie in der Einsteinschen Fassung verglichen. Die landläufige Schablone: hier POINCARÉ, der *Konventionalist*, und dort EINSTEIN, der *Empiriker*, muß preisgegeben werden. In bezug auf die Fragen, welche Rolle Festsetzungen und welche Rolle Erfahrungen spielen, bestehen keine Divergenzen zwischen POINCARÉ und EINSTEIN. Der Gegensatz zwischen diesen beiden Denkern ist ein Gegensatz zwischen zwei verschiedenen *rationalistischen* Positionen. Daß man heute der Einsteinschen Fassung den Vorzug vor der Poincaréschen gibt, beruht darauf, daß man das rationale Einfachheitsprinzip von EINSTEIN mit guten Gründen für fruchtbarer hält als dasjenige POINCARÉs.

Das **dritte Kapitel** enthält den ersten Teil einer Erörterung des *Empirismus-Prinzips*. Die Grundthese des Empirismus wird in zwei Teilthesen zerlegt, von denen nur die zweite diskutiert wird. Es werden Gründe dafür angeführt, diese zweite Teilthese als Suche nach einem Abgrenzungskriterium gegenüber nichtempirischer Realerkenntnis, *nicht* aber als Suche nach einem *Sinnkriterium* für synthetische Aussagen zu interpretieren. Diese Deutung nimmt in gewissem Sinn die Begründung der skeptischen Einstellung in V, 13 vorweg. Die Frage der *syntaktischen* Zulässigkeit wird scharf abgehoben von der Frage der *empirischen* Signifikanz. *Drei Stadien* in der Signifikanz-Diskussion werden unterschieden, von denen im vorliegenden Kapitel nur die ersten beiden Stadien behandelt werden.

Im ersten Stadium werden nur solche Sätze als empirisch signifikant ausgezeichnet, die in gewissen *deduktiven Relationen* zu Beobachtungssätzen stehen. Der Schilderung dieser Suche werden fünf Bemerkungen über den Begriff der Beobachtbarkeit vorangeschickt, da dieser Begriff zu allerlei Verwirrungen und Fehldeutungen Anlaß gegeben hat. Infolge der Unzulänglichkeit aller Versuche im ersten Stadium hatte CARNAP ein Kriterium vorgeschlagen, das von HEMPEL als *Übersetzungskriterium der empirischen Signifikanz* bezeichnet wurde. Damit war das zweite Stadium erreicht. Der dabei verwendete Zentralbegriff ist der Begriff der *empiristischen Wissenschaftssprache*. Darunter ist zunächst stets eine *vollständig interpretierte* Sprache verstanden worden. Für CARNAPs Definition des Begriffs der Bestätigungsfähigkeit, der zur Rechtfertigung dieses Verfahrens dient, wird eine stark vereinfachte Variante gegeben. Dabei wird der neue Begriff der *Bestätigungsreduktionskette* benützt. Wegen SCHEFFLERs Kritik an der Verwendung des Übersetzungsbegriffs formulieren wir das Kriterium in der endgültigen Fassung als Kriterium der *Zugehörigkeit zu* einer empiristischen Sprache statt als Kriterium der Übersetzbarkeit in eine solche.

Im **vierten Kapitel** werden systematisch die wichtigsten Gründe dafür zusammengestellt, den in III verwendeten Begriff der Wissenschaftssprache zu erweitern. Der im zweiten Stadium der Diskussion benützte Begriff der empiristischen Sprache ist der einer „voll verständlichen" Beobachtungssprache. Im dritten Stadium der Empirismus-Diskussion wird die empiristische Sprache so konstruiert, daß sie aus zwei Teilsprachen besteht: der Beobachtungssprache, welche die vollständig interpretierte Basis bildet, und der theoretischen Sprache, welche die erste überlagert und einen nur teilweise gedeuteten Kalkül darstellt. Die partielle Deutung erfolgt durch Zuordnungsregeln, welche einige Begriffe der theoretischen Sprache mit den Begriffen der Basissprache verknüpfen.

Damit dieses Konzept einer Zweistufentheorie der Wissenschaftssprache überhaupt verständlich wird, erwies es sich als notwendig, sorgfältig die Gründe zu untersuchen, welche viele Wissenschaftstheoretiker dazu veranlaßten, zu dem in der Beobachtungssprache verfügbaren Vokabular sogenannte *theoretische Terme* hinzuzufügen, die keiner vollständigen Deutung innerhalb der Erfahrungsbasis fähig sind. Fünf solche Gründe werden unterschieden.

Der erste Grund besteht in den Schwierigkeiten, *Dispositionsbegriffe* in eine vollständig interpretierte Wissenschaftssprache einzuführen. Die verschiedenen Definitionsversuche, die für solche Begriffe vorgeschlagen worden sind, werden geschildert; ebenso das von CARNAP als Ersatz vorgeschlagene Verfahren: die sog. Methode der Reduktionssätze. Alle diese Verfahren haben sich als inadäquat erwiesen. Für CARNAP bildete dies das entscheidende Motiv dafür, Dispositionsterme als theoretische Terme zu rekonstruieren. Es wird gezeigt, wie dadurch der entscheidende Einwand wegfällt, der gegen die Reduktionssatzmethode vorgebracht werden kann. In diesem Zusammenhang wird auf eine Konfusion hingewiesen, welche die

Diskussion über die theoretischen Begriffe immer wieder unnötig aufgehalten hat, nämlich die mangelnde Unterscheidung zwischen dem *Fehlen beobachtungsmäßiger Kriterien* für das Vorliegen eines Begriffs und der *Undefinierbarkeit* dieses Begriffs *innerhalb einer Beobachtungssprache*.

Der zweite Grund betrifft die Problematik der Einführung *metrischer* Begriffe. Quantitative Funktoren können zwar selbst bei Fehlen beobachtungsmäßiger Kriterien in einer Beobachtungssprache definiert werden, sofern der logisch-mathematische Apparat dieser Sprache hinreichend verstärkt wird (um dies genau zu zeigen, erwies es sich als zweckmäßig, eine Skizze des präzisen Aufbaus der Theorie der reellen Zahlen auf der Basis der Cauchy-Folgen einzuschieben). Doch hätte dieses definitorische Verfahren zur Folge, daß man niemals von einer *bestimmten* Größe sprechen dürfte, sofern verschiedene Meßverfahren bekannt sind. Es erscheint daher als viel zweckmäßiger, diese Größen so zu deuten, daß sie durch die verschiedenen Verfahren nur partiell charakterisiert werden.

Ein weiterer Grund liegt in den *gedanklichen Idealisierungen*, auf die man in allen theoretischen Disziplinen stößt. Ein vierter und besonders wichtiger Grund betrifft die Tatsache, daß die Mikrophysik dazu übergegangen ist, über *prinzipiell unbeobachtbare Entitäten* zu sprechen. Hier scheint das Argument besonders zwingend zu sein, daß man solche Begriffe als nur teilweise gedeutete theoretische Begriffe behandeln müsse. Um dies im Detail zeigen zu können, wurde *die Auseinandersetzung zwischen* H. Reichenbach *und* E. Nagel *über die Grundlagen der Quantenphysik* geschildert und kritisch kommentiert. Das Kernstück der Nagelschen Kritik besteht in der Feststellung, daß der Term „Elektron" nur *innerhalb einer Theorie* bedeutungsvoll ist, *die das Verhalten von Elektronen beschreibt*. Von da aus erweist sich Reichenbachs Interpretation der Quantenmechanik als philosophisch inkonsistent; denn darin werden die Elektronen als *Phänomene* durch die *klassische* Theorie, hingegen die Elektronen als *Interphänomene* durch eine *nichtklassische* Theorie beschrieben.

Als letzter Grund wird die *Braithwaite-Ramsey-Vermutung* angeführt. Diese Vermutung ist bei den gegenwärtigen Diskussionen in den Hintergrund getreten, da sie nach der hier vertretenen Auffassung gewöhnlich falsch interpretiert wird. Tatsächlich handelt es sich dabei nämlich um den bisher einzigen Versuch, einen strengen Nachweis für die Unhaltbarkeit der ursprünglichen empiristischen These zu erbringen, nach der alle sinnvollen Aussagen in einer vollständig interpretierten Sprache formuliert werden müssen. Die beiden Autoren versuchten zu zeigen, daß mittels nur teilweise gedeuteter theoretischer Begriffe Leistungen vollbracht werden können, die in einer Sprache nicht zu erbringen sind, welche auf derartige Begriffe verzichtet. Nach der hier vorgeschlagenen Rekonstruktion der Gedanken von Braithwaite und Ramsey besitzen nur wissenschaftliche Systeme mit theoretischen Begriffen eine genau umreißbare *Fähigkeit zur*

Voraussage empirischer Gesetzmäßigkeiten. Allerdings läßt sich zeigen, daß die beiden Autoren einen Beweis für diese These schuldig geblieben sind. Doch wird die These in präziser Weise formuliert, so daß ein künftiger Nachweis derselben (oder umgekehrt eine Widerlegung) denkbar bleibt.

Das **fünfte Kapitel** enthält den zweiten Teil der Erörterung des *Empirimus-Prinzips*. Es wird dabei vorausgesetzt, daß das dritte Stadium der Empirismus-Diskussion erreicht ist, in welchem die Zweistufentheorie der Wissenschaftssprache mit der Trennung in Beobachtungssprache und theoretische Sprache akzeptiert wurde. Der einzige bisherige Versuch, ein *Signifikanzkriterium für theoretische Begriffe* zu formulieren, stammt von CARNAP. Die Diskussion nimmt daher hier die Form einer Auseinandersetzung mit CARNAPs Definitionsvorschlag an. Die Ausführungen dieses Kapitels verfolgen aber nicht nur den Zweck, CARNAPs Verfahren zu schildern und der Kritik zu unterziehen. Es geht darüber hinaus darum, *einen tieferen Einblick in die Natur der theoretischen Sprache und der Korrespondenzregeln zu gewinnen*, durch welche dieser theoretische Überbau mit der vollständig gedeuteten Beobachtungssprache verknüpft wird. Diese Leistung ist durch CARNAPs Untersuchungen teilweise erbracht worden, obwohl das von CARNAP eigentlich angestrebte Ziel nicht erreicht wurde.

Da in bezug auf die Frage der empirischen Signifikanz meine Auffassung von der Position CARNAPs sowie von der anderer empiristischer Philosophen besonders stark abweicht, sei hier eine Andeutung über die vier Phasen eingeschoben, die ich bei der Auseinandersetzung mit diesem Signifikanzkriterium durchschritten habe. Ich verbinde damit die Hoffnung, daß dies das Verständnis des Lesers erleichtern wird.

Zunächst schien es mir, daß CARNAPs Definition gewisse technische Defekte habe und daher verbesserungsbedürftig sei. In der *ersten Phase* war ich noch von dem Glauben beherrscht, daß diese Verbesserung möglich sei. Die *zweite Phase* hatte ich erreicht, als ich erkannt zu haben glaubte, daß CARNAPs Programm für *isolierte* Begriffe undurchführbar sei. Ich neigte damals der Hempelschen Auffassung zu, daß die Frage der empirischen Signifikanz nur *für ganze Theorien* aufgeworfen werden könne, nicht hingegen für einzelne Terme, die in der Theorie vorkommen. In der *dritten Phase* mußte ich sogar diesen Gedanken preisgeben. In der *vierten Phase*, die ich nun erreicht habe, glaube ich sagen zu müssen, die Diskussion habe gezeigt, *daß der Begriff der empirischen Signifikanz sich vollkommen verflüchtigt hat*. In der Sprechweise CARNAPs ausgedrückt: Wir sind nicht einmal in der Lage, ein Explikandum für diesen Begriff anzugeben.

Um die kritische Auseinandersetzung systematisch und übersichtlich zu gestalten, werden im Anschluß an Überlegungen von P. ACHINSTEIN und D. KAPLAN vier Adäquatheitsbedingungen für theoretische Begriffe aufgestellt, und es wird gezeigt, daß CARNAPs Kriterium gegen alle diese Bedingungen verstößt. Sein Signifikanzkriterium erweist sich in gewissen

Hinsichten als zu eng (Ent-Ockhamisierungs-Argument von D. KAPLAN), in anderen Hinsichten als zu weit: erstens deshalb, weil vom inhaltlichen Standpunkt aus vollkommen absurde, also inadäquate Zuordnungsregeln zugelassen werden (Argument von P. ACHINSTEIN); zweitens deshalb, weil durch Hinzufügung bloßer Nominaldefinitionen nachträglich wieder eine empirische Signifikanz hineingeschmuggelt werden kann (Argument von D. KAPLAN). Zumindest diejenige Kritik, wonach CARNAPs Kriterium zu weit ist, dürfte einen irreparablen Defekt seiner Signifikanzdefinition aufzeigen. Einige weitere Kritiken werden hinzugefügt, darunter die folgenden vier: (1) Vom Begriff der prognostischen Relevanz, der prima facie als recht plausibel erscheint und der in CARNAPs inhaltlichen Überlegungen eine wichtige Rolle spielt, wird in seiner Definition des Signifikanzbegriffs überhaupt kein Gebrauch gemacht; (2) zwischen CARNAPs inhaltlicher Überlegung und der formalen Präzisierung besteht nachweislich ein logischer Widerspruch; (3) in den meisten traditionellen metaphysischen Lehrgebäuden wird man Korrespondenzregeln auffinden können, die eine echte Verknüpfung zwischen den metaphysischen Grundbegriffen dieser Systeme und beobachtbaren Phänomenen herstellen; (4) vermutlich dürfte es keinem empiristischen Programm glücken, mit dem Dilemma des synthetischen Apriorismus fertig zu werden.

Der letzte Abschnitt des Kapitels enthält eine zusammenfassende Darstellung der skeptischen Betrachtungen zum Begriff der empirischen Signifikanz. Ich möchte aber den Leser bitten, diesen Abschnitt nur dann zu lesen, wenn er die vorangehenden Überlegungen zur Kenntnis genommen hat. Wenn überhaupt irgendwo, so würde ich hier HEGELs Ausspruch anwenden: „die Wahrheit ist das Ganze". Ohne die z. T. recht diffizilen vorangehenden Überlegungen muß die Lektüre dieses letzten Abschnittes allein ein einseitiges und oberflächliches Bild vermitteln.

Im **sechsten Kapitel** wird ein ebenso merkwürdiges wie überraschendes Theorem bewiesen und diskutiert, das von dem Logiker W. CRAIG entdeckt worden ist. In Anwendung auf das gegenwärtige Problem besagt dieses Theorem, daß alle theoretischen Begriffe in einem scharf definierten Sinn prinzipiell *überflüssig* sind. Das Resultat gilt allerdings nur unter der Voraussetzung, daß die fragliche Theorie axiomatisch aufgebaut ist und daß dieser axiomatische Aufbau eine Reihe von formalen Bedingungen erfüllt. Die Überflüssigkeitsbehauptung findet ihren genaueren Niederschlag in einer These über die *funktionelle Ersetzbarkeit:* Zu einer gegebenen *Originaltheorie*, welche die angedeuteten Bedingungen eines streng axiomatischen Aufbaus erfüllt, kann stets eine *Ersatztheorie* effektiv konstruiert werden, *aus der alle theoretischen Begriffe der ersten Theorie verschwunden sind, die jedoch dieselbe empirische Leistungsfähigkeit besitzt wie die erste Theorie.* Wenn man z. B. alle Ausdrücke einer mikrophysikalischen Theorie, welche subatomare Entitäten designieren (wie z. B. „Elektron", „Neutron", „Positron",

„Photon" etc.), als theoretische Terme auszeichnet, so kann diese Theorie durch eine funktionell äquivalente ersetzt werden, die auf der einen Seite überhaupt keine mikrophysikalischen Begriffe mehr enthält, die aber auf der anderen Seite für Erklärungen und Prognosen nicht weniger leistungsfähig ist als jene mikrophysikalische Theorie.

Während der Beweis des Theorems in der vorhandenen Literatur stets nur skizziert wird, ist er hier im Detail ausgeführt worden. Im Anschluß daran findet sich eine wissenschaftstheoretische Diskussion dieses Theorems. Die wichtigsten drei Resultate sind die folgenden: Erstens wird mit diesem Theorem, im Unterschied zu den Untersuchungen CARNAPs, nicht der Anspruch erhoben, einen Beitrag zur Lösung des Signifikanzproblems theoretischer Begriffe zu liefern. Zweitens ist die Überflüssigkeitsthese nicht im Sinn der Entbehrlichkeit theoretischer Begriffe für die praktischen Zwecke der Wissenschaft zu verstehen, da wegen des dabei benützten Gödelisierungsverfahrens die Ersatztheorie praktisch nicht gehandhabt werden kann. Drittens gilt die Behauptung der funktionellen Gleichwertigkeit von Ersatztheorie und Originaltheorie nur, wenn man sich auf die deduktive Leistungsfähigkeit beschränkt. Demgegenüber scheinen gültige induktive Zusammenhänge, welche zwischen Sätzen der Originaltheorie bestehen, in der Ersatztheorie zerstört zu werden.

Das **siebente Kapitel** ist dem vermutlich interessantesten und wichtigsten bisherigen Beitrag zur Deutung theoretischer Begriffe gewidmet: dem *Ramsey-Satz einer Theorie*. Die zahlreichen wissenschaftstheoretischen Fragen, die RAMSEY bewegten und die zu seiner Zeit vermutlich zum größten Teil überhaupt nicht verstanden worden sind, werden im ersten und zehnten Abschnitt geschildert. Auch in dem von RAMSEY entwickelten Verfahren werden die wissenschaftstheoretisch verdächtigen und obskuren theoretischen Terme eliminiert. Diese Beseitigung erfolgt jedoch nicht, wie im Craigschen Fall, durch Konstruktion einer strukturverschiedenen und nur funktionell äquivalenten Ersatztheorie. Vielmehr wird die Elimination diesmal erreicht durch die Bildung einer Theorie, welche mit der Originaltheorie zwar strukturgleich ist, jedoch die problematischen theoretischen Begriffe nicht mehr enthält. Dieses Ramsey-Substitut wird aus der Originaltheorie dadurch gewonnen, daß man die theoretischen Terme durch Variable ersetzt und der dadurch entstandenen Formel die entsprechenden Existenzquantoren voranstellt. Nachweislich hat das Ramsey-Substitut dieselbe deduktive Leistungsfähigkeit wie die Originaltheorie, soweit es sich um beobachtbare Folgerungen handelt.

Die Sprache des Ramsey-Substitutes ist eine in ihrer logischen Ausdrucksfähigkeit erweiterte Beobachtungssprache. Die logische Verstärkung, welche in der Bindung von Prädikatvariablen ihren Niederschlag findet, führt zwangsläufig zu der von I. SCHEFFLER eingehend diskutierten Frage, ob diese Sprache nicht sogar ontologisch anspruchsvoller ist als die Sprache, in der die Originaltheorie formuliert wurde. Eine eindeutige Entscheidung dieser Frage ist vorläufig nicht möglich.

Ähnlich wie die Craigsche Ersatztheorie eignet sich auch das Ramsey-Substitut nicht für praktische Handhabungen und liefert auch keinen Beitrag zum Problem der empirischen Signifikanz. Hingegen ist das Ramsey-Substitut der Craigschen Bildtheorie insofern überlegen, als keine Beeinträchtigung in bezug auf die induktive Leistungsfähigkeit gegenüber der Originaltheorie vorzuliegen scheint. Die bisherigen Versuche, das Gegenteil zu zeigen, erweisen sich als nicht haltbar.

Eine etwas erstaunliche wissenschaftstheoretische Verwertung der Ramseyschen Gedanken hat kürzlich CARNAP vorgenommen. Nachdem sich bereits fast allgemein die Auffassung durchgesetzt hatte, daß im rein theoretischen Teil der Wissenschaftssprache zwischen Bedeutungsgehalt und Tatsachengehalt von Sätzen nicht scharf unterschieden werden kann, versucht CARNAP zu zeigen, daß sich unter Benützung des Ramsey-Substitutes die analytisch-synthetisch-Dichotomie in adäquater Weise in die theoretische Sprache einführen läßt.

Es ist verschiedentlich behauptet worden, daß dem Verfahren von RAMSEY eine Inadäquatheit anhaftet, da unter bestimmten Bedingungen das Ramsey-Substitut einer gehaltvollen Theorie trivial und empirisch gehaltleer sei. Unter Benützung einer Überlegung von BOHNERT läßt sich jedoch zeigen, daß dieser Einwand unbegründet ist und daß sich dieser Gedanke umgekehrt zur Formulierung eines *Kriteriums der empirischen Trivialität einer Theorie* verwenden läßt. Dies scheint alles zu sein, was vom Begriff der empirischen Signifikanz noch übrig bleibt.

Im **Anhang** wird, anknüpfend an Gedankengänge von P. SUPPES, zu zeigen versucht, daß die Quantenphysik in der gegenwärtigen Fassung *widerspruchsvoll* ist. Diese Inkonsistenz tritt deutlich zutage, wenn man die Benützung des theoretischen Apparates der Wahrscheinlichkeitstheorie in der modernen Fassung explizit macht und darauf ein merkwürdiges Resultat über die Nichtexistenz gemeinsamer Wahrscheinlichkeitsdichten physikalischer Zufallsgrößen anwendet. Die Paradoxie enthüllt eine *Antinomie zwischen Quantenphysik und klassischer Wahrscheinlichkeitstheorie*: Die Quantenphysik macht von der klassischen Wahrscheinlichkeitstheorie Gebrauch, obwohl sie mit ihr unverträglich ist. Diese Inkonsistenz scheint das einzige bisher vorgebrachte zwingende Motiv dafür zu bilden, eine *nichtklassische Quantenlogik* zu konzipieren. Es wurde versucht, den Text des Anhanges in solcher Weise zu formulieren, daß der Grundgedanke auch für den Nichtfachmann verständlich werden dürfte.

Teil A
Erfahrung, Festsetzung, Hypothese und Einfachheit in der wissenschaftlichen Begriffs- und Theorienbildung

Kapitel I

Von der Qualität zur Quantität.
Intuitiv-konstruktive Theorie
der wissenschaftlichen Begriffsformen

1. Philosophische Vorbetrachtungen

1.a Eine von vielen Philosophen ausdrücklich oder stillschweigend gehätschelte Fiktion läßt sich etwa folgendermaßen schildern: „Die Realität hat ein jeder Sprache vorgegebenes Inventar, z. T. bestehend aus Tatsachen, z. T. aus zwar möglichen, aber nicht realisierten Sachverhalten. Diese Welt bildet den Forschungsgegenstand der empirischen Wissenschaften. Werden in diesen Wissenschaften Behauptungen aufgestellt, denen Tatsachen korrespondieren, so sind die Behauptungen wahr. Werden dagegen Sätze formuliert, denen bloß mögliche, aber nicht verwirklichte Sachverhalte entsprechen, so sind diese Sätze falsch. Entsprechen den Sätzen nicht einmal mögliche Sachverhalte, so sind sie logisch falsch."

Am deutlichsten und mit der größten inneren Überzeugungskraft ist dieser Gedanke von L. WITTGENSTEIN im ersten Satz seines Traktats ausgesprochen worden: „Die Welt ist alles, was der Fall ist", wozu er den Erläuterungssatz hinzufügt: „Die Welt ist die Gesamtheit der Tatsachen, nicht der Dinge." Es ist klar, welche Intuition WITTGENSTEIN dabei leitete: Dinge werden durch Namen benannt. Die Wissenschaft spricht nicht Namen aus, sondern formuliert Sätze, die wahr oder falsch sein können. Wenn wir uns das Ideal einer Universalwissenschaft vorstellen, die erstens in einer absolut präzisen Sprache abgefaßt ist und die zweitens alle und nur die wahren Sätze behauptet, so ist das ontologische Korrelat dieser Universalwissenschaft die Welt als Gesamtheit der Tatsachen.

Es gehört zu den wichtigsten philosophischen Erkenntnissen einzusehen, daß und warum es sich bei dieser Auffassung um eine gedankliche Fiktion handelt. *Daß* hier eine Fiktion vorliegt, ist von KANT und anderen Vertretern des transzendentalen Idealismus mehr oder weniger deutlich gesehen, wenn auch fast immer falsch formuliert und überdies in ein mythologisches Gewand gekleidet worden. *Die Welt gliedert sich nicht unabhängig von der Sprache in Tatsachen oder auch nur bloß mögliche Sachverhalte. Die Gliederung der Realität in Sachverhalte und Tatsachen ist relativ* — nicht auf ein denkendes Bewußtsein, ein transzendentales Subjekt, sondern — *auf eine*

diese Realität beschreibende Sprache. Welche Typen von Sachverhalten wir
überhaupt ins Auge fassen können, hängt davon ab, mit welcher Art von
Sprache wir an die uns umgebende und uns selbst enthaltende Realität
herantreten.

Eine der besten Methoden, um die eben dogmatisch ausgesprochene
These zu begründen, liegt in der genaueren Analyse des Unterschiedes zwischen der *qualitativen* und der *quantitativen* Weltbetrachtung. Auch hier stößt
man nämlich auf ein sowohl bei Philosophen wie bei Fachwissenschaftlern
weitverbreitetes Vorurteil, das in einem gewissen Sinn ein Spezialfall der
eben gebrandmarkten Philosophenfiktion ist: nämlich, daß der Unterschied
zwischen dem Qualitativen und dem Quantitativen einen Unterschied in
der denk- und sprachunabhängigen Wirklichkeit ausmache. Auch von Physikern hört man z. B. gelegentlich Äußerungen wie: „Der Physiker be-
schäftigt sich ausschließlich mit dem quantitativen, d. h. mit dem meßbaren
Aspekt der Wirklichkeit." Eine Äußerung wie diese muß zwar nicht falsch
sein; sie läßt sich so interpretieren, daß etwas vollkommen Richtiges intendiert ist. Sie ist aber auf alle Fälle äußerst mißverständlich. Denn auch
sie legt den Gedanken nahe, daß es sich bei dem Unterschied zwischen dem
Qualitativen und dem Quantitativen um einen *ontologischen*, vorsprachlichen
Unterschied handle und daß sich der Physiker auf eine dieser Seiten unter
Außerachtlassung der anderen konzentriere.

Tatsächlich drückt sich jedoch in dem Paar „qualitativ — quantitativ"
kein ontologisches Verhältnis aus, *kein* Unterschied in der Realität, sondern
einzig und allein *ein Unterschied in der Sprache.* Die Begründung dieser Behauptung besteht in einer detaillierten Schilderung des Weges von der qualitativen zur quantitativen Betrachtungsweise. Diese Schilderung soll im
folgenden geliefert werden. Mit der angekündigten Begründung wird zugleich die Fiktion der sprachunabhängigen Gliederung der Realität in Tatsachen zerstört.

Mehrmals wurde oben das Wort „Sprache" verwendet. In bezug auf
diesen Ausdruck muß sofort auf ein mögliches Mißverständnis hingewiesen
werden. Das Wort ist *nicht* im alltäglichen und auch *nicht* im einzelwissen-
schaftlich-linguistischen Sinn zu verstehen, also etwa in dem Sinn, in welchem man von der französischen oder von der japanischen Sprache redet.
Vielmehr erfolgte diese Verwendung im Einklang mit der in der modernen
Wissenschaftstheorie und logisch-mathematischen Grundlagenforschung
vorherrschenden Terminologie. Danach ist es z. B. üblich, von einer Mole-
kularsprache zu reden (d. h. von einer Sprache, die nur aussagenlogische
Verknüpfungen zuläßt), von einer quantorenlogischen Sprache (d. h. von
einer Sprache, die zusätzlich All- und Existenzgeneralisationen zuläßt), von
der Sprache der Zahlentheorie, von der Sprache der verzweigten bzw. der
einfachen Typentheorie, von der Sprache der Physik, von der Sprache der
Biologie usw. Alle diese Sprachen sind einerseits als *präzisierte* Sprachen

gedacht, andererseits als *gedeutete* Sprachen, also nicht als bloße syntaktische Gebilde. Im gegenwärtigen Zusammenhang ist nur dies wichtig, daß mit jeder derartigen interpretierten Sprache ein *Begriffssystem* verbunden ist.

Wenn wir dies berücksichtigen, so können wir die obige These folgendermaßen verdeutlichen: Es gibt in der sogenannten „sprachunabhängigen" Wirklichkeit nicht zwei Arten von Phänomenen: rein qualitative Phänomene auf der einen Seite, rein quantitative auf der anderen. Deshalb ist auch die Frage: „Ist dieses Phänomen qualitativer oder quantitativer Natur?" keine sinnvolle Frage. Was hierbei intendiert ist, muß vielmehr ausdrücklich *auf die Art der sprachlichen Beschreibung* dieser Phänomene Bezug nehmen und etwa so formuliert werden: „Sind die Ausdrücke der Sprache, in welcher die Beschreibung dieser Phänomene erfolgt, Ausdrücke einer quantitativen oder einer nichtquantitativen Sprache?" An einem Beispiel illustriert: Die Frage, welche Temperatur zu einer bestimmten Zeit an einem bestimmten Ort des Universums herrscht, kann überhaupt erst gestellt werden, wenn in der Sprache, in der diese Frage formuliert wird, ein quantitativer Temperaturfunktor zur Verfügung steht.

Die historische Entwicklung verläuft in vielen Bereichen meist, wie wir später noch deutlicher erkennen werden, von primitiveren Sprachformen, die nur über qualitative Ausdrucksweisen verfügen, zu solchen, in denen quantitative oder metrische Ausdrücke vorhanden sind. „Qualitativ — quantitativ" bildet dabei nicht, wie die landläufige Gegenüberstellung nahelegt, eine erschöpfende Disjunktion. Vielmehr gibt es eine wichtige *Zwischenstufe*, die zugleich eine *Übergangs*stufe bildet, jene nämlich, in der von *komparativen* oder *topologischen* Begriffen Gebrauch gemacht wird.

1.b Ein anderes weitverbreitetes philosophisches Vorurteil, welches man im Rahmen einer genaueren Analyse der Begriffsformen als solches entlarven kann, ist das folgende: „Das Begriffsgerüst, welches in einer empirischen Wissenschaft benützt wird, beruht ausschließlich auf *Konventionen*. Es sind bloße Zweckmäßigkeitsbetrachtungen, die einen Forscher dazu bewegen, dieses bestimmte und nicht ein davon verschiedenes Begriffssystem zu wählen. Sofern ihn theoretische Gründe dazu zwingen, wird er dieses System durch ein anderes und besseres zu ersetzen versuchen." Zweifellos spielen reine Festsetzungen bei der Einführung von Begriffen eine wichtige Rolle. Falsch ist hingegen die Annahme, daß *nur sie* eine Rolle spielen. Nicht einmal bei den primitivsten Begriffsformen: den qualitativen oder klassifikatorischen Begriffen, die wir im Alltag am häufigsten verwenden, ist die Ansicht von der *rein* konventionellen Basis haltbar. Bereits hier gehen nämlich *empirische Befunde* in das Begriffssystem ein. In viel stärkerem Maße gilt das letztere dann von den komparativen Begriffen und erst recht von den quantitativen Begriffen, die häufig auf dem Wege über komparative Begriffe eingeführt werden. Mit empirischen Befunden im Sinne von beobachtungsmäßig verifizierbaren Tatsachenbehauptungen allein ist es dabei nicht getan. Es werden zusätzlich *hypothetische Verallgemeinerungen* aus den empirischen Befunden benötigt. Schließlich erfüllen bei allen Konstruktionen von Begriffsgerüsten *Einfachheitsüberlegungen* eine nicht zu unterschätzende Funktion; ebenso Betrachtungen über die *Fruchtbarkeit* von Begriffen, z. B. bei der Formulierung von Gesetzen.

Es ist eine der wichtigsten und wohl auch eine der interessantesten Aufgaben der Wissenschaftstheorie, *das Zusammenspiel dieser fünf Faktoren*: *Konventionen, empirische Befunde, hypothetische Annahmen, Einfachheitsbetrachtungen* und *Untersuchungen über die Fruchtbarkeit von Begriffen* beim Aufbau qualitativer, komparativer und quantitativer Begriffssysteme zu klären. Die folgenden Analysen sollen zu dieser Klärung beitragen.

1.c Es seien noch zwei z. T. psychologische Schwierigkeiten erwähnt, deren Überwindung nur im Rahmen einer detaillierten Theorie der quantitativen Begriffe erfolgen kann.

Das eine ist der psychologisch verständliche Widerstand, den Geisteswissenschaftler häufig der metrischen Methode entgegengebracht haben und ihr noch immer entgegenbringen. In dem Maße, als die quantitative Methode zunehmend Eingang gefunden hat in Disziplinen wie Psychologie und Nationalökonomie, ist dieser innere Widerstand zurückgegangen. Er beruht auf einer Vorstellung etwa der folgenden Art: „Geistigen Prozessen kann man keine Zahlen zuordnen" oder: „Man macht das geistige Leben zu etwas Totem, wenn man es durch Zahlen und Zahlverhältnisse zu charakterisieren versucht" u. dgl. Eine der Aufgaben einer Theorie der Metrisierung besteht darin, die Irrtümer aufzuzeigen, welche derartigen Thesen zugrunde liegen, und damit die Furcht vor dieser *im Prinzip universellen quantitativen Methode*[1] überwinden zu helfen.

Der zweite Punkt dagegen betrifft eine scheinbar paradoxe Situation, die selbst Naturwissenschaftlern gelegentlich Kopfzerbrechen bereitet. Schon in der Schule erfährt man im elementaren Physikunterricht, „daß es keinen Sinn ergebe", Größen verschiedener Art zu addieren, also z. B. eine bestimmte Länge und eine bestimmte Temperatur zu addieren, oder etwa das Körpergewicht einer Person zu der Körperlänge dieser Person hinzuzufügen. Im weiteren Verlauf des Physikstudiums gelangt man dann dazu, solche Dinge zu tun wie: Zahlen zu dividieren, die Dinge betreffen wie Masse und Volumen, oder Zahlen miteinander zu multiplizieren, welche so Verschiedenes betreffen wie Geschwindigkeit und Zeit. Dem kritischen

---

[1] Das „im Prinzip universell" ist im *potentiellen* Sinn zu verstehen. Es kann durchaus (mehr oder weniger häufig) der Fall eintreten, daß die Einführung eines quantitativen Begriffs nicht glückt, weil die dafür erforderlichen empirischen Gesetzmäßigkeiten nicht gelten. (Dies wird in den folgenden Ausführungen deutlich werden.) Und selbst wenn die Einführung solcher Begriffe gelingt, kann sie sich als unfruchtbar erweisen, dann nämlich, wenn sich mit ihrer Hilfe keine quantitativen Gesetzmäßigkeiten formulieren lassen.

Studenten muß sich hier die Frage aufdrängen: Wieso ergeben denn Multi-plikation und Division mehr Sinn als die Addition?

Die Theorie der Begriffsformen kann in zweifacher Weise dargestellt werden: entweder auf der Grundlage eines mehr intuitiv-konstruktiven Vorgehens oder in streng axiomatischer Form. Bei der zweiten Methode wird der mathematische Aspekt in den Vordergrund gerückt. Er führt zu tieferen logisch-strukturellen Einsichten; dagegen besteht bei dieser sehr abstrakten Art der Behandlung die Gefahr, daß die eben angedeuteten phi-losophischen Fragen nicht deutlich genug zutage treten oder z. T. sogar ganz verdeckt bleiben. Wir wählen daher an dieser Stelle die erste Art des Vorgehens, da sie die wissenschaftstheoretische Problematik und ihre Lö-sung besser hervortreten läßt.

2. Qualitative oder klassifikatorische Begriffe

Die einfachste Begriffsform, die in den Frühphasen der Sprache ver-mutlich ausschließlich vorherrscht, bilden die *qualitativen* Begriffe, auch *klassifikatorische Begriffe* genannt. Sie bilden den Inhalt von Klassennamen oder Klassenbezeichnungen („Mensch", „Haus", „rot", „kalt"). Es ist ein charakteristischer Mangel der traditionellen Definitionslehre, daß sie nur solche Begriffe berücksichtigte und alle Arten von höheren Begriffsformen vernachlässigte.

Mit klassifikatorischen Begriffen verfolgen wir den Zweck, die Gegen-stände eines Bereiches $\mathfrak{B}$ in verschiedene Klassen zu zerlegen. Bereits aus dieser elementaren Aufgabenstellung ergeben sich zwei Adäquatheitsbe-dingungen für wissenschaftliche klassifikatorische Begriffe:

(I) Die durch die einzelnen Begriffe festgelegten Klassen müssen gegen-einander *scharf abgegrenzt* sein. Man nennt diese Klassen auch die Begriffs-*umfänge* der fraglichen Begriffe oder Begriffs*extensionen*. Es darf also für kein Objekt aus dem Bereich vorkommen, daß es sowohl zu der einen als auch zu der anderen Klasse gehört oder, wie man dies noch anders ausdrückt, daß es unter einen bestimmten sowie unter einen anderen dieser Begriffe fällt. Kurz: *Die einzelnen Klassen der Einteilung müssen sich wechselseitig aus-schließen.*

(II) Auf der anderen Seite muß auch *jeder* Gegenstand des Bereiches in eine der Klassen fallen, die durch die Begriffe festgelegt sind, genauer aus-gedrückt: *die Klasseneinteilung muß erschöpfend sein,* so daß jedes Objekt des Bereiches unter eine der begrifflich festgelegten Klassen fällt.

Die meisten Alltagsbegriffe sind qualitative Begriffe. Wenn ich von einem Teppich behaupte, daß er *grün* sei, von einem Saphir, daß er eine *blaue Farbe* habe, von einem Eisstück, daß es *kalt* sei, von einer Bleikugel, daß sie *schwer* sei, so nehme ich jedesmal eine Klassenzuordnung vor. Die Klasseneinteilung kann *gröber* sein, z. B. wenn ich neben den kalten nur noch warme und heiße Gegenstände kenne, oder *feiner*, z. B. wenn ich neben der roten Farbe noch zahlreiche weitere Farben unterscheide.

Falls wir eine begriffliche Einteilung von Gegenständen eines Bereiches nur dann *befriedigend* nennen, wenn sie die zwei obigen Bedingungen erfüllt, so werden wir von einer großen Anzahl von Alltagsbegriffen sagen müssen, daß sie *keine* befriedigenden Klassifikationen liefern. Zum Teil beruht dies auf der *Vagheit* der Klassenbezeichnungen (das Fehlen scharfer Abgrenzungskriterien), weshalb es für gewisse Fälle unklar bleibt, unter welchen Begriff sie zu subsumieren sind (z. B. wann hört etwas auf, ein Haus zu sein und ist eine bloße Hütte oder ein bloßer Schuppen?); z. T. beruht es darauf, daß die Begriffe sich *überkreuzen*, z. T. schließlich darauf, daß die Ausdrücke von ein und derselben Person nicht stets in derselben Bedeutung verwendet werden (*personelle Inkonsistenz*) oder daß sie von den einzelnen Mitgliedern einer Sprachgemeinschaft in verschiedenen Bedeutungen gebraucht werden (*interpersonelle Inkonsistenz*).

Häufig geht es uns nicht bloß darum, Objekte eines Bereiches zu klassifizieren, sondern darum, ganze *Hierarchien von Klasseneinteilungen verschiedenster Allgemeinheitsstufe* aufzustellen. Ein typisches Beispiel hierfür bilden die Begriffssysteme der Zoologie und der Botanik. Solche Begriffssysteme lassen sich anschaulich in der Form von *Begriffspyramiden* abbilden. Die Spitze der Pyramide nimmt der allgemeinste Begriff des Systems ein. Dies ist jener Begriff, unter den alle Objekte des betrachteten Bereiches subsumiert werden können. Im biologischen Fall ist dies z. B. der Begriff des Organismus. Die Organismen zerfallen in die beiden Klassen der Pflanzen und der Tiere. Steigen wir in der Begriffspyramide möglichst tief herab, so stoßen wir bei den Pflanzen auf Begriffe wie Alge, Fichte, bei den Tieren auf Begriffe wie: Malariaparasit, Pantoffeltierchen, Hummel, Graugans.

Wie dieses einfache Beispiel zeigt, kann man in jedem so aufgebauten Begriffssystem *Teilpyramiden* unterscheiden. Im vorliegenden Fall erhalten wir zwei Teilpyramiden mit den Begriffsspitzen „Pflanze" und „Tier". Umgekehrt kann man die vorgegebene Begriffspyramide nach oben hin ergänzen, bis man zu einem allgemeinsten Begriff kommt. So etwa könnte man den Organismen die anorganischen Objekte gegenüberstellen und beides unter den Begriff „Ding" oder „Seiendes" subsumieren[2].

---

[2] Der erste Philosoph, der sich systematisch mit der Frage der Begriffssysteme beschäftigte, war ARISTOTELES. Allerdings vertrat er zwei irrige Ansichten: erstens daß die Art des Begriffsaufbaus überhaupt nicht auf Festsetzungen beruhe, sondern ontologisch vorgezeichnet sei; und zweitens daß es keine oberste Spitze der Begriffspyramide gebe (also keinen allgemeinsten Begriff „Seiendes"), sondern mehrere oberste Gattungsbegriffe, die er *Kategorien* nannte. Eingehend ist diese Theorie von F. BRENTANO kritisiert worden; vgl. dazu auch W. STEGMÜLLER, [Gegenwartsphilosophie], Kap. I.

Wenn wir ein klassifikatorisches Begriffssystem errichten, welches die beiden Adäquatheitsbedingungen erfüllt, so haben wir damit noch *nicht* die Garantie, daß dieses System auch *wissenschaftlich fruchtbar* ist. Dem Wissenschaftler geht es nicht um begriffliche Klassifikationen als solche, sondern um die *Gewinnung von Gesetzmäßigkeiten*. Ein Begriffssystem wird daher durch ein neues ersetzt, wenn auf der Grundlage des neuen Systems mehr Gesetze oder genauere Gesetze (z. B. deterministische Gesetze statt bloß statistischer) gewonnen werden können.

Ein klassifikatorisches Begriffssystem mag noch so genau und vom Standpunkt des damit verfolgten wissenschaftlichen Interesses noch so zweckmäßig sein, — die Elemente dieses Systems leiden alle an einer nicht zu behebenden Armut: *Sie vermitteln uns einen geringen Informationsgehalt.* Zwar gibt es auch hier Gradunterschiede. Je allgemeiner die verwendeten Begriffe sind, desto geringer ist der ausgedrückte Informationsgehalt. Dieser Gehalt wächst in demselben Maß, in dem der Begriffsumfang abnimmt. Er ist am größten bei Prädikatbegriffen, die in Sätzen von der Art vorkommen: „Dieses Ding ist hellgrün", „dieses Tier ist ein Marienkäfer". Doch bilden selbst solche speziellen Prädikationen noch immer Aussagen, die uns eine relativ bescheidene Information liefern. Es ist daher verständlich, daß in verschiedenen Wissenschaften mit zunehmendem Fortschritt das Bestreben auftrat, Begriffe mit wesentlich schärferem Informationsgehalt einzuführen. Dieses Bestreben führte folgerichtig zur Einführung topologischer und metrischer Begriffe.

Wir machen nun die folgende abstrakte Annahme: Für einen vorgegebenen Bereich $\mathfrak{B}$ von Objekten habe man eine *n*-fache Klassifikation vorgenommen, d. h. es seien *n* Begriffe eingeführt worden, deren Umfänge oder Extensionen die Klassen $K_1, K_2, \ldots, K_n$ bilden mögen. Dann ist die folgende wissenschaftstheoretische Frage bedeutsam: *Woher wissen wir, daß diese Klassifikation der Objekte des Bereiches die obigen beiden Adäquatheitsbedingungen (I) und (II) erfüllt?* In mengentheoretischer Sprechweise: Woher wissen wir, daß erstens für zwei beliebige dieser Klassen K_i und K_j (also für $i \neq j$ und $1 \leq i, j \leq n$) gilt, daß der Durchschnitt $K_i \cap K_j$ leer ist, und zweitens, daß die Vereinigung $K_1 \cup K_2 \cup \ldots \cup K_n$ mit dem gesamten Bereich $\mathfrak{B}$ zusammenfällt?

Hierauf gibt es keine *generelle* Antwort. Es sind nämlich zwei völlig verschiedene Fälle denkbar. *1. Fall:* Die Erfüllung der genannten beiden Bedingungen ist eine *logische Folgerung der Definitionen* unserer *n* Begriffe. Hier kann man also allein auf Grund einer *logischen Analyse* der in den *n* Definientia enthaltenen Kriterien für die Anwendung dieser Begriffe das Resultat gewinnen, daß diese Begriffe sich gegenseitig ausschließen und daß ihre Umfänge zusammen den gesamten Bereich erschöpfen. Die erwähnten mengentheoretischen Aussagen $K_i \cap K_j = \emptyset$ für $i \neq j$ und $K_1 \cup K_2 \cup \ldots \cup K_n = \mathfrak{B}$ sind somit *logische Wahrheiten. 2. Fall:* Die definitorischen Kriterien sind nicht von dieser Gestalt; trotzdem sind die beiden Bedingungen erfüllt. Dies ist der wesentlich interessantere und auch der häufigere Fall. Wie aber ist er überhaupt möglich? Die Antwort lautet: Es wäre zwar *logisch denkbar*, daß die Begriffe sich überschneiden würden, daß also gewisse Paare der obigen *n* Klassen einen nichtleeren Durchschnitt besitzen. Ebenso wäre es *logisch denkbar*, daß die Begriffe zusammen nicht den ganzen Bereich erschöpfen, d. h. nicht alle Gegenstände des Bereiches erfassen. *Tatsächlich* jedoch überschneiden sie sich nicht und erschöpfen den gesamten Bereich. Die betreffenden mengentheoretischen Aussagen sind keine logischen Gewißheiten, sondern *empirische Wahrheiten*. In einem Bild gesprochen: In einer von der unsrigen verschiedenen möglichen Welt könnte es sich anders verhalten, als wir hier annehmen, und dort wäre das vorliegende Begriffssystem wissenschaftlich unbrauchbar. Im ersten Fall hingegen wissen wir, daß die beiden Adäquatheitsbedingungen *in jeder möglichen Welt* erfüllt sind.

Es sind natürlich auch Mischfälle denkbar, in denen eine der beiden Bedingungen rein logisch, die andere hingegen bloß faktisch erfüllt ist. Allgemein kann man sagen, daß immer dann, wenn nicht der erste Fall gegeben ist, ein wissenschaftstheoretisch interessanter Sachverhalt vorliegt. Denn dann drückt entweder die Aussage, daß die Begriffe einander ausschließen, oder die Aussage, daß ihre Umfänge den gesamten Bereich erschöpfen, oder daß beides gilt, keine logische Wahrheit, sondern *ein Naturgesetz* aus. Dieser Fall wird in der Biologie meist gegeben sein. Wenn z. B. die Tiere in 12 große Klassen gegliedert werden (Protozoen, Schwämme, Hohltiere, Plattwürmer, Rundwürmer, Ringelwürmer, Seesterne, Weichtiere, Krebse, Spinnentiere, Insekten, Wirbeltiere), so werden die einzelnen dieser Begriffe positiv durch charakteristische Merkmalskombinationen bestimmt. Es ist dann keineswegs *logisch* notwendig, daß auf ein Tier eine und nur eine dieser Merkmalskombinationen zutrifft. Vielmehr ist dies eine Erfahrungstatsache.

An zwei Beispielen möge der Sachverhalt genauer erläutert werden. Darin wird zugleich deutlich werden, daß es häufig nicht ganz klar ist, ob der erste oder der zweite Fall vorliegt. Wenn z. B. eine Gliederung nach Geschlechtern vorgenommen und zwischen männlichen und weiblichen Lebewesen (irgendeiner Gattung) unterschieden wird, so ist der erste Fall nur dann gegeben, wenn lediglich eines dieser beiden Merkmale positiv charakterisiert ist. Nehmen wir an, dies sei das Merkmal *weiblich*. „Männlich" wäre dann definiert als „nicht weiblich". Daß jedes Wesen dieser Gattung entweder weiblich oder männlich ist, wäre dann eine logische Wahrheit. Gewöhnlich wird der Biologe aber nicht so vorgehen. *Vielmehr wird er auch das Merkmal „männlich" positiv durch Angabe einer Reihe von Merkmalen charakterisieren.* Dann aber ist der zweite Fall gegeben. Es ist somit *logisch möglich*, daß man auf Wesen stößt, welche zwar die allgemeinen Gattungsmerkmale aufweisen, jedoch weder eindeutig der Klasse *männlich* noch eindeutig

der Klasse *weiblich* zugeordnet werden können, da sie zwar einige, aber nicht
alle Eigenschaften der für die Klasse der weiblichen Wesen charakteristischen
Merkmalskombination aufweisen, ebenso aber auch einige, aber nicht alle
Eigenschaften der für die Klasse der männlichen Wesen charakteristischen
Merkmalskombination. Wenn dennoch behauptet wird, daß ein solcher
Fall nicht eintritt, so überlagern sich hierbei zwei empirische Betrachtungen:
erstens die *empirische Tatsachenkonstatierung*, daß bisher solche Zwitterwesen
in dieser Gattung nicht aufgetreten sind, und zweitens *die hypothetische An-
nahme*, daß solche Wesen auch in Zukunft nicht auftreten werden.

Ein anderes Beispiel bildet die Klassifikation der Farben in die *bunten* und
die *unbunten* Farben. Wenn „unbunt" *definiert* ist als „nicht bunt", so ist klar,
daß jede Farbe genau eines dieser beiden Merkmale aufweist. Die Adäquatheitsbedingungen (I) und (II) sind also erfüllt. Wir wollen nun annehmen,
daß *sowohl* das Prädikat „bunt" *als auch* das Prädikat „unbunt" positiv gekennzeichnet seien. Die positive Charakterisierung von *„bunt"* wird z. B.
erfolgen sein durch Bezugnahme auf den Heringschen Farbenkreis (mit Rot,
Grün, Blau, Gelb und allen Zwischenfarben davon). Als *unbunte* Farben
werden die Farben aus der Schwarz-Weiß-Reihe gewählt. Angenommen
nun, eines Tages werden Menschen geboren, die *neue Farben* sehen, also
Farben, die *weder* im Heringschen Farbenkreis vertreten sind *noch* in die
Schwarz-Weiß-Reihe hineinpassen. Bei der ersten Festlegung der Begriffe
ist es klar, wie man dann reagieren müßte: Diese Farben wären per defini-
tionem unbunt, da sie ja nicht im Farbenkreis vertreten sind. Bei der zweiten
Art der Begriffsfestlegung ist es hingegen unklar, wie man reagieren soll.
Die dort zugrunde gelegte Begriffseinteilung ging ja von der hypothetischen
Annahme aus, daß alle Farben entweder bunte Farben im geschilderten
Sinn sind oder in die Schwarz-Weiß-Reihe hineinpassen. Diese Annahme
aber ist jetzt widerlegt. Man könnte dann z. B. so vorgehen, daß man die
Klasse der bunten Farben um die neu hinzutretenden erweitert. Oder aber
man führt eine dritte Klasse von Farben ein, die weder als bunt noch als un-
bunt bezeichnet werden usw.

Da in dem zuletzt gegebenen Beispiel wegen der alltagssprachlichen
Wiedergabe der Prädikate als „bunt" sowie als „unbunt" die Gefahr einer
Fehldeutung der hier illustrierten These besonders groß ist, sei dieses Beispiel etwas genauer analysiert. Wir betrachten drei logische Definitionsmög-
lichkeiten dieser beiden Prädikate.

Erster Definitionsvorschlag: Unter den *unbunten Farben* sind die Farben der
Schwarz-Weiß-Reihe zu verstehen. Als *bunte Farben* sind alle Farben anzusehen, die nicht unbunt sind, also nicht der Schwarz-Weiß-Reihe angehören.

Zweiter Definitionsvorschlag: Bunte Farben sind diejenigen Farben, die im
Heringschen Farbenkreis vertreten sind. Alle anderen Farben sollen *unbunte Farben* genannt werden.

Dritter Definitionsvorschlag: Die *bunten Farben* sind die Farben des Heringschen Farbenkreises, die *unbunten Farben* sind die Farben der Schwarz-Weiß-
Reihe.

In allen Fällen sind unter Farben von Menschen gesehene Farben zu
verstehen.

Wir betrachten jetzt die folgende allgemeine Aussage:

(1)   „Alle Farben sind entweder bunte oder unbunte Farben."

In den ersten beiden Definitionsvorschlägen wird nur die eine Klasse
der Farben unmittelbar und positiv charakterisiert, während die zweite Klasse
definitorisch mittels Negation auf die erste zurückgeführt wird. Im dritten
Definitionsvorschlag werden dagegen beide Klassen unabhängig voneinander positiv charakterisiert. Deshalb ist bei Zugrundelegung der beiden
ersten Definitionsvorschläge die Aussage (1) eine *analytische* Wahrheit, die
aus der betreffenden Definition logisch folgt. Bei Benützung des dritten
Definitionsvorschlages hingegen ist (1) eine *empirische Hypothese*, nämlich
ein hypothetisch angenommenes Naturgesetz.

Der Unterschied in der Deutung von (1) tritt klar zutage, wenn man die
weitere Annahme hinzugefügt, die Klasse der sichtbaren Farben werde sich
einmal erweitern. Nehmen wir also an, daß auf Grund einer physiologischen
Änderung der menschlichen Natur künftige Nachkommen der heutigen
Generation, vielleicht erst in einigen Jahrtausenden, neue Farbempfindungen entwickeln. (Diese hier nur ad hoc und zum Zwecke der Verdeutlichung eingeführte Annahme ist übrigens keineswegs völlig unplausibel
angesichts der Tatsache, daß verschiedene Tiergattungen mit Lichtschwin-
gungen im physikalischen Sinn, z. B. sogenanntem ultravioletten Licht,
Farbempfindungen zu verbinden scheinen, mit denen wir keine solchen
Empfindungen verknüpfen.) Sofern die ersten beiden Definitionsvorschläge
akzeptiert worden sind, bleibt die Aussage trotzdem wahr. Denn nach der
ersten Definition müßten die neuen Farben als bunt bezeichnet werden,
nach der zweiten Definition als unbunt. Darin kommt nur die Tatsache zur
Geltung, *daß die Aussage (1) ihres analytischen Charakters wegen immun ist
gegenüber möglicher Widerlegung auf Grund neuer Erfahrungen.* Würde hingegen
der dritte Definitionsvorschlag für „bunt" und „unbunt" akzeptiert, *so ist
(1) jetzt widerlegt:* Die neuen Farben passen ja weder in den Heringschen
Farbenkreis hinein, noch gehören sie zur Schwarz-Weiß-Reihe. Um diese
neuen Farben einordnen zu können, müssen *neue definitorische Festsetzungen*
erfolgen: Dafür gibt es prinzipiell drei Möglichkeiten. Eine Möglichkeit
wäre die, eine dritte Klasse von Farben einzuführen. Diese Farbklasse werde
etwa durch das Prädikat „mehrstrahlig" bezeichnet. Alle neu gesehenen
Farben werden dieser dritten Klasse zugeordnet. Anstelle von (1) müßte
jetzt die folgende Hypothese akzeptiert werden:

(1′)   „Alle Farben sind bunt, unbunt oder mehrstrahlig".

Eine andere Möglichkeit bestünde in der definitorischen Erweiterung der Klasse der bunten Farben um die neuen Farben. Eine dritte Möglichkeit wäre die, kraft Beschluß auch die neuen Farben unbunt zu nennen. In den beiden letzten Fällen wäre die Wahrheit von (1) trotz der zunächst erfolgten Falsifikation nachträglich wiederhergestellt. Doch würde dies hier auf Kosten der ursprünglichen Definition von „bunt" bzw. von „unbunt" geschehen.

Wir sind in der allgemeinen Erörterung dieses Sachverhaltes davon ausgegangen, daß die einzelnen Klassenbegriffe unabhängig voneinander definiert werden. In unserem Beispiel würde dies dem Fall entsprechen, daß der dritte Definitionsvorschlag akzeptiert wäre. Unter dieser Voraussetzung wird die Aussage (1), wie wir gesehen haben, eine *empirische Gesetzesaussage*. Damit ist gezeigt, daß die oben aufgestellte allgemeine Behauptung für unseren Fall zutrifft: Bereits das einfache Begriffssystem, das aus den beiden Begriffen „bunt" und „unbunt" besteht, stützt sich im dritten Fall auf die Gesetzesaussage (1). Diese Gesetzesaussage drückt gerade die Erfüllung der beiden Adäquatheitsbedingungen aus, die in Anwendung auf unser Beispiel besagen, daß die Klasse der gesehenen Farben erschöpfend in die beiden disjunkten Klassen der bunten und der unbunten Farben zerfällt. Gilt (1) nicht, so ist das Begriffssystem inadäquat. Auf den allgemeinen Fall übertragen, bedeutet dies: Die Behauptung, daß ein Gegenstandsbereich vollständig in zwei zueinander fremde Klassen zerfällt, bildet keine analytische Aussage, sondern eine empirische Hypothese, falls die zwei Begriffe, deren Umfänge mit diesen Klassen identisch sind, unabhängig voneinander eingeführt wurden.

Wir hätten *heute* allerdings keine Veranlassung, den obigen dritten Definitionsvorschlag zu verwerfen. Denn die Aussage (1) wurde ja bisher *nicht* widerlegt, und wir haben vorläufig auch gar keinen Grund anzunehmen, daß sie jemals widerlegt werden wird. Um einen Fall mit *effektiver* Falsifikation der naturgesetzlichen Hypothese zu gewinnen, gehen wir von der folgenden möglichen Situation aus. Angenommen, ein Naturforscher hätte zu einer Zeit vor der Entdeckung der Viren beschlossen, als charakteristisches Merkmal von Lebewesen ausschließlich die Fähigkeit zur Reproduktion zu betrachten. Wir bezeichnen dieses Merkmal mit R. Ferner mögen eine Reihe von Eigenschaften für das Vorliegen von Kristallen bekannt sein (u. a. z. B. die Fähigkeit, Lichtstrahlen zu beugen etc.). Die Gesamtheit dieser Merkmale werde mit K bezeichnet. Es sei beschlossen worden, K als definitorische Eigenschaft von Kristallen aufzufassen. Der Naturforscher möge ferner von der Auffassung beherrscht sein, daß erstens die Klasse der organischen Objekte oder der Lebewesen und die Klasse der anorganischen Gegenstände zwei disjunkte Klassen bilden sowie daß zweitens alle Kristalle anorganische Objekte sind. Aus diesen beiden Annahmen folgt insbesondere die Hypothese:

(2)   „Kein Lebewesen ist ein Kristall" (woraus zugleich folgt, daß kein
        Kristall ein Lebewesen ist).

Daß (2) *nur* eine Hypothese und keine auf Grund der Definitionen logisch beweisbare Aussage bildet, läßt sich nun leicht zeigen: Aus den in der
Zwischenzeit gewonnenen empirischen Befunden ergibt sich nämlich, daß
(2) falsch ist, sofern die obigen beiden Definitionen akzeptiert worden sind.
Das Virus der Tabakmosaikkrankheit besitzt nämlich sowohl das Merkmal
R als auch die Merkmale K: Auf der einen Seite vermehrt es sich seuchen-
artig, „benimmt sich" aber auf der anderen Seite wie ein Kristall. Falls die
beiden obigen Definitionen benützt wurden, müßte man somit zu der empirischen Feststellung gelangen:

(3)   „Es gibt Objekte, die sowohl Lebewesen als auch Kristalle sind."

(3) steht im Widerspruch zu (2); (2) ist also falsch. Der Naturforscher
ist somit genötigt, seine früheren Auffassungen zu revidieren.

Hier zeigt sich zugleich, *daß die Art der Revision davon abhängen kann, zu
welchen weiteren wissenschaftlichen Ergebnissen man gelangt.* Rein logisch bestünde
ja die Möglichkeit, die ursprünglichen Definitionen beizubehalten, aber die
These preiszugeben, daß Lebewesen und Kristalle zwei disjunkte Klassen
von Gegenständen bilden. Vermutlich wird der Naturforscher *nicht* in dieser
Weise vorgehen, sondern vielmehr das definitorische Merkmal R durch ein
schärferes Merkmal $R^\star$ ersetzen, in welchem detailliertere Angaben über die
Art der für Lebewesen charakteristischen Reproduktionen enthalten sind.
Die Reproduktionsweise der Viren würde darin *nicht* enthalten sein. Maßgebend für diesen Entschluß, R durch $R^\star$ zu ersetzen, könnte für ihn die
seltsame Art und Weise sein, in der sich Viren reproduzieren: Sie ändern
den genetischen Code einer lebenden Zelle und geben dieser somit den Be-
fehl, statt Zellen von gleicher Art Viren zu produzieren. In $R^\star$ wird insbesondere verlangt sein, daß es keinen Zeitraum geben darf, innerhalb dessen
weder das sich reproduzierende Objekt (Elter) noch die reproduzierten
Gegenstände (Kinder) existieren. (Bei den Viren dagegen liegt ja dieser
merkwürdige Sachverhalt vor, wonach eine sogenannte Dunkelheits-
periode gegeben ist, während deren überhaupt keine Viren vorhanden
sind.)

Sowohl die bisher angestellten abstrakten Überlegungen als auch die
kurzen Analysen einiger Beispiele haben gezeigt, daß zwar klassifikatorische
Begriffssysteme insofern auf *Festsetzungen* beruhen, als die Art der Klassen-
einteilungen in die freie Wahl des Forschers gestellt ist, daß aber nicht *nur*
Konventionen bei der Errichtung begrifflicher Systeme maßgebend sind.
Erstens sind diese Festsetzungen *durch Einfachheitsüberlegungen* wie *durch
Fruchtbarkeitsbetrachtungen* geleitet. Denn die Errichtung eines Systems von
Begriffen ist kein Selbstzweck, sondern ein Mittel zum Zweck: Mit den Be-
griffen sollen die Phänomene möglichst übersichtlich und zugleich mög-

lichst genau beschrieben werden, und es soll möglich sein, unter Verwendung dieser Begriffe zu allgemeinen Gesetzesaussagen zu gelangen. Zweitens sind in der Regel *empirische Befunde* erforderlich, um zu gewährleisten, daß die beiden Adäquatheitsbedingungen (I) und (II) bisher stets erfüllt waren. Drittens sind *hypothetische empirische Annahmen* notwendig, um die Erfüllung der beiden Adäquatheitsbedingungen auch für die Zukunft annehmen zu können.

Bereits auf der primitivsten Stufe rein qualitativer Begriffe stoßen wir somit auf einen engen Zusammenhang zwischen Begriffsbildung, systematischer Beobachtung, empirisch-hypothetischer Generalisierung, empirischer Bestätigung sowie auf intuitive Fruchtbarkeits- und Einfachheitsüberlegungen. Diesen Umstand werden wir im Auge behalten müssen, da diese Verflechtung verschiedener Typen von Überlegungen bei den höheren Begriffsformen noch enger wird und gewisse dieser Faktoren dort noch leichter übersehen werden als auf dieser niedrigeren Stufe.

3. Komparative oder topologische Begriffe

3.a Funktion und Bedeutung komparativer Begriffe. Als Hauptmangel der klassifikatorischen Begriffe haben wir den geringen durch sie vermittelten Informationsgehalt bezeichnet. Wie sich später noch genauer zeigen wird, liefern uns die *quantitativen* oder *metrischen Begriffe* ein wesentlich höheres Maß an Information als die klassifikatorischen Begriffe. Um aber quantitative Begriffe einführen zu können, benötigt man eine *Meßtechnik*. Und diese steht häufig nicht zur Verfügung. Meist resignieren dann die Wissenschaftler und begnügen sich vorläufig weiter mit qualitativen Begriffen. Dieser Haltung liegt eine voreilige skeptische Konsequenz zugrunde, die ihrerseits wieder darauf beruht, daß der betreffende Wissenschaftler nur eine Alternative sieht: *qualitative* oder *quantitative Begriffe*. Er wird etwa so argumentieren: „Es wäre ja sehr schön und wünschenswert, wenn wir — analog wie es die Physiker mit Begriffen wie Temperatur, Länge, Zeitdauer, Masse tun — Begriffe einführen könnten, die genaue Zahlangaben auf Grund der Meßskalen gestatten. Leider aber ist bis heute in meinem Gebiet keine Meßtechnik entwickelt worden. Daher müssen meine Fachkollegen und ich uns vorläufig mit qualitativen Begriffen begnügen".

Der hier ausgedrückte Wunsch nach metrischen Begriffen ist durchaus berechtigt. Er entspricht der Erkenntnis, *daß der Übergang zu höheren Begriffsformen parallel läuft mit einer Informationsverschärfung*. Trotzdem ist der Schluß voreilig, selbst wenn die Voraussetzung (Fehlen einer Meßtechnik) stimmen sollte. Es ist nämlich bei Fehlen einer solchen Meßtechnik oft möglich, nichtquantitative Begriffe einzuführen, die uns dennoch wesentlich schärfere Informationen vermitteln als die klassifikatorischen Begriffe:

komparative oder *topologische Begriffe*. Grob gesprochen handelt es sich dabei um *Relationsbegriffe, die Vergleichsfeststellungen im Sinn eines „mehr oder weniger"* *ermöglichen*. In natürliche Sprachen finden solche Begriffe in dem Augenblick Eingang, wo es möglich wird, einen grammatikalischen Komparativ zu bilden. Ein rein klassifikatorisches Begriffssystem liegt z. B. vor, solange nur zwischen kalten, lauwarmen, warmen und heißen Gegenständen unterschieden werden kann. Sobald man sprachliche Gebilde von der Art „*a* ist *wärmer als b*", „*b* ist *kälter als a*" zu erzeugen vermag, ist der Übergang zu komparativen Begriffen vollzogen.

Bevor wir die Bedingungen, denen solche Begriffe genügen müssen, genauer charakterisieren, sei auf zwei wichtige Funktionen dieser Begriffe hingewiesen, auf eine praktische und auf eine theoretische Funktion:

(1) Komparative Begriffe ermöglichen es, dort *gedankliche Differenzierungen* vorzunehmen, wo dies bei alleiniger Verwendung klassifikatorischer Begriffe nicht möglich wäre oder nur möglich wäre über einen außerordentlichen begrifflichen Aufwand und auf Kosten der Übersichtlichkeit. Der Sachverhalt sei an einem Beispiel illustriert, das in ähnlicher Weise CARNAP vorgebracht hat[3]. Nehmen wir an, 93 Leute bewerben sich um eine Stelle, welche gewisse geistige oder körperliche Fähigkeiten erfordert. Die Auswahl soll auf Grund eines psychologischen Tests erfolgen. Falls der Psychologe, welcher den Test vornimmt, nur über klassifikatorische Begriffe verfügt, wird er vermutlich keine dieser Personen endgültig vorschlagen können. Er wird etwa unterscheiden zwischen: hohem, mittlerem, geringem Organisationstalent (oder eine analoge Klassifikation in bezug auf rechnerische Fähigkeiten, in bezug auf das Vorstellungsvermögen, in bezug auf körperliche Geschicklichkeiten bestimmter Art u. dgl.). Der Test *kann* sicherlich brauchbar sein. Aber aller Wahrscheinlichkeit nach werden stets *mehrere* Bewerber zu der bestqualifizierten Klasse gehören: Etwa 9 Bewerber werden über ein großes Organisationstalent verfügen, 12 über besondere rechnerische Fähigkeiten u. dgl. *Für diejenigen Bewerber, welche in ein und dieselbe Klasse fallen, kann keine weitere Rangordnung aufgestellt werden*.

Dies ändert sich, wenn der testende Psychologe beim Test einen komparativen Begriff benützt. *Dann kann er nämlich alle 93 Bewerber in bezug auf die gewünschte Fähigkeit in eine Rangordnung bringen*. Ein solcher Relationsbegriff wäre z. B. der folgende: „*x* hat ein größeres Organisationstalent als *y*". Da der komparative Begriff nicht zu einer Reihe, sondern nur zu einer Quasireihe führt, wie wir noch sehen werden, ist es auch bei Verwendung eines solchen komparativen Begriffs durchaus möglich, daß zwei oder mehrere Bewerber die Spitze einnehmen. Aber die Wahrscheinlichkeit, zu einer eindeutigen Auszeichnung zu gelangen, ist doch wesentlich größer als im ersten Fall. Und gelangt man nicht zu einer solchen Auszeichnung, dann ist

---

[3] [Physics], S. 52.

dies nicht mehr ein Symptom für einen Mangel des begrifflichen Systems, sondern nur mehr Ausdruck einer unabänderlichen Tatsache: daß es nämlich mehrere gleichermaßen befähigte Bewerber gibt, die den übrigen in demselben Maße überlegen sind.

(2) Topologische Begriffe bilden *ein wichtiges Zwischenglied zwischen qualitativen und quantitativen Begriffen.* Durch sie wird in den untersuchten Gegenstandsbereich eine bestimmte Art von *Ordnung* eingeführt. Ist einmal eine solche Ordnung erzeugt, so bedeutet dies eine außerordentliche Erleichterung für die Einführung quantitativer Begriffe. Die noch ausstehende Aufgabe, einen solchen Begriff zu konstruieren, reduziert sich darauf, *die betreffende Ordnung zu metrisieren.*

3.b Regeln für die Einführung komparativer Begriffe. Die Einführung komparativer Begriffe erfolgt auf dem Wege über bestimmte konventionelle Regeln. Parallel zu den allgemeinen Betrachtungen wollen wir das Verfahren am Beispiel des komparativen Begriffs des Gewichtes erläutern und für den komparativen Begriff der Härte von Mineralien andeuten. Dabei soll der sogenannte *operationale Gesichtspunkt* in den Vordergrund gerückt werden. Zugleich aber wird es uns auch diesmal darum gehen, jene Punkte festzuhalten, an denen die reinen Festsetzungen überschritten und andersartige Überlegungen herangezogen werden müssen, insbesondere empirische Befunde und hypothetische Verallgemeinerungen solcher Befunde. Wenn wir eben den komparativen Begriff des Gewichtes erwähnten, so konnte diese sprachliche Formulierung ein Mißverständnis hervorrufen: Wir setzen hierbei voraus, *daß noch kein quantitativer Begriff des Gewichtes verfügbar ist.* Vielmehr sollen unmittelbar mit Hilfe operationaler Regeln die Begriffe „schwerer als", „leichter als", „ist gewichtsgleich mit", die zusammen den komparativen Begriff konstituieren, eingeführt werden.

$\mathfrak{B}$ sei der Bereich jener Gegenstände, für die ein komparativer Begriff eingeführt werden soll. Technisch gesehen wird der Bereich als Klasse aufgefaßt. In den beiden Beispielen handelt es sich das eine Mal um den Bereich der physischen Objekte mittlerer Größe, für die der komparative Begriff des Gewichtes einzuführen ist; das andere Mal besteht der Bereich aus den Mineralien, für die der komparative Begriff der Härte eingeführt werden soll.

In einem ersten Schritt müssen wir die Elemente von $\mathfrak{B}$ in eine *Reihenordnung* bringen. Dazu gehört zweierlei: Erstens müssen wir sagen können, wann ein Objekt des Bereiches einem anderen im Sinn der Ordnung *vorangeht.* Dazu führen wir eine zweistellige Vorgängerrelation V ein. In unseren Beispielen: Es ist festzulegen, wann ein Objekt *leichter ist als* ein anderes bzw. wann ein Kristall *weniger hart ist als* ein anderes. Zweitens muß festgelegt werden, wann zwei Elemente des Bereiches im Sinn der Ordnung *ununterscheidbar* sind oder, wie wir auch sagen, miteinander *koinzidieren.* Die zweistellige Koinzidenzrelation, die hierfür benötigt wird, heiße K. Wenn zwei Elemente in dieser Relation zueinander stehen, nehmen sie in der Ordnung dieselbe Position ein. In unseren Beispielen: Wir müssen sagen können, daß zwei Objekte *dasselbe Gewicht* haben bzw. daß zwei Kristalle *von derselben Härte* sind. Auch dafür müssen wir Kriterien formulieren.

Während wir im abstrakten Schema die beiden Relationen V und K nennen, sollen sie in bezug auf das erste Beispiel L (für „leichter als") und G (für „gewichtsgleich mit") genannt werden. Der von HEMPEL vorgeschlagene Ausdruck *Quasiordnung* rührt daher, daß zum Unterschied von einer Ordnung, in der stets nur ein Element eine bestimmte Position einnehmen kann, jetzt mehrere (sogar beliebig viele) Elemente dieselbe Position einnehmen können. Durch einen einfachen mathematischen Trick kann man allerdings jede Quasiordnung in eine Ordnung überführen: Man hat dazu statt der ursprünglichen Elemente bloß neue Individuen zu wählen, nämlich die Äquivalenzklassen bezüglich der Relation K (bzw. im Beispiel: bezüglich der Relation G). Doch wir wollen im folgenden auf diese und ähnliche technische Spielereien nicht eingehen, um die Aufmerksamkeit nicht von den eigentlichen wissenschaftstheoretischen Fragen abzulenken.

Bisher konnte der Eindruck vorherrschen, daß die Einführung einer Ordnungsrelation auf einem rein *konventionellen* Verfahren beruht. An welcher Stelle muß, wie eingangs behauptet wurde, auf empirische Befunde zurückgegriffen werden? Obwohl wir auf diesen Punkt noch im Detail zurückkommen werden, sei die allgemeine Situation bereits jetzt an den beiden speziellen Relationen L und G erläutert. Dazu gehen wir von der trivialen Feststellung aus, daß die Relation G der Gewichtsgleichheit und die Relation L der geringeren Schwere *empirische* Relationen sind, über deren Vorliegen oder Nichtvorliegen in einem konkreten Einzelfall nur auf Grund *einer empirischen Untersuchung* entschieden werden kann. Daraus ergibt sich insbesondere: *Alle weder logisch wahren noch logisch falschen Allaussagen über diese Relationen G und L stellen empirische Hypothesen dar, deren Wahrheit nicht aus irgendwelchen Festsetzungen logisch erschließbar ist, sondern die bestenfalls mehr oder weniger gut bestätigt sein können.* Es ist außerordentlich wichtig, dies für das Folgende festzuhalten; denn die beiden Relationen V und K (L und G) müssen eine Reihe von Bedingungen erfüllen, damit man sagen kann, daß die Objekte unseres Bereiches in eine Quasiordnung gebracht worden seien. *Alle diese Bedingungen aber sind Allaussagen*, die in Anwendung auf konkrete Relationen im allgemeinen den Charakter *empirischer Hypothesen* bekommen. Wie wir sehen werden, wird dieser Sachverhalt z. B. von Physikern häufig übersehen.

Wir formulieren jetzt die Forderungen, welche V und K erfüllen müssen, um eine Quasiordnung zu bilden. Dabei laufen die Variablen stets über den gewählten Grundbereich $\mathfrak{B}$. Beginnen wir zunächst mit der Relation K. Sie muß die Merkmale einer sog. Äquivalenzrelation besitzen, auch abstrakte Gleichheitsrelation genannt. Sie muß *symmetrisch, transitiv* und *total-reflexiv* sein[4]. Wir erhalten somit drei Postulate:

$\mathbf{P_1}$ $\wedge x\, Kxx$ (K ist totalreflexiv),

$\mathbf{P_2}$ $\wedge x \wedge y\, (Kxy \rightarrow Kyx)$ (K ist symmetrisch),

$\mathbf{P_3}$ $\wedge x \wedge y \wedge z\, (Kxy \wedge Kyz \rightarrow Kxz)$ (K ist transitiv).

Da K die Bedingungen einer Äquivalenzrelation erfüllt, wird in diesem ersten Schritt jeder Stelle der von uns zu erzeugenden Ordnung eine Klasse von Objekten zugeordnet: die Klasse derjenigen Objekte, die in der Koinzidenzrelation zueinander stehen. Durch die Relation K wird also der Bereich $\mathfrak{B}$ *erschöpfend* in *einander ausschließende* Klassen von Gegenständen eingeteilt.

Wir kommen nun zu der die eigentliche Ordnung erzeugenden Relation V. Auch sie muß transitiv sein; denn wenn ein Objekt einem zweiten in der Ordnung vorangeht und das zweite einem dritten, so geht auch das erste dem dritten voran. Das nächste Postulat lautet also:

$\mathbf{P_4}$ $\wedge x \wedge y \wedge z\, (Vxy \wedge Vyz \rightarrow Vxz)$.

Zum Unterschied von K muß V irreflexiv sein: kein Objekt des Bereiches kann sich selbst vorangehen. Diese Feststellung muß noch verallgemeinert werden. Nicht nur darf kein Element zu sich selbst in der V-Relation stehen; vielmehr darf auch kein Element, das zu einem anderen in der Koinzidenzrelation steht, zu diesem anderen Element in der V-Relation stehen. Wir erhalten somit:

$\mathbf{P_5}$ $\wedge x \wedge y\, (Kxy \rightarrow \neg Vxy)$ (dies drückt man so aus: „die Relation V ist K-*irreflexiv*").

Schließlich muß noch verlangt werden, daß *alle* Objekte des Bereiches in bezug auf die beiden Relationen K und V *vergleichbar* sind. Dies bedeutet: Wenn ich zwei beliebige Objekte des Bereiches herausgreife, so müssen sie entweder miteinander koinzidieren oder eines der beiden muß dem anderen in der Ordnung vorangehen. Solange es nämlich Objekte des Bereiches gibt, die mit anderen unvergleichbar sind, wäre unser Bemühen, für $\mathfrak{B}$ eine Ordnung zu erzeugen, nicht von Erfolg gekrönt. Das letzte Postulat lautet also:

$\mathbf{P_6}$ $\wedge x \wedge y \wedge z\, (Kxy \vee Vxy \vee Vyx)$ (man drückt dies so aus: „die Relation V ist K-*zusammenhängend*"; das Postulat heißt auch Postulat der Konnexität).

---

[4] Das letztere wird meist falsch formuliert. Es wird nur von der Forderung der Reflexivität gesprochen (so z. B. auch bei HEMPEL [Fundamentals], S. 59). Wäre dem wirklich so, denn wäre diese dritte Forderung überflüssig, da die Reflexivität aus der Symmetrie und Transitivität logisch folgt. Daß eine Relation R totalreflexiv ist, heißt, daß R reflexiv ist und daß außerdem alle Elemente des Bereiches zum Vor- oder zum Nachbereich der Relation gehören.

Manche empfinden die folgende logisch äquivalente Schreibweise von $\mathbf{P_6}$ als suggestiver: $\wedge x \wedge y \wedge z\, (\neg Kxy \to Vxy \vee Vyx)$.

Die folgenden Behauptungen ergeben sich unmittelbar aus den Postulaten:

(1) V ist irreflexiv, d. h. es gilt: $\wedge x \, \neg Vxx$;

(2) V ist asymmetrisch, d. h. es gilt: $\wedge x \wedge y\, (Vxy \to \neg Vyx)$;

(3) $\mathbf{P_6}$ läßt sich zu der Aussage verschärfen: „Für zwei beliebige Objekte x und y des Bereiches gilt *genau eine der Relationen* Kxy, Vxy oder Vyx";

(4) $\wedge x \wedge y \wedge z\, (Kxy \wedge Vyz \to Vxz)$;

(5) $\wedge x \wedge y \wedge z\, (Vxy \wedge Kyz \to Vxz)$.

(4) besagt: Wenn die V-Relation zwischen y und z besteht, so auch zwischen allen mit y koinzidierenden Objekten und z. (5) besagt: Wenn die V-Relation zwischen x und y besteht, so auch zwischen x und allen mit y koinzidierenden Objekten.

Beweis von (1): Aus $\mathbf{P_5}$ erhält man: $\wedge x\, (Kxx \to \neg Vxx)$; daraus folgt quantorenlogisch: $\wedge x\, Kxx \to \wedge x\, \neg Vxx$. Das Vorderglied gilt nach $\mathbf{P_1}$, also ergibt sich die Behauptung mittels modus ponens.

Beweis von (2): Es gelte sowohl Vxy als auch Vyx. Wegen der Transitivitätsforderung $\mathbf{P_4}$ würde sich daraus ergeben: Vxx, im Widerspruch zu dem soeben gewonnenen Resultat (1).

Beweis von (3): Daß mindestens eine der drei Relationen gilt, ist gerade der Inhalt von $\mathbf{P_6}$. Es genügt also zu zeigen, daß nicht zugleich zwei dieser Relationen gelten können. Daß nicht gleichzeitig Vxy und Vyx gelten kann, wurde soeben in (2) gezeigt. Angenommen, es gelte: $Kxy \wedge Vxy$. Aus Kxy folgt nach $\mathbf{P_5}$ $\neg Vxy$, was im Widerspruch zum zweiten Konjunktionsglied unserer Annahme steht. Aus der Annahme, es gelte $Kxy \wedge Vyx$, erhalten wir in analoger Weise einen Widerspruch, wenn wir zunächst das erste Konjunktionsglied gemäß $\mathbf{P_2}$ in Kyx umformen.

Beweis von (4): Es gelte Kxy sowie Vyz. Angenommen, es gelte: Kxz. Wir hätten dann nach $\mathbf{P_2}$ auch Kzx. Zusammen mit der ersten Voraussetzung ergäbe dies wegen $\mathbf{P_3}$: Kzy, und damit wegen $\mathbf{P_2}$ auch: Kyz. Nach $\mathbf{P_5}$ würde daraus aber folgen: $\neg Vyz$, was unserer zweiten Voraussetzung widerspricht. Also gilt: $\neg Kxz$. Angenommen, es gelte: Vzx. Zusammen mit der zweiten Voraussetzung erhielten wir wegen $\mathbf{P_4}$: Vyx. Aus der ersten Voraussetzung ergibt sich jedoch gemäß $\mathbf{P_2}$: Kyx. Daraus folgt nach $\mathbf{P_5}$: $\neg Vyx$. Damit entstünde ein Widerspruch; Vzx kann also *nicht* gelten, so daß wir erhalten: $\neg Vzx$. Mittels $\mathbf{P_6}$ erhalten wir die dreifache Alternative $Kxz \vee Vxz \vee Vzx$. Wir haben soeben erkannt, daß das erste und das letzte Glied nicht gilt, so daß nur übrig bleibt: Vxz. Dies war gerade zu zeigen.

Beweis von (5): Es gelte Vxy sowie Kyz. Der Beweis verläuft ganz analog zum vorigen Fall. Aus der zweiten Voraussetzung erhalten wir: Kzy. Angenommen, es gelte: Kxz. Wegen P_3 würden wir dann erhalten: Kxy und daraus nach P_5: $\neg Vxy$, was der ersten Voraussetzung widerspricht. Angenommen, es gelte: Vzx. Zusammen mit der ersten Voraussetzung erhielten wir nach P_4: Vzy. Dies ist wegen P_2 und P_5 mit der zweiten Voraussetzung Kyz unvereinbar. Durch die Ausschaltung der beiden Möglichkeiten Kxz und Vzx erhalten wir wegen P_6 die gewünschte Aussage Vxz.

Alltagssprachlich könnte man die durch die obigen Postulate ausgedrückten Forderungen etwa so zusammenfassen:

(a) K muß eine Äquivalenzrelation sein;

(b) K und V müssen einander ausschließen;

(c) V muß transitiv sein;

(d) für zwei beliebige Objekte x und y des Bereiches muß mindestens einer (und daher genau einer, vgl. (3)) der folgenden Fälle eintreten: K gilt zwischen x und y oder V gilt zwischen x und y oder V gilt zwischen y und x.

Daß K eine Äquivalenzrelation bilde, also die ersten drei Postulate erfülle, werde durch $Äqu(K)$ abgekürzt. Wenn V die drei Postulate P_4 bis P_6 bezüglich eines vorgegebenen K erfüllt, so sagen wir, daß V eine Reihe bezüglich K darstelle, abgekürzt: $Reihe_K(V)$. Das Feld einer Relation R nennen wir $\mathfrak{F}_R$. Wir definieren dann:

D₁ $\quad QR(\langle K, V\rangle; \mathfrak{B}) =_{Df} Äqu(K) \wedge Reihe_K(V) \wedge \mathfrak{F}_K = \mathfrak{F}_V = \mathfrak{B}$.

Das Definiendum werde alltagssprachlich durch die Aussageform wiedergegeben: *Das geordnete Paar* $Q = \langle K, V\rangle$ *konstituiert eine Quasireihe (oder: einen komparativen Begriff) für den Bereich* $\mathfrak{B}$. In etwas loserer Sprechweise werden wir auch gelegentlich sagen, daß ein komparativer Begriff (eine Quasireihe) Q für den Bereich $\mathfrak{B}$ durch die beiden Relationen K und V festgelegt sei.

Die Behauptung, daß der Bereich $\mathfrak{B}$ *als eine Quasireihe darstellbar ist*, besagt dann dasselbe wie: $\vee P\,QR(P; \mathfrak{B})$.

Wir gehen jetzt dazu über, diese abstrakten Betrachtungen am Beispiel des komparativen Begriffs des Gewichtes zu illustrieren. $\mathfrak{B}$ sei der erwähnte Bereich physischer Objekte mittlerer Größe. Wir benützen eine Waage mit den beiden Waagschalen I und II. Die Aussage „Objekt a wiegt Objekt b auf" soll dasselbe besagen wie: „wenn a auf die Schale I und b auf die Schale II gelegt wird, so bleibt die Waage im Gleichgewicht" (vgl. Fig. 3-1).

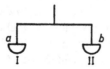

Fig. 3-1

Die Aussage „*a überwiegt b*" soll dasselbe besagen wie: „wenn *a* auf die Schale
I und *b* auf die Schale II gelegt wird, so bewegt sich die Schale I nach unten
und damit die Schale II nach oben" (vgl. Fig. 3-2).

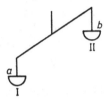

Fig. 3-2

Auf der Grundlage dieser beiden operational charakterisierten empirischen Relationen können nun die beiden Begriffe *G* und *L* unmittelbar eingeführt werden. Und zwar soll „*Gxy*" („*x* ist gewichtsgleich mit *y*") dasselbe besagen wie: „*x* ist mit *y* identisch oder *x* wiegt *y* auf". Diese Relation *G* entspricht in unserem Anwendungsbeispiel der abstrakten Koinzidenzrelation *K*. „*Lxy*" („*x* ist leichter als *y*") soll dasselbe besagen wie:
„*y* überwiegt *x*". Diese Relation *L* entspricht der abstrakten Relation *V*.

G und L müssen nun die obigen Postulate P_1 bis P_6 erfüllen. *Woher
wissen wir dies?* Im Fall von P_1 und P_5 ergibt sich die Erfüllung der Postulate
aus rein logischen Gründen (für P_1 daraus, daß jedes Objekt mit sich selbst
identisch ist; für P_5 daraus, daß es nach Definition ausgeschlossen ist, daß ein
Objekt ein zweites zugleich aufwiegt und überwiegt).

In den übrigen Fällen handelt es sich dagegen um *empirische* Sätze. Bereits die Erfüllung von P_2 ist keineswegs selbstverständlich: Wenn *a* auf die
Schale I gelegt wird und das auf die Schale II gelegte Objekt *b* aufwiegt, so
folgt daraus nicht mit logischer Notwendigkeit, daß das auf die Schale I gelegte Objekt *b* den auf die Schale II gelegten Gegenstand *a* aufwiegt. Es
könnte eine Welt geben, in der dies nicht gilt.

Ebenso ist z. B. die Erfüllung der Transitivitätsforderung P_4 für *L*
keineswegs logisch zwingend: Angenommen, es werde zunächst *a* auf I, *b*
auf II gelegt und I senke sich. Ferner werde in einem zweiten Schritt *b* auf
I und *c* auf II gelegt und I senke sich. Wir müßten dann sagen, daß *b* leichter
ist als *a* und *c* leichter als *b*. Es *könnte* sich nun das folgende ereignen: wenn
c auf I und *a* auf II gelegt wird, so bewegt sich I nach unten. Wir müßten dann
behaupten, daß *a* leichter ist als *c*. *Es ist eine Eigentümlichkeit unserer Welt,
daß sich so etwas nicht ereignet, sondern daß sich im dritten Schritt II senkt.* Würde
im dritten Schritt die vorher erwähnte Möglichkeit realisiert, so wäre dies
nicht ein Symptom dafür, daß wir in einer „logisch absurden" Welt leben,
sondern nur ein Anzeichen dafür, daß sich die Operation des Wägens nicht
für die Einführung eines komparativen Begriffs des Gewichtes eignen würde.

Als letztes Beispiel erwähnen wir P_6. Auch hier wird der Leser vermutlich zunächst annehmen, die Erfüllung dieses Postulates bilde eine logische Notwendigkeit. Dies stimmt jedoch nicht. Es wäre eine Welt denkbar, in welcher die Waage überhaupt nicht zur Ruhe kommt, wenn man das Objekt a auf I und b auf II legt. *Eine derartige Erfahrung würde uns ebenfalls zwingen, auf die Operation des Wägens als eines Mittels zur Einführung des komparativen Gewichtsbegriffs zu verzichten.*

Die beiden Relationen G und L müssen also zusammen ein Relationsgeflecht erzeugen, welches die obigen sechs Postulate erfüllt. Bei vier dieser Postulate handelt es sich um Erfahrungstatsachen und nicht um logische Wahrheiten. Dabei ist der laxe Gebrauch des Wortes „Erfahrungstatsache" zu beachten: Wir können nur für endlich viele Objekte eine Prüfung vornehmen und auch für diese nur behaupten, daß *der bisherige Befund* eine Übereinstimmung mit den genannten Postulaten ergeben hat. *Voreilig* wäre es hingegen, daraus den Schluß zu ziehen, *die Gültigkeit dieser Postulate sei durch das Experiment empirisch verifiziert worden.* Sämtliche Postulate beginnen mit Allquantoren, bilden also unbeschränkte Allhypothesen *und sind deshalb,* soweit sie nicht logisch wahr sind, *prinzipiell unverifizierbare hypothetische Generalisationen.*

Unser Beispiel lehrt also, daß wir im Fall komparativer Begriffe in noch viel stärkerem Maße als bei klassifikatorischen Begriffen neben Konventionen *experimentelle empirische Befunde* sowie *hypothetische Verallgemeinerungen* benötigen, die durch derartige Befunde bestenfalls mehr oder weniger gut zu bestätigen, jedoch niemals endgültig zu verifizieren sind. Bereits auf dieser relativ niedrigen Stufe greifen somit *Begriffsbildung, Erfahrung* und *Hypothesenbildung* unmittelbar ineinander, weshalb sich der Gedanke einer hypothesenfreien Begriffsbildung als eine Illusion erweist.

An einer weiteren Stelle wird von einer *Hypothesenbildung* Gebrauch gemacht. Während es bei der Einführung von qualitativen Begriffen nur selten (aber doch immerhin auch!) vorkommt, daß für die Bestimmung der Begriffsmerkmale Apparate verwendet werden, ist *die Benützung von Experimentier- und Meßgeräten* bei den komparativen sowie den quantitativen Begriffen meist unerläßlich. In unserem Fall war es eine Waage, auf welche die Einführung der empirischen Relationen G und L Bezug zu nehmen hatte. In allen derartigen Fällen muß man sich, um von den Begriffen eine sinnvolle Anwendung machen zu können, *auf die empirische Hypothese über das korrekte Funktionieren des Experimentiergerätes stützen.* So würde etwa in unserem Fall die Waage zu inadäquaten Resultaten führen, wenn sie rostig oder verbogen wäre.

Schließlich ist noch auf einen letzten Punkt aufmerksam zu machen, der hauptsächlich das Postulat P_3 betrifft. Darin steckt implizit eine *gedankliche Idealisierung*, die in der Praxis bestenfalls approximativ erfüllt sein wird. Der Sachverhalt dürfte deutlicher werden, wenn man statt des physikali-

schen Beispiels ein *psychologisches* wählt. Nehmen wird dazu an, es solle nicht
ein komparativer physikalischer Begriff des Gewichtes, sondern ein komparativer Begriff der Gewichts*empfindung* eingeführt werden. An die Stelle
der Waage hätte dann eine Versuchsperson X zu treten. Es kann nun durchaus der Fall sein, daß X das Empfinden hat, a und b seien gleich schwer,
ebenso b und c, daß aber a schwerer sei als c. In den ersten beiden Fällen
handelte es sich um Gewichtsunterschiede, die jenseits der Grenze der
Beobachtungsgenauigkeit liegen, während im dritten Fall die Unterschieds-
schwelle überschritten wäre.

Wenn ein derartiger Fall eintritt, so besteht eine dreifache Reaktionsmöglichkeit: Entweder es wird ein neuer und komplizierterer Begriff eingeführt; oder P_3 wird ohne Ersatz preisgegeben; oder aber das Begriffssystem wird zwar nicht geändert, es wird jedoch die Bemerkung hinzugefügt, daß es sich um eine *Idealisierung* handle.

Die zweite Alternative ist sicherlich die unbefriedigendste; denn hier
kann die Relation K (im speziellen Fall: die Relation G) nicht mehr dazu
benützt werden, die Objekte des Bereiches eindeutig in Äquivalenzklassen einzuteilen. Dann ist es auch nicht mehr möglich, jedem Objekt
eindeutig eine Position in der Quasiordnung zuzuweisen. Mit dem tatsächlich eingeführten Begriff erreicht man somit nicht das Ziel, welches man
sich bei der Aufstellung eines komparativen Begriffssystems gesetzt hatte.
Der dritte Weg ist in dem Sinne unrealistisch, als der eingeführte komparative Begriff praktisch unanwendbar wird.

Eine Variante der ersten Möglichkeit sei kurz angedeutet. Wir beziehen
uns dabei wieder auf das physikalische Beispiel. Anstelle der Relation G
führen wir eine kompliziertere Relation $G^\star$ ein, die folgendermaßen definiert ist: $G^\star xy$ soll genau dann gelten, wenn (a) $x = y$ oder (b) x das Objekt y aufwiegt und kein Objekt z aus $\mathfrak{B}$ existiert, für welches gilt, daß z
den Gegenstand y aufwiegt und nicht den Gegenstand x aufwiegt[5]. Es ergibt
sich jetzt die Notwendigkeit, auch L durch einen neuen Begriff zu ersetzen.
Dies kann man so einsehen: a und b sind zwei verschiedene Gegenstände,
auf die der alte Begriff zutrifft, jedoch nicht der neue, so daß also gilt: Gab,
$\neg G^\star ab$. Wegen der Symmetrie von G gilt auch: Gba. Gemäß P_5 erhalten
wir: $\neg Lab$, $\neg Lba$. Nun soll aber P_6 auch vom neuen Begriff $G^\star$ gelten.
Wegen der beiden letzten Ergebnisse würden wir daraus erhalten: $G^\star ab$,
im Widerspruch zur Annahme. Sofern also der ursprüngliche Begriff P_2
bis P_5 erfüllt, würde der neue nicht P_6 erfüllen und wäre somit inadäquat.
Unter Verwendung des in der letzten Fußnote für die Relation des Aufwiegens eingeführten Prädikates „A" könnte der folgende Relationsbegriff

---

[5] Mit A für die Relation des Aufwiegens wäre die Bestimmung (b) symbolisch
so zu formulieren: $Axy \wedge \neg \bigvee z\, (z \in \mathfrak{B} \wedge Azy \wedge \neg Azx)$.

L^* an die Stelle von L treten:

$$L^*xy \leftrightarrow Lxy \vee \{Axy \wedge \bigvee z\, [z \in \mathfrak{B} \wedge ((Azy \wedge Lxz) \vee (Azx \wedge Lzy))]\}.$$

Ohne auf eine nähere Diskussion dieser komplizierten Relation einzugehen, sei doch auf eine wissenschaftstheoretische Konsequenz hingewiesen: Über das Vorliegen oder Nichtvorliegen der beiden neuen Relationen kann nicht mehr in jedem Fall durch einfache Beobachtungen entschieden werden. Wie aus der Struktur der beiden Definitionen unmittelbar ersichtlich ist, wäre eine Behauptung von der Gestalt G^*ab zwar falsifizierbar, nicht jedoch generell verifizierbar; und umgekehrt wäre eine Behauptung von der Gestalt L^*ab zwar verifizierbar, nicht aber generell falsifizierbar.

Während für die Einführung des komparativen Gewichtsbegriffs die Operation des Wägens benutzt wurde, könnte man z. B. für die Bildung eines *komparativen Begriffs der Härte eines Minerals* den sogenannten *Ritztest* benützen: Ein Mineral x wird härter als ein Mineral y genannt, wenn man mit x das Mineral y ritzen kann, aber nicht umgekehrt; und sie werden als gleich hart bezeichnet, wenn weder y mittels x noch x mittels y geritzt werden kann. Auf der Basis dieser beiden empirischen Relationen läßt sich analog zum vorigen Fall der gewünschte komparative Begriff für den Bereich der Mineralien einführen.

Es möge nach den z. T. etwas abstrakten Betrachtungen ein einfaches Modellbeispiel für die Einführung eines komparativen Begriffs gegeben werden: Ein Lehrer möchte eine komparative Ordnung seiner Schüler nach der Körpergröße herstellen. Er läßt die Schüler sich im Turnsaal so aufstellen, daß der größte ganz links und der kleinste ganz rechts steht und daß sich dazwischen Schüler nach sukzessive abnehmender Körpergröße aufstellen. Annähernd gleich große Schüler stehen hintereinander. Solche Schüler bilden jeweils eine Äquivalenzklasse. Die zu verschiedenen Größenklassen gehörenden Schüler hingegen sind eindeutig in bezug auf ihre Größenordnung festgelegt. Die Äquivalenzklassen werden nur approximativ die Bedingungen erfüllen, daß die zu ihr gehörenden Schüler *gleiche* Größe haben. Da der Gesamtbereich aus einer endlichen und darüber hinaus leicht überschaubaren und festen kleinen Anzahl von Objekten besteht, ist in diesem Fall der über unmittelbare Befunde hinausgehende hypothetische Teil auf ein Minimum eingeschränkt.

3.c Komparative und klassifikatorische Begriffe. Eingangs wurden einige Andeutungen darüber gemacht, in welcher Weise komparative Begriffe den klassifikatorischen Begriffen überlegen sind. Nachdem wir unsere Vorstellung von der Struktur komparativer Begriffe präzisiert haben, müssen wir nochmals auf diesen Punkt zurückkommen. Nehmen wir an, wir hätten es mit einem Bereich $\mathfrak{B}$ von Objekten zu tun, der erschöpfend in n wechselseitig disjunkte Klassen $P_1, \ldots, P_n$ zerlegt worden sei. Diese Klassen mögen die Extensionen der n Prädikate „P_1", . . . , „P_n" bilden. Bisher haben wir es mit einer Begriffsbildung auf der rein klassifikatorischen Stufe zu tun. Das folgende Diagramm möge den Sachverhalt veranschaulichen:

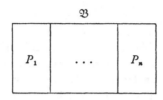

Das große Rechteck symbolisiert den Gesamtbereich. Von den n Klassen, in die er zu zerlegen ist, wurden nur die beiden mit P_1 und P_n bezeichneten Klassen ausdrücklich aufgezeichnet.

Die auf dieser ersten Stufe verwendeten n Prädikate und damit die durch sie bezeichneten n Klassenbegriffe verschwinden auf der komparativen Stufe vollkommen. An ihre Stelle treten zwei zweistellige Relationsbegriffe K und V. Für den Vergleich mit der klassifikatorischen Begriffsstufe sind vor allem zwei Fälle von Bedeutung:

1. Fall. Die Koinzidenzrelation K, die ja, wie wir gesehen haben, die formalen Merkmale einer abstrakten Gleichheitsbeziehung hat, ist so definiert, *daß die Äquivalenzklassen in bezug auf diese Relation mit den Klassen P_1 bis P_n zusammenfallen.* Der komparative Begriff faßt also genau dieselben Objekte zusammen, die auch im klassifikatorischen Fall zusammengefaßt wurden, und ordnet umgekehrt Dinge verschiedenen Klassen zu, wenn sie auch im klassifikatorischen Fall verschiedenen Klassen zugeordnet wurden. Der Unterschied ist allein ein Unterschied in der Methode: auf der klassifikatorischen Stufe werden n verschiedene Prädikatbegriffe benötigt; jetzt hingegen braucht man nur einen einzigen zweistelligen Relationsbegriff, der dasselbe leistet wie die früheren n Begriffe. *In dieser Hinsicht* liegt also *keine* Informationsverschärfung vor, sondern nur die eben angegebene technische Vereinfachung in der Darstellung. Die *zusätzliche* und *neue Information,* die durch den komparativen Begriff geliefert wird, stützt sich vielmehr ganz auf den zweiten Relationsbegriff V. Durch diesen Begriff werden die zu verschiedenen Äquivalenzklassen gehörenden Objekte in bezug auf *mehr* oder *weniger geordnet* — eine Ordnung, die auf der klassifikatorischen Stufe gänzlich fehlt. Diese Ordnung kann man auf die Klassen selbst übertragen. Bezeichnen wir diese für die n Klassen geltende Ordnungsrelation mit „<", so erhalten wir eine Ordnung, die man etwa so symbolisieren kann:

$$P_{i_1} < P_{i_2} < \ldots < P_{i_n}$$

Die umständlich erscheinende doppelte Indizierung („P_{i_j}" statt einfach „P_i") ergibt sich daraus, daß wir für die im obigen Diagramm abgebildete Klasseneinteilung $P_1, \ldots, P_n$ nicht voraussetzen dürfen, daß die Klassen bereits im Sinn der Relation V (bzw. genauer: im Sinn von $<$) geordnet waren. Wenn auch die Klassen selbst gleich geblieben sind, so ergibt sich doch ihre Ordnung nach *mehr* oder *weniger* erst jetzt.

2. *Fall.* Der Normalfall wird ein anderer sein. Die Konstruktion einer Quasireihe wird Hand in Hand gehen mit einer *Verfeinerung der Klassenein-teilung.* Die Äquivalenzklassen bezüglich K sind dann von geringerem Umfang, aber ihre Anzahl ist größer als die Anzahl der auf der qualitativen Stufe gebildeten Klassen P_i $(i = 1, \ldots, n)$. Gewisse Objekte, die auf der früheren Stufe in ein und derselben Klasse zusammengefaßt waren, werden nun unterschieden. *Die durch den komparativen Begriff erzielte Informationsver-schärfung ist also eine doppelte.* Erstens wird der Grundbereich $\mathfrak{B}$ in eine größere Anzahl von Teilklassen zerlegt, so daß genauere Differenzierungen erreicht werden als auf der qualitativen Stufe. Zweitens wird ebenso wie im ersten Fall zusätzlich eine ganz auf dem Relationsbegriff V beruhende Ordnung eingeführt.

3.d **Eine andere Charakterisierung der Quasireihen und Verschär-fung der Ordnungsrelation**[6]. Bei der bisherigen Charakterisierung des Begriffs der Quasireihe sind wir von den *beiden* Grundrelationen K und V ausgegangen. Innerhalb der Arithmetik der natürlichen Zahlen würde dies der Wahl der beiden arithmetischen Relationen $=$ und $<$, also der Identitäts-sowie der Kleiner-Relation, entsprechen. Nun ist es eine bekannte Tatsache, daß man im letzteren Fall die Relation $\leqq$ *als einzige Grundrelation* wählen könnte. Denn „$x = y$" ließe sich dann definieren durch: „$x \leqq y \land y \leqq x$" und „$x < y$" durch: „$x \leqq y \land x \neq y$". Die Wahl einer einzigen Grundrelation hat den Vorteil größerer Ökonomie und Eleganz. Auch bei der Beschreibung von Quasireihen würde es genügen, eine einzige Grundrelation zu wählen. Wir nennen diese Relation R. Das Verständnis des Folgenden wird erleichtert, wenn der Leser „$\leqq$" als Analogiemodell für „R" benützt.

In den ersten beiden Postulaten fordern wir die Transitivität und Total-reflexivität von R:

P'$_1$ $\land x \land y \land z \, (Rxy \land Ryz \to Rxz)$ (R ist transitiv),

P'$_2$ $\land x \, Rxx$ (R ist totalreflexiv).

Das Konnexitätspostulat lautet diesmal:

P'$_3$ $\land x \land y \, (Rxy \lor Ryx)$ (R ist zusammenhängend oder konnex).

Die Variablen sind wieder so zu deuten, daß sie sich auf die Objekte des Grundbereiches $\mathfrak{B}$ beziehen.

Die Koinzidenzrelation K führen wir durch die bereits erwähnte Definition ein:

Def. 1 $\land x \land y \, (Kxy \leftrightarrow Rxy \land Ryx)$.

---

[6] Der an diesen technischen Einzelheiten nicht interessierte Leser kann diesen Unterabschnitt überspringen.

Die früher als Postulate angeführten Merkmale von K ergeben sich nunmehr als Theoreme:

(1') K ist eine abstrakte Gleichheitsrelation, d. h. totalreflexiv, symmetrisch und transitiv.

Der Beweis ergibt sich unmittelbar aus der Definition sowie aus den drei Postulaten für R. Um die Totalreflexivität zu gewinnen, schreiben wir $\mathbf{P'_2}$ zweimal an und vereinfachen es zu dem Satz: $\wedge x\,(Rxx \wedge Rxx)$, womit man mittels der Definition erhält: $\wedge x\,Kxx$. Für den Nachweis der Symmetrieeigenschaft hat man bloß zu bedenken, daß die Konjunktion eine symmetrische Relation ist, so daß der Übergang von Kxy zu Kyx nur auf eine Vertauschung der beiden Glieder im Definiens hinausläuft. Für den Nachweis der Transitivität nehmen wir an, es gelte: $Kxy \wedge Kyz$. Aus der Definition folgen die vier Relationen: Rxy, Ryx, Ryz, Rzy. Auf Grund von $\mathbf{P'_1}$ ergibt sich aus dem ersten und dritten Glied: Rxz, und aus dem zweiten und vierten Glied: Rzx. Damit sind beide Glieder im Definiens von Kxz verifiziert, so daß also auch diese Relation gilt.

Wir haben uns nur noch davon zu überzeugen, daß man von diesen drei Postulaten für R und der Definition für K zu der früheren axiomatischen Festlegung der beiden dortigen Relationen übergehen kann und umgekehrt. Wir haben also den Satz zu beweisen, *daß beide Charakterisierungen logisch gleichwertig sind.*

Zunächst weisen wir die Übergangsmöglichkeit von der jetzigen zur früheren Charakterisierung nach. Dazu definieren wir die Relation Vxy wie folgt:

Def. 2 $\wedge x \wedge y\,(Vxy \leftrightarrow Rxy \wedge \neg Kxy).$

Dabei bildet „Kxy" eine Abkürzung im Sinn von Def. 1.

Die Relation K übernehmen wir aus der ersten Definition. Daß dann die drei Postulate $\mathbf{P_1}$ bis $\mathbf{P_3}$ gelten, haben wir soeben festgestellt. Wir beweisen zunächst den einfachen *Hilfssatz:* $\wedge x \wedge y \wedge z\,(Ryz \wedge Kxz \to Ryx)$.

Beweis: Es gelte $Ryz \wedge Kxz$. Nach Def. 1 folgt aus dem zweiten Konjunktionsglied: $Rxz \wedge Rzx$. Aus Ryz sowie Rzx ergibt sich nach $\mathbf{P'_1}$: Ryx.

Nachweis von $\mathbf{P_4}$. Es gelte: Vxy sowie Vyz. Dann gilt zunächst nach Def. 2: Rxy sowie Ryz und daher wegen $\mathbf{P'_1}$ auch Rxz. Angenommen, es gelte außerdem: Kxz. Daraus und aus Ryz würde man nach dem Hilfssatz erhalten: Ryx. Zusammen mit Rxy ergäbe dies nach Def. 1: Kxy. Aus der ersten unserer Voraussetzungen, nämlich Vxy, folgt aber gemäß Def. 2: $\neg Kxy$. Also war unsere Annahme falsch und es gilt: $\neg Kxz$. Die konjunktive Zusammenfassung der beiden Resultate Rxz und $\neg Kxz$ ergibt aber gerade Vxz. Insgesamt haben wir damit, wie gewünscht, die Transitivität von V bewiesen.

Nachweis von $\mathbf{P_5}$. Nach Def. 2 ist $\neg Vxy$ L-äquivalent mit $\neg Rxy \vee Kxy$. Diese Aussage folgt aber aus Kxy durch $\vee$-Abschwächung.

Nachweis von P_6. Falls Kxy gilt, so ist nichts mehr zu beweisen. Nehmen wir also an, es gelte: $\neg Kxy$. Wegen der Symmetrieeigenschaft von K gilt dann auch: $\neg Kyx$. Nach P_5' gilt entweder Rxy oder Ryx. Im ersten Fall erhält man zusammen mit $\neg Kxy$ nach Def. 2 die Aussage: Vxy, im zweiten Fall zusammen mit $\neg Kyx$ analog die Aussage: Vyx. Insgesamt erhalten wir also für beliebiges x und beliebiges y: $Kxy \lor Vxy \lor Vyx$. Dies war gerade zu beweisen.

Mit der Verifikation der früheren Postulate gelten auch die fünf Theoreme (1) bis (5).

Im zweiten Schritt soll umgekehrt gezeigt werden, daß man von den früher eingeführten Ordnungsbegriffen zu den gegenwärtigen übergehen kann. Die Relationen K und V, von denen P_1 bis P_6 gelten, sollen also jetzt unsere Grundrelationen sein. Wir definieren die Relation R in naheliegender Weise wie folgt:

Def. 3 $\quad \wedge x \wedge y (Rxy \leftrightarrow Vxy \lor Kxy).$

Auf dieser Basis müssen wir jetzt die drei Postulate P_1' bis P_3' beweisen und außerdem die Gültigkeit von *Def. 1* zeigen.

Nachweis von P_1'. Es gelte Rxy und Ryz. Dann gilt wegen Def. 3 erstens Vxy oder Kxy und zweitens Vyz oder Kyz. Wir nehmen eine vierfache Fallunterscheidung vor:

(a) Es gelte sowohl Vxy als auch Vyz. Nach P_4 gilt dann auch Vxz, woraus man durch $\lor$-Abschwächung Rxz erhält.

(b) Es gelte sowohl Kxy als auch Kyz. Nach P_3 gilt dann auch Kxz und damit auf Grund einer $\lor$-Abschwächung auch Rxz.

(c) Es gelte Kxy und $\neg Kyz$. Dann muß zunächst wegen der zweiten obigen Folgerung Vyz gelten. Jetzt wenden wir den früheren Satz (4) an und erhalten Vxz und damit wieder Rxz.

(d) Es gelte $\neg Kxy$ und Kyz. Wegen der ersten obigen Folgerung erhalten wir: Vxy. Auf Grund des früheren Satzes (5) gilt: Vxz und damit: Rxz.

In allen vier logisch möglichen Fällen haben wir also Rxz erhalten und damit die Transitivität der Relation R bewiesen.

Nachweis von P_2'. Dies ergibt sich unmittelbar aus P_1 und $\lor$-Abschwächung.

Nachweis von P_3'. In P_6 kann man Kxy aus elementaren logischen Gründen durch $Kxy \lor Kyx$ ersetzen. Vertauschung der Adjunktionsglieder liefert dann wegen Def. 3 gerade das Definiens für $Rxy \lor Ryx$.

Nachweis von Def. 1. (a) Es gelte Kxy. Dann gilt wegen P_2 auch Kyx. Wegen Def. 3 liefern diese beiden Sätze: $Rxy \wedge Ryx$.

(b) Es gelte $Rxy \wedge Ryx$. Hier ist eine analoge Fallunterscheidung zu treffen wie im Nachweis von P_1'. $Vxy \wedge Vyx$ kommt nicht in Frage, da sich wegen P_4 ergeben würde: Vxx, was dem Satz (1) widerspricht. Ebenso kommen $Vxy \wedge Kyx$ sowie $Kxy \wedge Vyx$ nicht in Frage. Denn auch diesmal würde sich wegen (4) und (5) beide Male die mit (1) unverträgliche Aussage Vxx ergeben. Es bleibt also nur $Kxy \wedge Kyx$ übrig, also: Kxy.

Bezeichnen wir die Relation R, welche $\mathbf{P_1'}$ bis $\mathbf{P_3'}$ erfüllt, als eine Ordnungsrelation und kürzen diese Aussage durch „$Ord(R)$" ab, so erhalten wir anstelle der früheren Definition der Quasireihe die folgende:

$\mathbf{D_1^{\bullet}}$ $\quad QR^{\star}\ (\langle K, R \rangle; \mathfrak{B}) =_{Df} Ord(R) \wedge \wedge x \wedge y\, (Kxy \leftrightarrow Rxy \wedge Ryx)$
$$\wedge\ \mathfrak{F}_R = \mathfrak{B}.$$

Es ist klar, wie auf der Grundlage der neuen Begriffe die entsprechenden empirischen Relationen einzuführen wären. Im Fall des komparativen Begriffs des Gewichtes z. B. hätten wir eine Relation $L^{\star}$ einzuführen, die so definiert wäre: „$L^{\star}xy$" (lies: „x ist leichter als y oder x ist mit y gewichtsgleich") soll dasselbe besagen wie: „x ist mit y identisch oder x wiegt y auf oder y überwiegt x". Die frühere Relation G wäre so wie im abstrakten Fall zu definieren durch: $\wedge x \wedge y\, (Gxy \leftrightarrow L^{\star}xy \wedge L^{\star}yx)$.

Innerhalb der Ordnungstheorie spielt die Verschärfung des Ordnungsbegriffs zum Begriff der *Wohlordnung* eine fundamentale Rolle. Es möge kurz angedeutet werden, wie sich innerhalb des gegenwärtigen Begriffsapparates eine solche Verschärfung erzielen läßt. Dabei gehen wir zunächst von der zweiten Charakterisierung aus.

„$Ord(R)$" bilde weiterhin eine Abkürzung für die Aussage, daß R eine Ordnungsrelation darstellt, d. h. daß R transitiv, totalreflexiv und konnex im Sinn von $\mathbf{P_1'}$ bis $\mathbf{P_3'}$ ist.

(*Anmerkung:* Gewöhnlich wird bei der Charakterisierung von Ordnungen im Sinn der $\leqq$-Relation zusätzlich die sogenannte Antisymmetrie gefordert. Unter Benützung der üblichen Gleichheitsrelation $=$ lautet diese Forderung: $\wedge x \wedge y$ $(Rxy \wedge Ryx \rightarrow x = y)$. Sie ist jetzt wegen der Verwendung der abstrakten Gleichheitsrelation K anstelle von $=$ zu ersetzen durch: $\wedge x \wedge y\, (Rxy \wedge Ryx \rightarrow Kxy)$. Diese Aussage braucht jedoch nicht axiomatisch gefordert zu werden; denn sie bildet auf Grund von Def. 1 eine logische Wahrheit. Tatsächlich läuft wegen dieser Definition die Antisymmetrieforderung auf eine generelle Konditionalbehauptung hinaus, in der im Hinterglied genau dasselbe steht wie im Vorderglied.)

Falls die Relation R eine Ordnung ist, so wird sie außerdem genau dann eine *Wohlordnung* genannt, wenn es in jeder nicht leeren Teilklasse des Feldes $\mathfrak{F}_R$ von R mindestens ein R-kleinstes Element gibt, d. h. also, wenn die folgende zusätzliche Bedingung erfüllt ist (dabei bezeichnet „$\emptyset$" die leere Klasse):

$$\wedge x\, \{x \neq \emptyset \wedge x \subseteq \mathfrak{F}_R \rightarrow \vee y\, [y \in x \wedge \wedge z(z \in x \rightarrow Ryz)]\}\ .$$

Die Wohlordnungsdefinition kann man dadurch abkürzen, daß man die auf den Existenzquantor „$\vee y$" folgende Teilaussage durch „y ist ein R-Minimum von x" (symbolisch: „$y\ \min_R x$") wiedergibt. Unter Verwendung der Abkürzung:

$$y\ \min_R x \leftrightarrow y \in x \wedge \wedge z(z \in x \rightarrow Ryz)$$

erhalten wir also die folgende Wohlordnungsdefinition (mit „Word" als Abkürzung für das Prädikat der Wohlordnung):

$$Word(R) \leftrightarrow Ord(R) \wedge \wedge x\, [x \neq \emptyset \wedge x \subseteq \mathfrak{F}_R \rightarrow \vee y\, (y\ \min_R x)]\ .$$

In der Anwendung auf eine konkrete empirische Relation bildet natürlich die Aussage, daß diese Relation eine Wohlordnung des betrachteten Grundbereiches bildet, eine empirische

Hypothese. Hat man Grund für die Annahme, daß diese Hypothese richtig sei, so läßt sich der Begriff der Quasireihe für einen Bereich $\mathfrak{B}$ zu dem der *wohlgeordneten* Quasireihe für $\mathfrak{B}$ verschärfen. In $\mathbf{D}_1^*$ hätte man dann einfach die Bestimmung „*Ord(R)*" durch „*Word(R)*" zu ersetzen.

Es möge noch auf ein technisches Detail hingewiesen werden: *Der obige Begriff der Wohlordnung ist überbestimmt.* Die im Postulat $\mathbf{P}_3'$ geforderte Konnexität von R folgt nämlich logisch aus den übrigen Bestimmungen. Der Beweis dafür sei kurz angedeutet. Unsere Voraussetzung lautet: R ist transitiv, totalreflexiv und ferner so geartet, daß jede nicht leere Teilklasse des Feldes von R ein R-kleinstes Element besitzt. Gemäß unserer allgemeinen Voraussetzung ist $\mathfrak{F}_R$ identisch mit $\mathfrak{B}$. Zu zeigen ist: Für zwei beliebige Objekte x und y aus $\mathfrak{B}$ gilt entweder Rxy oder Ryx, d. h. $\mathbf{P}_3'$ ist aus diesen drei Voraussetzungen ableitbar.

Beweis: Es werden zwei Objekte x und y aus $\mathfrak{B}$ gewählt. Wir definieren eine neue Klasse $z = \{x, y\}$, d. h. also diejenige Klasse, welche genau diese beiden Elemente enthält. Offenbar gilt: $z \neq \emptyset \wedge z \subseteq \mathfrak{F}_R$. Wir können somit aus unserer dritten Voraussetzung schließen;

$$(*) \quad \bigvee u\, [u \in z \wedge \bigwedge v\, (v \in z \to Ruv)].$$

Da z bloß die beiden Elemente x und y enthält, sind nur zwei Fälle möglich. *1. Fall: $u = x$.* Da $y \in z$, erhalten wir nach (*): Rxy. *2. Fall: $u = y$.* Dann erhalten wir in analoger Weise: Ryx. Insgesamt also gilt: $\bigwedge x \bigwedge y\, (Rxy \vee Ryx)$.

Man kann das eben gewonnene Resultat so ausdrücken: Die Forderung, welche im zweiten Konjunktionsglied des Definiens von „*Word (R)*" ausgesprochen wird, ist so stark, daß die in „*Ord (R)*" enthaltene Teilbestimmung, wonach R konnex sein soll, überflüssig wird, das sie aus dieser Forderung und den beiden restlichen Ordnungsmerkmalen abgeleitet werden kann[7].

Selbstverständlich kann der Wohlordnungsbegriff auch auf der Basis der ersten Variante eingeführt werden, innerhalb welcher mit den zwei Grundrelationen K und V operiert wird. Im Definiens von „*Word(V)*" wäre erstens „*Ord(R)*" zu ersetzen durch den früheren Ausdruck „*Reihe$_K$(V)*", und in der durch „*y min$_V$ x*" abgekürzten Formel wäre „*Vyz*" zu ersetzen durch „*Vyz $\vee$ Kyz*". Es bleibe dem daran interessierten Leser als Übungsaufgabe überlassen, die Äquivalenz der beiden Charakterisierungen der Wohlordnung zu zeigen. (Hinweis: die beiden obigen Definitionen *Def. 2* und *Def. 3* sind auch jetzt wieder zu benützen.)

Der Begriff der Wohlordnung spielt innerhalb der Theorie der Metrisierung deshalb eine geringe Rolle, weil die meisten bekannten Skalen *nicht* einen wohlgeordneten Gegenstandsbereich voraussetzen. Dies gälte sogar für den Fall, daß das in 4.b diskutierte Kommensurabilitätsprinzip akzeptiert würde. Denn auch die rationalen Zahlen bilden in der natürlichen Anordnung keinen wohlgeordneten Bereich. Im allgemeinen Fall muß man bekanntlich für den Nachweis der Existenz einer Wohlordnung das Auswahlaxiom benützen.

In eine ganz andere Richtung würde die folgende Verschärfung des Begriffs der Quasireihe zeigen: Anstelle der ursprünglichen Individuen, nämlich der Objekte des Grundbereiches $\mathfrak{B}$, führt man *neuartige Individuen* ein,

---

[7] Um die mit der Mengenlehre vertrauten Leser nicht zu verwirren, möge ausdrücklich darauf hingewiesen werden, daß im gegenwärtigen Rahmen — zum Unterschied vom mengentheoretischen Fall — die eindeutige Bestimmtheit des R-kleinsten Elementes *nicht* bewiesen werden kann. Dies beruht darauf, daß wir statt mit der Identität nur mit einer abstrakten Gleichheitsrelation K operieren, die *zwischen nicht identischen Objekten* des Grundbereiches $\mathfrak{B}$ bestehen kann.

nämlich die Äquivalenzklassen bezüglich der Relation K. Auf diese Weise
würde man bei der ersten Art der Darstellung eine *echte Ordnung* im Sinn von
$<$ erhalten und die Relation K würde durch die Identität $=$ ersetzt werden:
die Prädikate „V" bzw. „$=$" wären nun auf solche Äquivalenzklassen anzuwenden. Bei der zweiten Art der Darstellung wäre analog R als Relation
zwischen Äquivalenzklassen zu deuten, und durch *Def. 1* würde nicht eine
abstrakte Gleichheitsrelation K, sondern die Identität zwischen derartigen
Klassen eingeführt werden.

4. Der Übergang zu quantitativen Begriffen

4.a Allgemeines. Wir legen für das Folgende einen allgemeinsten Begriff
der *Funktion* zugrunde. Eine *einstellige Funktion* ist nichts weiter als eine
eindeutige Zuordnung von Objekten eines Bereiches zu Objekten eines anderen.
Es genügt, daß wir uns auf die Betrachtung einstelliger Funktionen beschränken. Der Bereich, aus dem jene Objekte stammen, denen mittels einer
Funktion f andere Objekte zuzuordnen sind, heißt *Argumentbereich* dieser
Funktion, und die Elemente des Argumentbereiches werden *Argumente* von
f genannt. Der Bereich, aus dem die Objekte stammen, welche mittels f
Elementen des Argumentbereiches zugeordnet werden, heißt *Wertbereich*
der Funktion. Ist x ein Argument von f, also ein Element des Argumentbereiches, so schreibt man für das Element des Wertbereiches, welches man
kraft f dem Objekt x zuordnet, $f(x)$. Diesen Gegenstand nennt man auch
den Wert der Funktion f für das Argument x. Allgemein werden die Objekte aus dem Wertbereich von f als *Werte* der Funktion f bezeichnet. Eine
Funktion wird *numerische Funktion* genannt, wenn der Wertbereich aus
Zahlen besteht. Für uns werden nur drei Arten solcher Zahlen in Betracht
kommen: natürliche Zahlen, rationale Zahlen und reelle Zahlen. Der Leser
beachte, daß der Argumentbereich einer numerischen Funktion *nicht* aus
Zahlen zu bestehen braucht. Tatsächlich werden wir uns ausschließlich mit
numerischen Funktionen beschäftigen, deren Argumente keine Zahlen
sind.

Einstellige Funktionen sind auch als geeignete zweistellige Relationen
deutbar. Eine zweistellige Relation R kann ihrerseits interpretiert werden
als eine Klasse von geordneten Paaren $\langle x, y \rangle$. Daß das Paar $\langle x, y \rangle$
zur Relation R gehört — d. h. daß, wie man auch sagt, x zu y in der Relation R steht —, wird symbolisch statt durch „$\langle x, y \rangle \in R$" durch „$Rxy$"
ausgedrückt. Eine derartige Relation R läßt sich als einstellige Funktion f
deuten, sofern sie die zusätzliche Bedingung erfüllt: $\wedge x \wedge y \wedge z\, (Rxy \wedge Rxz$
$\rightarrow y = z)$. Man nennt in diesem Fall die Relation auch *rechtseindeutig*. Diese
Terminologie findet ihre Rechtfertigung darin, daß einem Erstglied stets ein
und nur ein Zweitglied entspricht. Das ist aber gerade diejenige Eigenschaft,
welche man von einer Funktion fordert. Es liegt daher nahe, eine rechts-

eindeutige zweistellige Relation mit derjenigen einstelligen Funktion zu identifizieren, deren Argumentbereich aus den Erstgliedern der Relation besteht und deren Wertbereich mit der Klasse der Zweitglieder dieser Relation identisch ist. Der Argumentbereich läßt sich somit in der Relationensprache darstellen durch $\{x|\ \vee y\ Rxy\}$ (wortsprachlich: die Klasse der x, so daß es ein y mit Rxy gibt) und in der erwähnten Funktionalschreibweise durch: $\{x|\ \vee y\, f(x) = y\}$ (wortsprachlich: die Klasse der Gegenstände x, so daß es ein y mit $f(x) = y$ gibt, d. h. also ein y, welches der f-Wert für das Argument x ist). Analog kann man den Wertbereich im einen Fall durch $\{y|\ \vee x\ Rxy\}$ und im anderen Fall durch $\{y|\ \vee x\, f(x) = y\}$ wiedergeben. Angenommen, die folgenden Bedingungen seien erfüllt:

(a) R ist eine rechtseindeutige zweistellige Relation und f eine einstellige Funktion mit: $\wedge x\ \wedge y\ (Rxy \leftrightarrow f(x) = y)$, so daß insbesondere:

(b) $\{x|\ \vee y\ Rxy\} = \{x|\ \vee y\, f(x) = y\}$;

(c) $\{y|\ \vee x\ Rxy\} = \{y|\ \vee x\, f(x) = y\}$.

Dann kann man R mit f in dem Sinn identifizieren, als man behaupten kann: Es handelt sich nur um zwei verschiedene Schreibweisen für ein und dieselbe Funktion; das eine Mal um die relationale Schreibweise, das andere Mal um die funktionale Schreibweise. Ein Symbol „f", welches eine Funktion bezeichnet, wird *Funktor* genannt.

Wir nehmen jetzt weiter an, daß uns ein Bereich $\mathfrak{B}$ von Objekten gegeben sei. Falls dann eine solche numerische Funktion eingeführt wird, deren Argumente genau die Objekte von $\mathfrak{B}$ sind, so wird f eine *Punktfunktion* genannt. Sollte statt dessen eine numerische Funktion φ eingeführt werden, deren Argumente nicht Objekte von $\mathfrak{B}$, sondern *Mengen* von Objekten von $\mathfrak{B}$ sind, so heißt φ eine *Mengenfunktion*.

Kehren wir nach diesen begrifflichen Vorbereitungen zu unserem Thema zurück. *Alle quantitativen oder metrischen Begriffe, auch Größenbegriffe genannt, werden als numerische Funktionen eingeführt. Sie werden daher in der Wissenschaftssprache formal durch Funktoren repräsentiert*[8]. Ob man einen quantitativen Begriff als Punkt- oder als Mengenfunktion konstruiert, hängt von verschiedenen Umständen ab, in erster Linie von der Art der Charakterisierung der

---

[8] Es gibt eine Sprechweise, wonach auch Quantitäten als Eigenschaften bezeichnet werden. Danach sind z. B. Länge, Gewicht, Zeitdauer usw. *verschiedene Eigenschaften*. Wenn man von dieser Terminologie Gebrauch macht, muß man auf folgendes achten: Man kann physischen Objekten nicht „Eigenschaften" in diesem allgemeinen Sinn zuschreiben, sondern nur quantitativ genau bestimmte Eigenschaften. Dies erfolgt über die Angabe der metrischen Skala sowie durch die Zuschreibung eines genauen Zahlenwertes. Ein Ding hat als quantitative Eigenschaften nicht Länge oder Gewicht überhaupt. Vielmehr sind *diese ganz bestimmte Länge* und *dieses ganz bestimmte Gewicht* Eigenschaften des Dinges. Wir werden, um einer Verwechslung mit dem klassifikatorischen Fall vorzubeugen, im folgenden diese Eigenschaftsterminologie für Größenbegriffe nicht benützen.

Gegenstände jenes Bereiches, für den der quantitative Begriff eingeführt
werden soll. Angenommen, der fragliche Bereich bestehe aus physischen
Objekten mittlerer Größe, die man auf eine Waage legen kann. Falls für
diese Objekte ein quantitativer Begriff des Gewichtes eingeführt werden
soll, so erscheint es am natürlichsten, diesen Gewichtsbegriff als Punktfunktion zu konstruieren. Die „Punkte", welche als Argumente in Frage
kommen, sind dann eben jene physischen Objekte, denen mittels der Gewichtsfunktion ein numerischer Wert als Gewicht zugeordnet wird. Es
kann aber z. B. der Fall sein, daß die zugrunde gelegte Wissenschaftssprache
eine derartige Konstruktion nicht zuläßt. Dies gilt z. B. dann, wenn als
Individuenbereich die Klasse der Raum-Zeit-Punkte gewählt worden ist
und wenn physische Objekte mit den Raum-Zeit-Gebieten identifiziert
werden, die sie einnehmen. Ein solches Raum-Zeit-Gebiet bildet eine
Klasse von Raum-Zeit-Punkten, also von Individuen. Es ist daher am
zweckmäßigsten, in einem derartigen Fall den quantitativen Begriff des
Gewichtes als eine Mengenfunktion einzuführen[9].

Die Einführung eines quantitativen Begriffs für einen Bereich von Objekten wird auch als *Metrisierung* bezeichnet. Von der Metrisierung ist die
Messung zu unterscheiden, worunter man den *empirischen Prozeß der Bestimmung eines Größenwertes* versteht. Messungen können erst vorgenommen
werden, wenn bereits eine Metrisierung vorliegt. Leider bezeichnen viele
Autoren das, was wir Metrisierung nennen, als Messung. Es ist nicht ver-
wunderlich, daß bei einer derartigen irreführenden Terminologie leicht Be-
griffsverwirrungen entstanden sind.

Die Einführung eines quantitativen Begriffs kann prinzipiell auf zweierlei Art vorgenommen werden. Stehen bereits andere quantitative Begriffe
zur Verfügung und läßt sich der neu zu bildende mit Hilfe der schon vorliegenden Begriffe konstruieren, so spricht man von *abgeleiteter* oder *se-
kundärer Metrisierung*. Der einfachste Fall einer abgeleiteten Metrisierung
liegt vor, wenn der neue Begriff auf die alten Begriffe *definitorisch zurückgeführt* wird. Ein Beispiel bildet der Begriff der durchschnittlichen Dichte, den
man durch die folgende Definition einführen kann:

$$\text{durchschnittliche Dichte von } x =_{Df} \frac{\text{Masse von } x \text{ in Gramm}}{\text{Volumen von } x \text{ in cm}^3} .$$

In vielen Fällen wird der Sachverhalt jedoch wesentlich komplizierter sein.
Der neue Begriff wird dort *auf der Grundlage von Regeln* eingeführt, wobei an
bestimmten Stellen bei der Formulierung dieser Regeln andere quantitative
Begriffe benützt werden. Als Beispiel für diese zweite Art von abgeleiteter
Metrisierung werden wir die Einführung des Temperaturbegriffs genauer

---

[9] Wenn man bereit ist, schon auf dieser elementaren Stufe Integrationen einzuführen, so könnte man auch bei dieser zweiten Konstruktion den quantitativen
Begriff des Gewichtes durch eine Punktfunktion darstellen.

diskutieren. Es wird sich dabei zeigen, daß bei der Einführung eines quantitativen Temperaturbegriffs die Existenz einer Längenmetrik bereits vorausgesetzt werden muß.

Es ist klar, daß der eigentlich wichtige und auch wissenschaftstheoretisch interessante Fall der ist, daß man einen quantitativen Begriff einführt, ohne sich dabei auf bereits vorhandene metrische Begriffe zu stützen. Man spricht dann von *primärer oder fundamentaler Metrisierung*. Zunächst wenden wir uns nur solchen Fällen von primärer Metrisierung zu. Um in zwangloser Weise an die Betrachtungen über komparative Begriffe anknüpfen zu können, soll die Klasse der Metrisierungen von Quasireihen als Beispielsklasse gewählt werden.

4.b Metrisierungen von Quasireihen, die zu extensiven Größen führen. Heute ist eine außerordentlich große Anzahl vollkommen verschiedener Metrisierungsformen bekannt. Eine besonders wichtige Klasse bilden jene, die *an bereits vorhandene komparative Begriffe* anknüpfen. Unter diesen bilden wiederum diejenigen eine Teilklasse, durch welche sogenannte *extensive Größen* eingeführt werden. Von extensiven Größen spricht man dann, wenn eine empirische Operation verfügbar ist, die eine formale Ähnlichkeit mit der arithmetischen Operation der Addition hat. Dieser Gedanke wird im folgenden noch präzisiert werden. Eine nicht extensive Größe wird auch als *intensive Größe* bezeichnet. Beispiele von extensiven Größen bilden die quantitativen Begriffe des Gewichtes, des Volumens, der Länge; der quantitative Temperaturbegriff dagegen ist ein Beispiel für eine intensive Größe. Analog wie bei der Schilderung komparativer Begriffe werden wir den allgemeinen Prozeß am konkreten Beispiel des Gewichtes illustrieren. Die dabei erzielte Metrik führt zu einer Skala, die man auch als *Verhältnisskala* bezeichnet. Die folgenden Überlegungen sind also durch eine dreifache Spezialisierung gekennzeichnet: Es werden nur *Metrisierungen von Quasireihen* in Betracht gezogen; ferner erfolgt eine Beschränkung auf *extensive Größen*, die *zu einer Verhältnisskala* führen.

Um für das Folgende Eindeutigkeit zu erzielen, knüpfen wir an die erste der beiden im vorigen Abschnitt geschilderten Charakterisierungen von Quasireihen an, da sie die intuitiv durchsichtigere ist. Wir setzen also die Existenz zweier Relationen K und V voraus, welche die Postulate $\mathbf{P}_1$ bis $\mathbf{P}_6$ erfüllen. Der Leser erinnere sich daran, daß in jeder konkreten Anwendung, d. h. bei jeder speziellen empirischen Deutung dieser beiden Relationen, der größere Teil dieser Postulate aus den früher geschilderten Gründen den Charakter *empirischer Hypothesen* annimmt. Es ist wichtig, diese Tatsache im folgenden nicht aus den Augen zu verlieren. Es ist dann nämlich von vornherein klar, *daß der Prozeß der Metrisierung nicht rein konventioneller Natur sein kann;* die Gültigkeit jener empirischen Hypothesen muß vorausgesetzt werden, um die Metrisierung überhaupt durchführen zu können.

Es seien also ein Bereich $\mathfrak{B}$ von Objekten gegeben und außerdem zwei Relationen K und V, so daß $\langle K, V \rangle$ im früher präzisierten Sinn eine Quasireihe oder einen komparativen Begriff für $\mathfrak{B}$ konstituiert. Unsere Aufgabe besteht darin, diese Quasireihe zu metrisieren. In einem ersten Schritt wird es darum gehen, eine Adäquatheitsbedingung für eine korrekte Metrisierung aufzustellen. Den Ausgangspunkt bildet der folgende intuitive Gedanke: Wir wollen den Objekten von $\mathfrak{B}$, die durch die Relationen K und V geordnet wurden, mit Hilfe einer Funktion f Zahlen zuordnen und zwar auf solche Weise, daß die Objekte in bezug auf den einzuführenden Begriff (z. B. den Begriff des Gewichtes) nach *mehr oder weniger* unterschieden werden können. Offenbar hat die Zahlenzuordnung die folgende Bedingung zu erfüllen: Wenn zwei Objekte aus $\mathfrak{B}$ in der Koinzidenzrelation K zueinander stehen, also innerhalb der Quasiordnung *dieselbe* Stelle einnehmen, so muß ihnen durch f *derselbe* Zahlenwert zugeordnet werden. Wenn dagegen das Objekt a aus $\mathfrak{B}$ dem Objekt b aus $\mathfrak{B}$ in der Ordnung vorangeht, d. h. wenn Vab gilt, so muß der dem a zugeordnete Zahlenwert *kleiner* sein als der dem b zugeordnete Zahlenwert, d. h. es muß gelten: $f(a) < f(b)$ (das Symbol „$<$" bezeichnet hier die arithmetische Kleiner-Relation zwischen Zahlen). Den intuitiven Hintergrund für diese Forderung bildet die folgende Vorstellung: Wir wollen die Objekte von $\mathfrak{B}$ mittels f so auf eine Zahlenklasse abbilden, daß die Ordnung erhalten bleibt, genauer: daß der Ordnung V im Bereich $\mathfrak{B}$ die Relation $<$ im Wertbereich der Zahlen entspricht. Nimmt man den einfachen logischen Trick hinzu, nicht die Objekte aus $\mathfrak{B}$, sondern die ganzen Äquivalenzklassen als Argumente unserer Abbildungsfunktion zu wählen, so wird durch f zwischen dem empirischen Bereich $\mathfrak{B}$ und dem Zahlenbereich, der den Wertbereich bildet, eine *Strukturgleichheit* oder *Isomorphie* hergestellt. Wie wir später genauer erläutern werden, besteht der Sinn der Herstellung einer derartigen Isomorphie hauptsächlich darin, daß wir unser präzises Wissen über Zahlen dazu verwenden können, ein Wissen über den empirischen Bereich $\mathfrak{B}$ zu erlangen.

Wir gehen jetzt dazu über, die Adäquatheitsbedingung (AMQ) für die Metrisierung einer Quasireihe zu formulieren. Es handelt sich dabei um eine *notwendige* (jedoch nicht hinreichende!) Bedingung, die jede derartige Metrisierung zu erfüllen hat:

(AMQ) Es möge für einen Bereich $\mathfrak{B}$ ein komparativer Begriff (eine Quasireihe) Q durch die beiden Relationen K und V festgelegt sein. Von einer *adäquaten Metrisierung der Quasireihe Q* soll *nur dann* gesprochen werden, wenn eine Funktion f effektiv konstruiert wurde, welche die folgenden drei Bedingungen erfüllt:

     (a) jedem $x \in \mathfrak{B}$ wird eine reelle Zahl $f(x)$ zugeordnet;

     (b) für alle $x \in \mathfrak{B}$ und alle $y \in \mathfrak{B}$ gilt: wenn Kxy, dann $f(x) = f(y)$;

     (c) für alle $x \in \mathfrak{B}$ und alle $y \in \mathfrak{B}$ gilt: wenn Vxy, dann $f(x) < f(y)$.

Diese drei Forderungen stellen also eine Minimalbedingung dafür dar, daß die Funktion f einen quantitativen Begriff repräsentiert, welcher dem zuvor eingeführten komparativen Begriff Q entspricht. Ist (AMQ) erfüllt, so werden wir auch sagen, daß der durch f repräsentierte quantitative Begriff (bzw. abkürzend: f selbst) mit dem komparativen Begriff Q *im Einklang steht.*

Wir können sofort eine Folgerung ziehen: Steht f mit Q im Einklang, so lassen sich die Bedingungen (b) und (c) von (AMQ) dahingehend verschärfen, *daß die beiden Wenn-Dann-Sätze auch in der umgekehrten Richtung gelten.* Wir kürzen diese beweisbaren Umkehrungen von (b) und (c) durch (b') und (c') ab.

Für den einfachen Beweis dieser Behauptung braucht man sich nur daran zu erinnern, daß K und V nach Voraussetzung die früheren Postulate $\mathbf{P_1}$ bis $\mathbf{P_6}$ erfüllen müssen. Angenommen also, es gelte für zwei Elemente x und y aus $\mathfrak{B}$: $f(x) = f(y)$. Würde dann $\neg Kxy$ gelten, so würden wir mittels $\mathbf{P_6}$ erhalten: Vxy oder Vyx. Im einen Fall würden wir aus (AMQ) (c) erhalten: $f(x) < f(y)$, im anderen Fall: $f(y) < f(x)$. Beide Male erhielten wir einen arithmetischen Widerspruch zu $f(x) = f(y)$. Also muß die zusätzliche Annahme $\neg Kxy$ falsch sein und Kxy muß gelten. Wir erhalten somit die gewünschte Konditionalaussage: „wenn $f(x) = f(y)$, dann Kxy". Angenommen, es gelte: $f(x) < f(y)$. Würde $\neg Vxy$ gelten, so würden wir diesmal mittels $\mathbf{P_6}$ erhalten: Kxy oder Vyx. Aus (AMQ) (b) und (c) würden wir dann erhalten: $f(x) = f(y)$ oder $f(y) < f(x)$. Beides würde einen arithmetischen Widerspruch zu $f(x) < f(y)$ erzeugen. Also muß Vxy gelten. Damit haben wir die gewünschte Verschärfung von (AMQ) (c) gewonnen.

Mit der Formulierung der Adäquatheitsbedingung ist natürlich noch nicht angegeben, wie wir tatsächlich vorzugehen haben, *wenn wir eine extensive Größe einführen wollen.* Diese Einführung erfolgt auf der Grundlage von *drei Regeln.* Das für extensive Größen entscheidende Charakteristikum ist dabei das folgende: Die Gegenstände des Bereiches $\mathfrak{B}$, für welche wir eine Eigenschaft (z. B. Gewicht) metrisieren, also durch einen Größenbegriff ersetzen wollen, lassen sich in einer solchen Weise zu neuen Gegenständen *zusammenfügen* oder *kombinieren, daß der Wert der Größe des auf diese Weise erzeugten neuen Gegenstandes gleich ist der Summe der Werte der zusammengefügten Einzelgegenstände.* Wir werden diese Operation des Zusammenfügens oder Kombinierens im allgemeinen Fall durch das Symbol „$\circ$" bezeichnen. Die eben erwähnte Eigentümlichkeit dieser Operation $\circ$ betrifft genau das, was wir weiter oben mit der Wendung „formale Ähnlichkeit zur Operation der Addition" andeuteten.

Es ist außerordentlich wichtig, sich in jedem konkreten Fall völlige Klarheit darüber zu verschaffen, *wie die Kombinationsmethode aussieht.* Je nach

der Art der einzuführenden Größe wird diese Methode nämlich anders beschaffen sein. Soweit es sich um physikalische Begriffe handelt, wird die
Methode häufig als so selbstverständlich angesehen, daß sie vom Fachmann
gar nicht ausdrücklich erwähnt wird. Im Fall der Gewichtsfeststellung z. B.
handelt es sich einfach darum, daß man die Objekte, deren Gesamtgewicht
zu bestimmen ist, auf der einen Waagschale *nebeneinanderstellt*, wobei die
Anordnung auf der Waagschale keine Rolle spielt. Wenn ich z. B. ein Ding,
das 2 kg wiegt, neben ein anderes Ding auf die Waagschale lege, welches
$^1/_2$ kg wiegt, so erhalte ich durch diese Art der Kombination (des Zusammenfügens) ein neues Objekt, dessen Gewicht $2^1/_2$ kg beträgt. Bei der Bestimmung des *Gesamtvolumens* zweier Flüssigkeitsmengen besteht die Kombinationsmethode im Zusammenschütten der beiden Flüssigkeiten. Wer
z. B. ein Glas heiße Limonade trinken möchte und, da ihm die Limonade
zum Trinken zu heiß ist, etwas kaltes Wasser hinzugießt, erhält eine ver-
dünnte Limonade, deren Gesamtvolumen aus der Summe der Volumina
der beiden einzelnen Flüssigkeitsmengen (unverdünnte Limonade, kaltes
Wasser) besteht.

Wenn man die Einführung eines quantitativen *Längenbegriffs* schildern
will, so muß man bei der Beschreibung der Kombinationsmethode größere
Sorgfalt walten lassen als in den beiden eben erwähnten Fällen. Angenommen, wir haben zwei Gegenstände *a* und *b*, die beide je eine gerade Kante
besitzen. Es würde z. B. *nicht* genügen, folgendes zu sagen: „Die Gesamtlänge der zwei Objekte, gemessen an der Länge ihrer beiden geraden Kanten, wird dadurch bestimmt, daß man die beiden Objekte so aneinander
legt, daß sich ihre beiden Kanten berühren und daß man die Kantenlänge
des so erhaltenen neuen Gegenstandes bestimmt. Die Kante des neuen
Gegenstandes besitzt eine Länge, die gleich ist der Summe der Kantenlängen
beider Teilobjekte *a* und *b*." Was bei dieser Schilderung der Kombinationsmethode im Fall des Längenbegriffs vernachlässigt worden ist, war *die genaue Charakterisierung der Art des Aneinanderlegens.* Während es nämlich bei
der Gewichtsbestimmung keine Rolle spielt, *wie* man die beiden zu wägen-
den Objekte auf die Waagschale nebeneinanderlegt, und es analog bei der
Bestimmung des Gesamtvolumens unwesentlich ist, *in welcher Weise* man die
Flüssigkeiten zusammenschüttet, ist es bei der Längenbestimmung zur
Gewinnung eines eindeutigen und vernünftigen Längenbegriffs wichtig, die
beiden geraden Kanten von *a* und *b* so aneinanderzulegen, *daß sie zusammen
in einer geraden Linie liegen,* anschaulich (mit „$l(x)$" für „die Länge von x"):

Würde man dies vernachlässigen und die beiden Objekte etwa so aneinanderlegen wie dies durch das folgende Bild veranschaulicht wird:

so würde man einen unendlich vieldeutigen Längenbegriff erhalten. Die beiden geraden Kanten liegen zwar Länge an Länge, aber nicht in gerader Linie. Der Gesamtabstand würde sich dadurch ergeben, daß man den Abstand zwischen dem Anfangspunkt x von a und dem Endpunkt y von b bestimmt. Durch beliebige Änderung des Winkels α zwischen den beiden Kanten würde man auf diese Weise unendlich viele verschiedene Werte für die Gesamtlänge erhalten. Ein derartiger Längenbegriff wäre nicht nur praktisch unbrauchbar; er würde überhaupt nicht zu einer extensiven Größe f führen. Damit eine solche Größe f vorliegt, muß es möglich sein, neben den Werten $f(a)$ und $f(b)$ auch von dem Wert $f(a \bigcirc b)$ sprechen zu können. Ist dieser nicht eindeutig bestimmt, so ist f gar keine Funktion und man darf daher nicht mehr von *dem* f-Wert von $a \bigcirc b$ sprechen.

Mit der intuitiven Schilderung der Kombinationsmethode haben wir bereits eine der drei für extensive Größen charakteristischen Regeln kennengelernt. Es handelt sich um das für solche Größen geltende *Prinzip der Additivität*. Von nun an wählen wir als Symbol zur Bezeichnung einer abstrakten Größe den Buchstaben „m" (für „metrische Begriffe"). Sehr häufig wird das Prinzip der Additivität *fehlerhaft* angeschrieben, nämlich so:

$m(a + b) = m(a) + m(b)$ (die Größe der Summe von a und b ist gleich
der Summe der Größen von a und b).

Der Fehler liegt in der Doppeldeutigkeit des Symbols „+". Dieses Symbol bedeutet auf der rechten Seite der Gleichung etwas vollkommen anderes als auf der linken Seite. Rechts ist es einfach ein Zeichen für die arithmetische Operation der Summenbildung: die Funktionswerte $m(a)$ sowie $m(b)$ sind ja *Zahlen*, und diese sind zu addieren. Auf der linken Seite hingegen soll es eine bestimmte Art der Kombination physischer Objekte zur Bildung eines neuen physischen Objektes bezeichnen. Strenggenommen ist der Fehler sogar ein doppelter: erstens bezeichnet das „+" in „$a + b$" etwas völlig anderes als das *arithmetische* Symbol „+"; zweitens bezeichnet es im Gegensatz zum arithmetischen Fall nicht einmal etwas eindeutig Bestimmtes, sondern, wie wir gesehen haben, von Fall zu Fall (nämlich beim Übergang von einer Größe zu einer anderen) etwas anderes.

Wir werden daher von nun an stets das von HEMPEL vorgeschlagene Symbol „$\bigcirc$" verwenden und zwar in doppelter Weise: im *abstrakten Fall* benützen wir dieses Symbol ohne Zusatz[10]. Im *konkreten Fall* fügen wir dagegen einen konstanten Index hinzu, der auf die Art der Größe hinweist, um die es sich handelt, also etwa „O_g" im Fall des Gewichtes, „O_l" im Fall der Länge etc. Für die obige abstrakte Formulierung des Additivitätsprinzips muß also das erste Vorkommen von „$+$" durch „O" ersetzt werden, so daß wir erhalten:

$$m(a \circ b) = m(a) + m(b)$$

Bevor wir die anderen Regeln explizit formulieren, soll eine Zwischenfrage erörtert werden. Angenommen, jemand fragt, was denn passiere, wenn man die Bedingung (AMQ) nicht nur als notwendige, sondern auch als *hinreichende* Bedingung für den Übergang zu einem quantitativen Begriff betrachte. Man führe also eine Funktion f ein, welche die Bedingungen (*a*) bis (*c*) von (AMQ) erfülle, *jedoch keine weiteren*. Liegt darin ein Fehler? Die Antwort darauf ist einfach: Das Verfahren ist keineswegs fehlerhaft. *Es liefert jedoch etwas Schwächeres als einen metrischen Begriff.* Was in diesem Fall getan wird, ist nichts weiter, als daß der komparative Begriff, also die Quasireihe für einen Bereich, in die Zahlensprache übersetzt wird. Man sagt dann auch: es wurde keine metrische Skala, sondern *eine bloße Ordinalskala* eingeführt. Am früheren Schulbeispiel erläutert: Wenn der Lehrer z. B. feststellt, daß sich die Schüler seiner Klasse in bezug auf die Größe in 15 Äquivalenzklassen aufteilen, und wenn er weiter beschließt, der Klasse der kleinsten Schüler den Wert 1 zuzuordnen, jeder nächstgrößeren Klasse einen um $+1$ vergrößerten Zahlenwert, also insbesondere der Klasse der größten Schüler den Wert 15, so hat er eine derartige spezielle Ordinalskala für den ihn interessierenden Individuenbereich eingeführt. Ein formales Kennzeichen von Ordinalskalen ist dies, *daß sie eindeutig sind bis auf beliebige monotone Transformationen.*

Darunter ist folgendes zu verstehen: Eine Funktion φ, die reelle Zahlen als Argumente wie als Werte besitzt, wird *monoton wachsend* genannt, wenn für zwei beliebige Zahlen x und y aus dem Argumentbereich von φ gilt: wenn $x < y$, dann $\varphi(x) < \varphi(y)$. Sollte dagegen unter derselben Voraussetzung $\varphi(x) > \varphi(y)$ gelten, so heißt die Funktion *monoton fallend*. Unter einer *monotonen Transformation* versteht man eine monoton wachsende oder eine monoton fallende Funktion. Falls nun f eine Funktion ist, welche die drei Bedingungen von (AMQ), jedoch keine weiteren, erfüllt, so erfüllt auch $\varphi(f)$ diese drei Bedingungen[11], sofern φ *eine beliebige monotone Transfor-*

---

[10] Eigentlich sollte man in diesem Fall das Symbol mit einem variablen Index versehen und z. B. „O_v" schreiben.

[11] Unter $\varphi(f)$ wird dabei die Funktion verstanden, die durch Komposition von f und φ entsteht. Der Funktionswert errechnet sich für ein beliebiges x daraus, daß zunächst der Wert von $f(x)$ und dann der Wert $\varphi(f(x))$ bestimmt wird. Man beachte, daß f eine Funktion ist, die zwar numerische Werte annimmt, deren Argumentbereich jedoch aus der Klasse der Objekte von $\mathfrak{B}$ besteht. φ hingegen ist eine Funktion, die nur Zahlen als Funktionswerte wie auch als Argumente hat.

mation ist. Darin drückt sich also die Tatsache aus, daß *f* nur eine Ordinalskala festlegt.

Wir wenden uns nun der Formulierung der *drei Regeln für extensive Größen* zu. Vorausgesetzt wird dabei das Bestehen von *zwei* Relationen *K* und *V*, welche P_1 bis P_6 von 3.b erfüllen. Die *erste Regel* (*Gleichheitsregel*) ist identisch mit der Bedingung (*b*) von (*AMQ*). Für die metrische Größe *m* wird also festgesetzt: Für beliebige *x* und *y* aus $\mathfrak{B}$ soll $m(x) = m(y)$ gelten, sofern *Kxy*.

Die *zweite Regel* gilt der *Festlegung des Einheitswertes* der fraglichen Größe (*Einheitsregel*). Dazu wird ein Standardobjekt oder ein in der Natur leicht reproduzierbarer Vorgang *k* gewählt und dessen *m*-Wert mit 1 identifiziert: $m(k) = 1$. Aus Zweckmäßigkeitsgründen kann es in gewissen Fällen ratsam erscheinen, einen anderen Wert zu wählen, z. B. 1000. Wir wollen generell zulassen, daß als *m*-Wert von *k* eine beliebige vorgegebene rationale Zahl *r* gewählt wird. Die Wahl eines Standardobjektes bzw. eines Standardvorganges sowie die Zuordnung eines Zahlenwertes zu dieser Standardeinheit beruht auf einem freien Willensentschluß einer Person oder einer Personengruppe.

Die *dritte Regel* betrifft die Zuteilung eines Wertes zu einem komplexen Objekt. Dazu wird das bereits geschilderte *Prinzip der Additivität* benützt, welches auf einer geeigneten Kombinationsoperation beruht. Für zwei beliebige Objekte *x* und *y* aus $\mathfrak{B}$ soll also gelten:

$$m(x \bigcirc y) = m(x) + m(y)\,.$$

Zum Zwecke der inhaltlichen Erläuterung gehen wir wieder auf das Gewichtsbeispiel von 3.b zurück. Die beiden Relationen *G* und *L* mögen also die dortigen sechs Postulate erfüllen. Den metrischen Gewichtsbegriff, d. h. die Gewichtsfunktion, bezeichnen wir mit *g*. Wir lesen „$g(x)$" als: „das Gewicht von *x*, ausgedrückt in Gramm". Dann setzen wir zunächst gemäß der ersten Regel $g(x) = g(y)$, wenn *Gxy* (wenn also *x* gewichtsgleich ist mit *y* im Sinn der Definition der Gewichtsgleichheit von 3.b). Für *k* wird ein in Paris aufbewahrtes Objekt gewählt, dem der Wert 1000 zugeschrieben wird, da die Messung in Gramm erfolgen und *k* den „international anerkannten Kilogramm-Prototyp" darstellen soll: $g(k) = 1000$. Für die Operation $\bigcirc_g$ (Nebeneinanderlegen auf derselben Waagschale einer Waage) wird schließlich das Additivitätsprinzip akzeptiert:

$$g(x \bigcirc_g y) = g(x) + g(y)\,.$$

Mit den beiden wichtigsten extensiven Größen, der Längen- und der Zeitmetrik, werden wir uns später speziell beschäftigen. An dieser Stelle sollen zwei Punkte genauer erörtert werden, nämlich erstens das Problem des Verhältnisses einer extensive Größe *m* zu den Relationen *K* und *V*, und zweitens wieder die wissenschaftstheoretisch bedeutsame Frage, *inwie-*

fern der Übergang zum metrischen Begriff auf Konventionen beruht und inwieweit dabei von empirischen Befunden und empirischen Hypothesen Gebrauch gemacht werden muß.

Zunächst zum ersten Problem. Da die Metrisierung auf der Grundlage einer Quasireihe erfolgt, muß die Kombinationsoperation $\bigcirc$ zusammen mit den beiden Relationen K und V gewisse Regeln befolgen. Diese Regeln sind formal analog jenen, welche die arithmetische Operation $+$ (Addition) zusammen mit den beiden arithmetischen Relationen $=$ (Gleichheit) und $<$ (Kleiner-Relation) zu erfüllen hat. Diese formale Analogie ergibt sich in der Hauptsache daraus, daß die Koinzidenzrelation K im Wertbereich der metrischen Funktion m durch die arithmetische Gleichheitsrelation und die Relation V im Wertbereich von m durch die Kleiner-Relation widergespiegelt werden soll. Wir nennen die Regeln *extensive Maßprinzipien*. Es handelt sich bei ihnen um notwendige Bedingungen für eine *adäquate Metrisierung*, da sie aus (AMQ), den Regeln für die Einführung von m und den Grundgesetzen der Arithmetik logisch folgen. Ihre Liste ist deshalb prinzipiell unbegrenzt. Wir beschränken uns darauf, die fünf wichtigsten dieser Prinzipien anzugeben und zu beweisen. Die Quantoren laufen dabei stets über die Objekte des Bereiches $\mathfrak{B}$. Größerer Suggestivität halber schreiben wir jetzt „xKy" und „xVy" statt „Kxy" und „Vxy".

(M_1) $\wedge x \wedge y\, (x \bigcirc y\, K\, y \bigcirc x)$ (Kommutativität der Operation $\bigcirc$ bezüglich K).

Beweis: Auf Grund der dritten Regel für m gilt für beliebige Objekte x und y des Bereiches sowohl $m(x \bigcirc y) = m(x) + m(y)$ als auch $m(y \bigcirc x) = m(y) + m(x)$. Da die arithmetische Operation $+$ das kommutative Gesetz erfüllt (d. h. da gilt: $a + b = b + a$ für beliebige Zahlen a und b), müssen die beiden rechten Glieder identisch sein und daher auch die beiden linken, d. h. es muß gelten: $m(x \bigcirc y) = m(y \bigcirc x)$. Jetzt wenden wir (b') von (AMQ) an und gewinnen daraus das obige Prinzip: $x \bigcirc y\, K\, y \bigcirc x$.

(M_2) $\wedge x \wedge y \wedge z\, (x \bigcirc (y \bigcirc z)\, K\, (x \bigcirc y) \bigcirc z)$ (Assoziativität der Operation $\bigcirc$ bezüglich K).

Beweis: In Analogie zum vorigen Beweis erhalten wir zunächst: $m(x \bigcirc (y \bigcirc z)) = m((x \bigcirc y) \bigcirc z)$; denn das linke Glied liefert durch zweimalige Anwendung des Additivitätsprinzips den Wert $m(x) + (m(y) + m(z))$, das rechte Glied den Wert $(m(x) + m(y)) + m(z)$, und diese beiden Werte sind wegen der Assoziativität der arithmetischen Additionsoperation miteinander identisch. Mittels (b') von (AMQ) erhalten wir jetzt das Maßprinzip (M_2).

(M_3) $\wedge v \wedge x \wedge y \wedge z\, [(vKx \wedge yKz) \rightarrow v \bigcirc y\, K\, x \bigcirc z]$.

Beweis: vKx und $yK\chi$ mögen nach Voraussetzung gelten. Wegen (AMQ) (*b*) erhalten wir dann: $m\,(v) = m(x)$ und $m(y) = m(\chi)$. Also gilt auch: $m(v) + m(y) = m(x) + m(\chi)$. Daraus folgt wegen der dritten Regel: $m\,(v \bigcirc y) = m\,(x \bigcirc \chi)$. (AMQ) (*b'*) liefert: $v \bigcirc y\,K\,x \bigcirc \chi$.

(M_4) $\wedge v \wedge x \wedge y \wedge \chi\,[(vKx \wedge yV\chi) \rightarrow v \bigcirc y\,V\,x \bigcirc \chi]$

Beweis: Aus den beiden Voraussetzungen erhalten wir wegen (AMQ) (*b*) und (*c*): $m(v) = m(x)$ sowie $m(y) < m(\chi)$, also auch: $m(v) + m(y) < m(x) + m(\chi)$. Die dritte Regel liefert $m\,(v \bigcirc y) < m\,(x \bigcirc \chi)$, und (AMQ) (*c'*) ergibt das gewünschte Resultat.

(M_5) $\wedge v \wedge x \wedge y \wedge \chi\,[(vVx \wedge yV\chi) \rightarrow v \bigcirc y\,V\,x \bigcirc \chi]$

Beweis: Analog zum vorigen Fall.

Bei gewissen, nicht jedoch bei allen Einführungen extensiver Größen (z. B. beim Gewicht, nicht jedoch bei der Länge) kann ein Prinzip (NN) der *Nichtexistenz des Nullelementes* formuliert werden:

(NN) $\wedge x \wedge y \wedge \chi\,(xKy \rightarrow x\,V\,y \bigcirc \chi)$

Daß hier das Nullelement ausgeschlossen wird, erkennt man unmittelbar daraus, daß aus dem Vorderglied $m(x) = m(y)$ folgt, aus dem Hinterglied hingegen $m(x) < m(y) + m(\chi)$, so daß das beliebig gewählte Objekt χ einen positiven Wert haben muß.

In manchen Fällen läßt sich ein Prinzip (C) angeben, welches eine hinreichende Bedingung für (AMQ) (*c*) darstellt, sofern auch (NN) gilt:

(C) $\wedge x \wedge y \vee \chi\,(xVy \rightarrow y\,K\,x \bigcirc \chi)$.

Aus xVy folgt nämlich mittels (C): $m(y) = m(x) + m(\chi)$. Da der zweite rechte Wert positiv ist, ergibt sich die Bedingung (*c*).

Bevor wir ausführlicher auf ein weiteres Prinzip zu sprechen kommen, wenden wir uns der zweiten Frage zu. Eine vorschnelle Beurteilung der Sachlage könnte zu folgendem Ergebnis gelangen: Die einzigen empirischen Befunde und empirischen Hypothesen sind jene, die bereits bei der Konstruktion der Quasireihe benutzt werden mußten. Die obigen drei Regeln hingegen, durch welche eine Quasireihe metrisiert wird, sind rein konventioneller Natur.

Daß eine derartige Annahme *unrichtig* wäre, zeigt die Analyse der obigen dritten Regel. Gegeben sei wieder der Grundbereich $\mathfrak{B}$. Dann besagt diese Regel, daß sich für zwei beliebige Objekte aus $\mathfrak{B}$ als Wert ihrer Kombination stets die Summe der Werte der kombinierten Einzelobjekte ergibt, unabhängig davon, von welcher Herkunft z. B. die beiden Objekte sind oder aus welchem Material sie bestehen. Daß man der Kombination zweier Objekte als *m*-Wert die Summe der *m*-Werte zuschreibt, ist freilich eine Festsetzung. Doch könnte diese Festsetzung zusammen mit den anderen Regeln und den Adäquatheitsbedingungen zum Widerspruch führen. Daß sie dies nicht tut, dafür besteht in keinem konkreten Metrisierungsfall eine Notwendigkeit; vielmehr ist dies ein *empirisches Faktum* oder genauer: *eine empirisch-hypothetische Vermutung* über die Beschaffenheit unserer Welt. Angenommen etwa, die Objekte a und b bestehen aus Eisen, das Objekt a' hingegen aus Holz. Dann könnte es sich ergeben, daß zwar gilt: $m(a) = m(a')$, gleichzeitig jedoch: $m(a \bigcirc b) \neq m(a' \bigcirc b)$. Wegen der dritten Regel würden wir auf diese Weise einen Widerspruch erhalten. (Der Leser verdeutliche sich den Sachverhalt am Beispiel der Längenmessung oder der Gewichtsbestimmung.)

Auch die fünf angeführten *Maßprinzipien* werden bei jeder konkreten Spezialisierung zu *empirischen Hypothesen*. Es genügt, zwei Fälle herauszugreifen. (M_1): Daß man dieselbe Gesamtlänge erhält, wenn man einerseits zunächst das Objekt mit der Kante a hinlegt und darauf das Objekt mit der Kante b rechts daneben legt, so daß sich a und b in einer geraden Linie befinden (vgl. das Diagramm auf S. 50), andererseits die Reihenfolge umkehrt, ist keine Apriori-Selbstverständlichkeit, sondern eine empirische Tatsache. (M_4): Wenn ein Objekt a gewichtsgleich ist mit einem Objekt b, ferner ein Objekt d das Objekt c überwiegt, so besteht keine logische Notwendigkeit dafür, daß die Kombination von b und d die Kombination von a und c überwiegt. Vielmehr ist dies abermals eine empirische Annahme, die durch zahlreiche Befunde gut bestätigt ist. Es wäre durchaus denkbar, daß das faktische Abwägen der einzelnen Objekte und ihrer Kombinationen zu einem damit unvereinbaren Resultat gelangte.

Noch stärkere empirische Annahmen stellen die beiden Prinzipien (NN) und (C) dar. Daß man z. B. für zwei gewichtsgleiche physische Objekte a und b kein physisches Objekt c finden kann, so daß auch $b \bigcirc_g c$ gewichtsgleich ist mit a, bildet nur eine gut bestätigte empirisch-hypothetische Vermutung. Dasselbe gilt für (C). Für den Fall des Gewichtes könnte man dies etwa so ausdrücken: wenn a leichter ist als b, so existiert (entweder in der Natur oder im Bereich der durch Menschenhand produzierten Gegenstände) ein Objekt c, so daß die Kombination $a \bigcirc_g c$ das Objekt b aufwiegt. Offenbar ist dies auch keine logische Selbstverständlichkeit.

Wenn die sieben angeführten Prinzipien gelten, so garantieren sie, daß durch die drei Regeln für extensive Größen keinem Objekt aus $\mathfrak{B}$ mehr als ein Wert zugeschrieben wird und daß außerdem die Adäquatheitsbedingungen (AMQ) (b) und (c) erfüllt sind. (Für die Bedingung (b) ist dies trivial, da sie mit der ersten Regel identisch ist; für die Bedingung (c) folgt dies aus (NN), (C), Regel 1 und Regel 3: aus $x V y$ schließt man für ein geeignetes z auf $y K x \bigcirc z$, daraus auf $m(y) = m(x) + m(z)$ und daraus schließlich wegen der auf Grund von (NN) geltenden Relation $m(z) > 0$ auf $m(x) < m(y)$; daß jedes Objekt höchstens einen m-Wert erhält, folgt aus den angeführten extensiven Maßprinzipien.) *Dagegen wird durch diese Prinzipien nicht die Erreichung eines weiteren Zieles garantiert, das man mit der Metrisierung einer*

Quasireihe anstrebt: daß tatsächlich jedem Objekt des Grundbereiches ein m-Wert zugeordnet wird (Erfüllung der Bedingung (*a*) von (*AMQ*)). Angenommen etwa, es stünden keine zwei Objekte aus $\mathfrak{B}$ zueinander in der Relation K. Damit würde dann der extreme Grenzfall eintreten, *daß außer dem gewählten Standardobjekt überhaupt kein anderer Gegenstand unseres Grundbereiches einen Zahlenwert zugeteilt erhielte.*

Um diese Möglichkeit auszuschließen, formuliert HEMPEL ein eigenes Prinzip: das *Prinzip der Kommensurabilität.* Dafür wird ein neues Prädikat benötigt, nämlich „das Objekt x des Grundbereiches $\mathfrak{B}$ ist auf der Grundlage von K und O *kommensurabel mit* dem Standardobjekt k". Das Definiens dieses Prädikates lautet folgendermaßen:

„Es gibt eine Zahl n von Objekten $y_1, \ldots, y_n$ aus $\mathfrak{B}$, so daß gilt:

(α)   zwei beliebige Objekte y_i und y_j ($1 \leq i \leq n$, $1 \leq j \leq n$) stehen in der Relation K zueinander;

(β)   es gibt eine Zahl l ($l \leq n$), so daß die Kombination von l Objekten y_i mittels der Operation O ein Objekt liefert, welches in der Relation K zum Standardobjekt k steht, d. h.: $(y_1 O y_2 O \ldots O y_l) K k$;

(γ)   es gibt eine Zahl s ($s \leq n$), so daß die Kombination von s Objekten y_i mittels der Operation O ein Objekt liefert, welches in der Relation K zum Objekt x steht, d. h.: $(y_1 O y_2 O \ldots O y_s) K x$."

Die Bedeutung dieser Definition wird sofort klar, wenn man sich überlegt, daß die erwähnten y_i's die Rolle von *Hilfsstandardobjekten* spielen. Diese Hilfsobjekte sind so geartet, daß die Kombination einer geeigneten Anzahl von ihnen ein neues Objekt liefert, das mit dem Standardobjekt k koinzidiert, während die Verknüpfung einer geeigneten anderen Anzahl von ihnen ein Objekt liefert, das mit x koinzidiert. Der m-Wert von x wird dadurch mit dem m-Wert von k *vergleichbar.* Genauer sieht dies so aus: Auf Grund der dritten Metrisierungsregel erhalten wir, wenn nach der zweiten Regel $m(k) = r$ gewählt worden ist:

(1) $m(y_1 O y_2 O \ldots O y_l) = m(y_1) + m(y_2) + \ldots + m(y_l) = r$ (wegen (β)).

(2) $m(y_1 O y_2 O \ldots O y_s) = m(x)$ (wegen (γ)).

Wegen (α) und der ersten Metrisierungsregel können wir schließlich alle Werte $m(y_i)$ mit $m(y_1)$ identifizieren (dies war ja der Sinn der Wahl dieser Hilfsobjekte!). Wir erhalten somit aus (1) und (2):

(3) $l \cdot m(y_1) = r$; somit: $m(y_1) = \dfrac{r}{l}$;

(4) $s \cdot m(y_1) = m(x)$; also: $m(x) = \dfrac{s \cdot r}{l}$.

Der obige Existenzquantor „es gibt eine Zahl n" ist hierbei im *effektiven* Sinn zu verstehen: es wird angenommen, daß diese geeignete Anzahl von

Objekten y_i gefunden werden kann. Da das geschilderte Verfahren voraussetzt, daß man einerseits jene Anzahl von Hilfsobjekten zählt, die im präzisierten Sinn das Standardobjekt k „ausmachen", andererseits auch jene Anzahl von Hilfsobjekten zählt, die das vorgegebene Objekt x „ausmachen", kann man mit HEMPEL sagen, *daß durch dieses Verfahren die fundamentale Metrisierung einer extensiven Größe auf den Prozeß des Zählens zurückgeführt worden ist.*

Das angekündigte Prinzip der Kommensurabilität *(PK)* lautet nun:

(PK)　Jedes Objekt x des Grundbereiches $\mathfrak{B}$ ist auf der Grundlage von K und $\bigcirc$ mit dem Standardobjekt k kommensurabel.

Diese Prinzip garantiert tatsächlich, daß jedes Objekt des Grundbereiches einen Zahlenwert erhält. Die Frage ist: *Können wir dieses Prinzip als ein gültiges Prinzip betrachten?*

Diese Frage ist unklar. Sie ist aufzusplittern in zwei Teilfragen:

(1)　*Haben wir eine Garantie dafür, daß dieses Prinzip durch empirische Meßverfahren niemals verletzt sein wird, wie immer die Meßverfahren beschaffen sein mögen?*

Falls die Antwort auf (1) bejahend ausfällt:

(2)　*Ist es ratsam und sinnvoll, das Prinzip (PK) zu akzeptieren?*

Man würde erwarten, daß eine bejahende Antwort auf (1) fast mit Selbstverständlichkeit eine bejahende Antwort auf (2) nach sich zieht. Trotzdem ist dies nicht der Fall: *Obwohl die Antwort auf (1) positiv ist, muß die Frage (2) verneint werden.* Der Grund dafür läßt sich in einfachen Worten schildern. In ihm kommt aber ein relativ komplexer Sachverhalt zur Geltung, nämlich ein eigentümliches Zusammenspiel zwischen einem *empirischen* Faktum, einer rein *theoretischen* (und zwar sogar *rein mathematisch beweisbaren*) Tatsache sowie einer *Fruchtbarkeitsbetrachtung* in bezug auf die mittels metrischer Begriffe zu gewinnenden Sätze.

Wir beginnen mit der Feststellung, *daß (PK) stets nur zu rationalen Zahlen führen kann,* nämlich zu Zahlen von der Art, wie sie generell durch die Formel (4) exemplifiziert werden. Das *mathematische Gesetz,* welches zusammen mit einem empirischen Faktum eine bejahende Antwort auf (1) erzwingt, besteht darin, daß die rationalen Zahlen *dicht* liegen, d. h. daß immer zwischen zwei beliebigen rationalen Zahlen r_1 und r_2 wieder eine rationale Zahl, z. B. die Zahl $\frac{r_1 + r_2}{2}$, liegt[12]. Das noch ausstehende *empirische Faktum* besteht in der *Grenze der Beobachtungsgenauigkeit,* die zwar durch Verbesserung der Meßgeräte hinausgeschoben, jedoch niemals gänzlich beseitigt werden kann.

---

[12] Daraus ergibt sich unmittelbar, daß zwischen zwei vorgegebenen rationalen Zahlen sogar unendlich viele rationale Zahlen liegen. Bekanntlich gilt sogar der darüber hinausgehende Satz, daß zwischen zwei beliebigen *reellen* Zahlen stets eine rationale Zahl liegt.

Nimmt man diese beiden Dinge zusammen, so kann man das Resultat so ausdrücken: *Wie sehr auch immer die uns zur Verfügung stehenden Meßgeräte verfeinert werden mögen, die mit ihrer Hilfe gewonnenen Messungen können niemals zu dem Resultat führen, daß der Meßwert eine nicht rationale, also eine irrationale Zahl sein muß.*

Da wir in dem eben gewonnenen Resultat eine Gewähr dafür besitzen, daß das Kommensurabilitätsprinzip niemals zu einem Konflikt mit der Beobachtung führen kann, müssen es nichtempirische Gründe sein, die dazu führten, dieses Prinzip in dem Sinn trotzdem zu verwerfen, daß es nicht für alle, sondern *höchstens für gewisse Metrisierungen* akzeptiert wird. Diese Gründe sind *theoretisch-pragmatischer* Natur. Im wesentlichen lassen sich *zwei* derartige Gründe angeben. Wir werden diese Gründe bei der Schilderung der Längenmetrisierung genauer diskutieren. An dieser Stelle begnügen wir uns mit der Andeutung, daß ein Festhalten an (*PK*) die Anwendung mathematischer Disziplinen auf die empirische Forschung, *also die Fruchtbarmachung der Mathematik für die Erfahrungswissenschaft*, wesentlich beeinträchtigen, z. T. sogar völlig unmöglich machen würde. Aus diesem Grund wird als Wertbereich einer metrischen Skala gewöhnlich[13] nicht ein Bereich von rationalen Zahlen, sondern ein zusammenhängender und abgeschlossener Bereich von reellen Zahlen, also ein Zahlen*kontinuum*, gewählt. Da das Prinzip (*PK*) eine hinreichende Bedingung dafür darstellt, daß jedes Objekt aus 𝔅 einen Zahlenwert zugeteilt erhält, muß bei seiner Preisgabe in anderer Weise gewährleistet werden, daß die Forderung (*AMQ*) (*a*) erfüllt bleibt. Für HEMPEL war die Schwierigkeit, welche sich hier ergab, ursprünglich das Hauptmotiv dafür, daß er den Gedanken preisgab, metrische Terme beinhalteten empirisch voll gedeutete Terme, und die These aufstellte, es handle sich dabei nur um partiell interpretierbare theoretische Begriffe[14]. Diese Frage des empirischen oder theoretischen Charakters metrischer Begriffe soll ausführlich in IV, 2 erörtert werden.

Zusammenfassend können wir sagen, daß die fundamentale Metrisierung, die zu einer extensiven Größe führt, zwar auf einer Reihe von Wahlakten und Festsetzungen beruht, sich darüber hinaus aber auf zahlreiche Überlegungen stützt, welche nichtkonventioneller Natur sind. Die Wahlen betreffen *fünf* Objekte: den Grundbereich 𝔅, die Relationen *K* und *V*, die Operation ○ sowie das Standardobjekt (den Standardprozeß) *k*. Beispiele von *empirischen Hypothesen*, deren Gültigkeit vorausgesetzt werden muß, damit die Metrisierung funktioniert, bildeten die meisten Postulate für die Charakterisierung einer Quasireihe, welche in die hier betrachtete Metri-

---

[13] Das „gewöhnlich" schieben wir deshalb ein, weil heute in zunehmendem Maße Metrisierungen in außerphysikalischen Bereichen, z. B. in der Psychologie, erfolgen, in denen die in der Physik bestehenden Motive für eine Preisgabe des Kommensurabilitätsprinzips nicht vorzuliegen brauchen.

[14] Vgl. HEMPEL [Fundamentals], S. 68.

sierungsform als Bestandteil eingehen, sowie die ausdrücklich angeführten Maßprinzipien.

Oben wurde darauf hingewiesen, daß daneben auch die dritte Metrisierungsregel von empirischen Hypothesen Gebrauch machen muß. Nur wenn diese Regel gilt, kann man ja von einer *extensiven* Größe sprechen. Ein interessantes historisches Beispiel zur Verdeutlichung dieses Sachverhaltes bietet die *Geschwindigkeit*. In der klassischen Physik wurde sie als extensive Größe betrachtet. Dies bedeutet im vorliegenden Fall: Wenn sich drei Objekte a_1, a_2 und a_3 auf einer geraden Linie in derselben Richtung bewegen und die Geschwindigkeit von a_2 relativ zu a_1 den Wert v_1 besitzt, die Geschwindigkeit von a_3 relativ zu a_2 den Wert v_2, so nimmt die Geschwindigkeit von a_3 relativ zu a_1 den Wert $v_3 = v_1 + v_2$ an[15]. Dieses Additionsprinzip der Geschwindigkeiten wurde preisgegeben, sobald sich die spezielle Relativitätstheorie durchgesetzt hatte. Mit dem Wert c für die Lichtgeschwindigkeit gilt statt des Additionsprinzips die folgende wesentlich kompliziertere Formel:

$$v_3 = \frac{v_1 + v_2}{1 + \dfrac{v_1 \cdot v_2}{c^2}}$$

Man kann den Effekt dieses Wandels so ausdrücken: *Die Ersetzung der klassischen Auffassung von der Geschwindigkeit durch die relativistische bewirkte, daß sich die Geschwindigkeit von einer extensiven in eine intensive Größe verwandelte.*

Für kleine Geschwindigkeiten v_1 und v_2 kann man allerdings für alle praktischen Zwecke „so tun", als sei die Geschwindigkeit eine extensive Größe, d. h. als gelte das klassische Prinzip der Additivität, weil die Abweichung des Wertes, der sich durch Berechnung nach der primitiveren Additionsformel $v_3 = v_1 + v_2$ ergibt, vom „wahren" Wert, den die relativistische Formel liefert, so ungeheuer klein ist, daß sie vernachlässigt werden kann.

Es sei hier noch erwähnt, daß die Terminologie bezüglich des Ausdrucks „extensive Größe" nicht einheitlich ist. Einige Naturforscher sprechen bereits dann von extensiven Größen, wenn irgendeine ihnen „natürlich" erscheinende Kombinationsmöglichkeit der Objekte angebbar ist und wenn daraufhin eine metrische Skala eingeführt werden kann. Je nachdem, ob dann die dritte obige Metrisierungsregel gilt oder nicht, sprechen sie von einer *additiven* oder von einer *nichtadditiven extensiven Größe*. Wir haben den Wortgebrauch so eingeschränkt, daß wir nur additive Größen als extensive Größen bezeichnen. Dadurch gewinnt man einen präziseren Begriff; denn welche Arten von Kombinationen als „natürlich" anzusehen sind, ist weitgehend eine Frage des subjektiven Geschmacks.

---

[15] Eine *Kombinationsoperation* O_v läßt sich leicht angeben: Die angeführten Relativgeschwindigkeiten v_1 und v_2 werden dadurch kombiniert, daß man die Relativgeschwindigkeit von a_3 in bezug auf a_1 bestimmt.

Abschließend sei nochmals auf eine *empirische Hypothese* von ganz anderer Art als die bisher angeführten hingewiesen. Gemeint ist die Hypothese, wonach das Meßinstrument *korrekt funktioniert*. Eine Hypothese von dieser Art muß stets benützt werden, da zur Bestimmung eines quantitativen Wertes immer ein geeignetes Meßinstrument benötigt wird. Wer mit einer rostigen oder verbogenen Waage das Gewicht von Gegenständen zu bestimmen versucht, stützt sich in fehlerhafter Weise auf diese Hypothese. Daß es sich um eine *Hypothese* handelt, zeigt sich daran, daß man niemals genau wissen kann, ob die Annahme vom genauen Funktionieren stimmt. In der Regel handelt es sich darum, daß bestimmte Personen oder Personengruppen das korrekte Funktionieren garantieren. So z. B. hat mir der Erzeuger meiner Waage die Garantie gegeben, daß die Relation des auf der Waage angezeigten Grammgewichtes zum Standardkilogramm, das aus einer Platin-Iridium-Legierung besteht und sich beim internationalen Büro der Maße und Gewichte in der Nähe von Paris befindet, 0,001 beträgt (evtl. unter Angabe eines Toleranzspielraumes, z. B. von 0,0000000k, wodurch zusätzlich eine quantitativ bestimmte Beobachtungsgenauigkeit garantiert wird). Strenggenommen muß ich mich also auf *zwei* Hypothesen stützen: erstens auf die Hypothese, daß die erwähnte Versicherung menschlicher Wesen glaubhaft ist; und zweitens auf die Hypothese, daß das Meßgerät seit dem Kauf „ordnungsgemäß behandelt“ wurde, so daß die gegebene Garantie auch heute noch gilt.

4.c Metrisierungen von Quasireihen, die zu intensiven Größen führen. Die Aussage: „Das heutige Gewicht von Hans verhält sich zu dem heutigen Gewicht von Peter wie 1 : 1,2“ ist *sinnvoll*, unabhängig davon, welche spezielle Skala man zugrunde legt. Es wird dabei nur die stillschweigende Voraussetzung gemacht, daß das Gewicht von Hans wie das von Peter mit *derselben* Skala bestimmt wird. Wenn man dagegen sagt: „die heutige Höchsttemperatur verhält sich zur Höchsttemperatur des gestrigen Tages wie 1:1,2“, so ergibt dies *keinen klaren Sinn*, solange man nicht die dabei benützte Temperaturskala angibt (z. B. Celsius, Reaumur, Fahrenheit). Die folgende Art von Aussage ist allerdings auch für sich sinnvoll, ohne daß man sich auf eine spezielle Temperaturskala bezieht: „Das Verhältnis des Differenzbetrages zwischen der heutigen und der gestrigen Temperatur zum Differenzbetrag zwischen der gestrigen und der vorgestrigen Temperatur beträgt 0,88.“

Was ist der Grund für diesen Unterschied zwischen Gewicht und Temperatur? Die Antwort muß auf die Struktur der verwendeten metrischen Skalen bezug nehmen. Die Bestimmung des Gewichtes oder der Masse eines Körpers erfolgt mit Hilfe einer sogenannten *Verhältnisskala*. Dies ist eine Skala, *bei der die Messung nur bis auf die Multiplikation mit einem positiven konstanten Zahlenwert eindeutig ist*. Sollte man den metrischen Begriff des Gewichtes durch die Funktion $m(x)$ dargestellt haben, so liefert auch die Funktion $\alpha \cdot m(x)$ für eine beliebig gewählte, aber feste reelle Zahl α eine

Gewichtsfunktion. Deshalb ist die erste obige „absolute" Aussage sinnvoll. Wenn „*a*" und „*b*" die beiden Personen Hans und Peter bezeichnen, so liefert $\frac{m(a)}{m(b)}$ denselben Wert wie $\frac{\alpha \cdot m(a)}{\alpha \cdot m(b)}$ für beliebiges α, weil sich durch diesen Wert α im zweiten Fall kürzen läßt. Wir müssen also zu den Feststellungen des vorigen Unterabschnittes noch eine weitere hinzufügen: Wir haben dort nicht nur Spezialfälle solcher Metrisierungen betrachtet, die den Weg über *Quasireihen* nehmen und zu *extensiven Quantitäten* führen, sondern haben uns außerdem *auf die Konstruktion von Verhältnisskalen* beschränkt.

Die Temperaturfunktion liefert demgegenüber eine *Intervallskala*. Hier ist die Messung eindeutig nur bis auf eine sogenannte *positive lineare Transformation*. Sollten wir eine Temperaturfunktion $T(x)$ gewonnen haben, so können wir mittels einer positiven reellen Zahl α und einer beliebigen (nichtnegativen oder negativen) Zahl β zu einer neuen Temperaturfunktion $T'(x) = \alpha \cdot T(x) + \beta$ übergehen. Sofern $\beta \neq 0$, liefert für zwei beliebige Objekte c und d $\frac{T(c)}{T(d)}$ nicht denselben Wert wie $\frac{T'(c)}{T'(d)}$.

Hingegen läßt sich mittels einer elementaren Rechnung unmittelbar feststellen, daß man für vier beliebige Objekte c, d, e und f das Resultat gewinnt:

$$\frac{T(c) - T(d)}{T(e) - T(f)} = \frac{T'(c) - T'(d)}{T'(e) - T'(f)}$$

(β hebt sich nämlich sowohl im Zähler wie im Nenner durch Subtraktion fort).

Diese beiden letzten Feststellungen liefern die Begründung für die zweite und dritte Aussage im ersten Absatz dieses Unterabschnittes. Wenn z. B. $T(x)$ die Temperatur, *gemessen in Fahrenheit*, bedeutet, und $T'(x)$ die Temperatur, *gemessen in Celsius*, so ist $\alpha = \frac{5}{9}$ und $\beta = -\frac{160}{9}$ $(= -\frac{5}{9} \cdot 32)$, so daß die Transformationsformel für den Übergang von der Messung in Fahrenheit zur Messung in Celsius lautet: $T'(x) = \frac{5}{9}(T(x) - 32)$.

Da bezüglich der Konstanten β keine einschränkenden Bedingungen angegeben wurden, können Verhältnisskalen als Spezialfälle von Intervallskalen betrachtet werden: die ersteren ergeben sich aus Intervallskalen für $\beta = 0$.

Analog zum Vorgehen in 4.b soll jetzt die Metrisierung einer Quasireihe geschildert werden, die zu einer *intensiven Größe* führt. So wie wir dort als Hauptbestandteil zur Erläuterung des allgemeinen Verfahrens den Gewichtsbegriff benützten, so soll jetzt der Begriff der Temperatur als Illustrationsbeispiel dienen.

Wiederum setzen wir für den abstrakten Fall voraus, daß eine Quasireihe gebildet worden ist, die auf den beiden Relationen K und V beruht, für welche die sechs Postulate $\mathbf{P}_1$ bis $\mathbf{P}_6$ von 3.b gelten. Für das konkrete

Anwendungsbeispiel verwenden wir ebenso wie früher die beiden Symbole „G" und „L", diesmal jedoch mit dem unteren Index „T" versehen, also „G_T" und „L_T". Das letztere dient nur als mnemotechnisches Hilfsmittel: der Leser soll mit diesen Symbolen daran erinnert werden, daß es sich um den Temperaturbegriff handelt. Mit diesem Index darf aber natürlich *nicht* die Vorstellung verbunden werden, daß bereits ein *quantitativer* Temperaturbegriff verfügbar ist.

Bei intensiven Größen fehlt, wie wir bereits wissen, die Kombinationsoperation O. Daher braucht man diesmal *fünf* statt bloß drei Konstruktionsregeln. Um eine Konfusion mit den extensiven Größen zu vermeiden, wählen wir als Funktionssymbol für den abstrakten Fall diesmal „p" (anstelle des „m" von 4.b).

Die *erste Regel* ist wieder identisch mit (AMQ) (b). Für beliebige Objekte x und y des Bereiches $\mathfrak{B}$ wird also festgesetzt: wenn Kxy, dann $p(x) = p(y)$.

In Ermangelung einer Operation O setzen wir als *zweite* Regel fest, daß auch (AMQ) (c) gelten soll, also: wenn Vxy, dann $p(x) < p(y)$.

Mit diesen ersten beiden Schritten haben wir nichts anderes getan, als die Quasireihe numerisch in der Gestalt einer Ordinalskala darzustellen.

Im Fall des Temperaturbegriffs bildet die vorwissenschaftliche Ausgangsstufe das subjektive Wärmegefühl einer Person. Die Nachteile, sich auf ein derartiges Gefühl zu stützen, wurden bereits angedeutet: Es ist *keine Intersubjektivität* erzielbar, da verschiedene Personen bei gleichen Außenweltbedingungen verschiedene Wärmeempfindungen haben; es ist wegen der fehlenden Erinnerungskonstanz *nicht einmal eine zeitliche Konsistenz und Vergleichbarkeit für ein und dieselbe Person* im Zeitablauf möglich (kommt es mir heute wärmer vor als es mir vor drei Tagen vorkam?); schließlich braucht wegen verschiedenartiger Wärmeempfindungen an verschiedenen Körperstellen *nicht einmal eine Konsistenz für ein und dieselbe Person zu ein und demselben Zeitpunkt* zu bestehen.

Anmerkung. Bei der Temperatur zeigt sich besonders deutlich, daß der Übergang zum Quantitativen dem Bestreben entspricht, den Begriff zu entsubjektivieren oder zu objektivieren, um in den Aussagen, welche diesen Begriff enthalten, zu einem intersubjektiven Konsens zu gelangen. Das Beispiel von J. Locke lehrt, daß sich sogar für eine und dieselbe Person auf Grund ihrer subjektiven Wärmeempfindungen zu ein und derselben Zeit Differenzen ergeben können, wo der objektive Temperaturbegriff Gleichheit liefert: Die zunächst ins eiskalte Wasser gehaltene Hand empfindet die Wassermenge von mittlerer Temperatur als sehr warm; die zunächst ins heiße Wasser gehaltene Hand empfindet zur selben Zeit eben diese Wassermenge von gleicher Temperatur als sehr kühl.

Nicht weniger interessant dürfte die Tatsache sein, daß sich auch der genau umgekehrte Fall konstruieren läßt, so daß vom subjektiven Standpunkt aus Ununterscheidbarkeit vorliegt, während sich bei Benützung eines objektiven Temperaturbegriffs größte Unterschiede ergeben. Dazu hat man bloß anzunehmen, daß eine Person an einer Stelle der einen Hand mit kochendem Wasser und an einer Stelle der anderen Hand mit flüssiger Luft besprizt wird. Sie wird subjek-

tiv den Eindruck haben, beide Male verbrannt worden zu sein, obwohl sie nur das
eine Mal mit einer sehr heißen Flüssigkeit, das andere Mal hingegen mit einer
enorm kalten in Berührung gebracht worden ist, deren Temperatur um über 200° C
niedriger war als die der ersten.

Alle diese Nachteile wurden überwunden, sobald das Quecksilberthermometer erfunden war. Wird ein solches Thermometer in heißes Wasser
gegeben, so steigt die Quecksilbersäule; wird es in kaltes Wasser gegeben,
so sinkt die Säule. Wenn wir die Stelle markieren, an der sich die Säule befand, bevor sie ins Wasser gegeben wurde, und ebenso, nachdem dies geschehen ist, so gewinnen wir eine *Entsubjektivierung:* Wir können durch
Beobachtung feststellen, ob die Säule gestiegen, gesunken oder an derselben
Stelle verblieben ist. Das Entscheidende ist dabei, *daß verschiedene Beobachter
zu demselben Resultat gelangen* und nicht mehr in Streit geraten, wie in dem
Fall, wo sie sich für ihre Behauptungen über Wärme und Kälte nur auf ihre
subjektiven Empfindungen berufen konnten. Auch die fehlende Erinnerungskonstanz bildet kein Problem mehr; man kann es schriftlich festhalten, daß
sich z. B. die Quecksilbersäule vor drei Tagen oberhalb einer Markierung
befand, heute jedoch unterhalb davon befindet. Hier zeigt sich deutlich,
daß mit dem Prozeß der Metrisierung gleichzeitig ein *Prozeß der Objekti-
vierung,* d. h. der Gewinnung gemeinsamer intersubjektiver Resultate, eingeleitet wird.

Es gilt zunächst, die beiden *empirischen* Relationen zu definieren, die den
abstrakten Relationen K und V entsprechen. Das erste ist die Relation G_T, der
Temperaturgleichheit. Die im Glasrohr des Thermometers befindliche Flüssigkeit, in unserem Fall also das Quecksilber, wird als Testflüssigkeit verwendet. a sei ein Objekt (z. B. Wasser), das mit dem Thermometer in Berührung
gebracht wird. Man wartet, bis sich bezüglich der Testflüssigkeit keine Änderung mehr einstellt. Der Punkt, bis zu dem die Testflüssigkeit reicht, wird
markiert. Man bringt nun das Thermometer mit einem anderen Objekt b
in Berührung und tut dort genau dasselbe. Sollte die Quecksilbersäule genau bis zum Markierungspunkt ansteigen, so sagen wir, daß a temperatur-
gleich ist mit b; abgekürzt: $G_T ab$. Falls hingegen die Testflüssigkeit bei der
Berührung mit b den Markierungspunkt überschreitet, so sagen wir, daß
die Temperatur von b höher sei als die von a; abgekürzt: $L_T ab$.

Wenn wiederholt von den Markierungen auf dem Thermometer gesprochen worden ist, so möge der Leser nicht irrtümlich annehmen, daß
damit bereits die Eintragung einer Wertskala auf dem Thermometer vorausgesetzt wurde. Die Markierungen, um die es sich dabei stets handelte,
waren bloße *provisorische* ad-hoc-Markierungen, die für einen bestimmten
Zweck vorgenommen wurden und danach wieder gelöscht werden können.

Es ist wichtig, deutlich zu sehen, daß schon für die Formulierung der
ersten beiden Metrisierungsregeln an zwei verschiedenen Stellen von empirischen Befunden und empirischen Hypothesen Gebrauch gemacht wird.

Bereits bei der Einführung des Quecksilberthermometers muß man sich *auf ein empirisches Gesetz* stützen: Daß die Quecksilbersäule in heißer Flüssigkeit ansteigt und in kalter Flüssigkeit sinkt, ist ein beliebig reproduzierbarer *empirischer Befund.* Daß dies auch in Zukunft immer so sein werde, ist eine durch diese Befunde angeregte *hypothetische Generalisierung.*

Zweitens muß analog wie im Fall extensiver Größen, z. B. des Gewichtes, mittels empirischer Untersuchungen festgestellt werden, *ob die beiden Relationen* G_T *und* L_T *die sechs früheren Postulate erfüllen.* Da es sich bei diesen Postulaten um Allsätze handelt, können sie, soweit sie Tatsachenbehauptungen beinhalten, mittels empirischer Feststellungen nicht definitiv verifiziert, sondern höchstens mehr oder weniger gut *bestätigt* werden. Ähnlich wie im Fall der Waage könnte es sich z. B. ereignen, daß die Quecksilbersäule, wenn das Thermometer mit gewissen Objekten in Berührung kommt, unaufhörlich steigt und sinkt, ohne zur Ruhe zu kommen etc. Daß sich solches nicht ereignet, ist ein kontingentes Faktum unserer Welt.

Um die durch die ersten beiden Regeln erzeugte Ordinalskala zu einer metrischen Skala zu verschärfen, müssen drei weitere Regeln hinzugefügt werden.

Die *dritte Regel* besteht in folgender Vorschrift: Man greift eine bestimmte Art von Objekten aus 𝔅 heraus. Wenn diese sich in einem bestimmten und leicht reproduzierbaren Zustand befinden, so schreibt man ihnen einen ganz bestimmten Wert zu. Die Wahl des Wertes ist prinzipiell beliebig. Da häufig als Wert 0 gewählt wird, könnte man dies die *Nullwert-Regel* nennen.

Abermals greifen hier Konventionen, empirische Befunde, Hypothesen und Einfachheitsüberlegungen ineinander. Welche Zustandsart man wählt und welchen Wert man zuordnet, ist Sache der *Festsetzung.* Aus *Einfachheitsgründen* wird man erstens eine Zustandsart wählen, für die leicht anwendbare anderweitige empirische Kriterien verfügbar sind; und man wird zweitens einen Zahlenwert zuordnen, der zu einer möglichst übersichtlichen Skala führt. Im Fall der Temperatur z. B. wählt man das Wasser am Gefrierpunkt und ordnet ihm (in der Celsiusskala) den Wert 0 zu. *Die Annahme, daß diese Zuordnung eindeutig ist, d. h. daß sich immer derselbe Wert ergeben wird, wenn ein Objekt dieser Art in denselben Grundzustand gebracht wird, ist empirisch-hypothetischer Natur.* Es könnte z. B. der Fall sein, daß die Höhe, bis zu der die Quecksilbersäule ansteigt, davon abhängt, woher das Wasser stammt: aus einem Tiroler Gebirgsbach, aus der Donau oder aus dem Bodensee. Ebenso könnten sich die Temperaturzustände des Wassers mit der gemessenen Wassermenge ändern etc. Daß sich derartige Dinge *in dieser Welt* nicht ereignen, muß empirisch bestätigt werden.

In der *vierten Regel* wird einem von dem in der dritten Regel verschiedenen, leicht reproduzierbaren Zustand derselben Objektart ein anderer Größenwert zugeordnet. Da dieser Wert häufig 1 (oder 100) ist, könnte man diese Regel auch die *Einheitswert-Regel* nennen. In unserem Beispiel handelt es sich um das Wasser im Siedezustand. In der Celsiusskala wird diesem Zustand der Wert 100 zugeordnet.

Bezüglich des Verhältnisses von Festsetzungen, Befunden, empirischen Hypothesen und Einfachheitsbetrachtungen gilt das Analoge wie für die dritte Regel.

Der Leser möge beachten, daß alle vier bisherigen Regeln noch nicht zu einer metrischen Skala führen. Auf dem Thermometer z. B. sind bisher nicht mehr als *zwei feste Markierungen* angebracht worden: für das Wasser im Gefrier- und im Siedezustand. Wir können daher vorläufig nur zu fünf Aussagen über die Temperatur gelangen, nämlich: „die Temperatur von x beträgt genau 0° C"[16]; „die Temperatur von x beträgt genau 100° C"; „die Temperatur von x beträgt weniger als 0° C"; „die Temperatur von x liegt zwischen 0 und 100° C"; „die Temperatur von x ist größer als 100° C".

Erst durch die fünfte Regel wird die Skala endgültig festgelegt. Zur Formulierung dieser Regel muß vorausgesetzt werden, daß zusätzlich zu den beiden früheren Relationen K und V eine dritte Relation zur Verfügung steht. Diese Relation ist nicht wie jene beiden zweistellig, sondern vierstellig. In dieser Relation wird nämlich auf die *Gleichheit von Wertdifferenzen* Bezug genommen. Es seien a, b, c und d vier Objekte unseres Grundbereiches $\mathfrak{B}$. Wir nehmen an, es sei uns geglückt, eine vierstellige Relation zu definieren, die in Anwendung auf diese vier Gegenstände besagt, daß die Differenz zwischen den zwei Größenwerten für a und b dieselbe ist wie die Differenz zwischen den beiden Größenwerten für c und d. Wir schreiben dafür abkürzend $GD(a, b, c, d)$ (die Buchstaben „G" und „D" sind die Anfangsbuchstaben der beiden Substantive in „Gleichheit der Differenzen"). Die *fünfte Regel* kann jetzt so formuliert werden: wenn $GD(x, y, z, u)$, dann $p(x) - p(y) = p(z) - p(u)$.

Diese Regel hat eine gewisse formale Ähnlichkeit mit den beiden ersten Regeln, in welchen ja ebenfalls ein konditionaler Zusammenhang zwischen dem Bestehen einer Relation und einer numerischen Relation zwischen dem p-Wert der in dieser Relation stehenden Objekte angegeben wird. Der formale Unterschied liegt in der größeren Stellenzahl der Relation. Der Sachverhalt soll am Thermometerbeispiel erläutert werden. Die der abstrakten Relation GD im Temperaturfall entsprechende konkrete Relation werde mit GD_T bezeichnet. An dieser Stelle müssen wir erstmals voraussetzen, *daß eine Längenskala auf der Glasröhre angebracht worden ist*, in der sich das Quecksilber befindet. Darin kommt die Tatsache zum Ausdruck, daß es sich bei der hier zu beschreibenden Einführung der Temperaturskala nicht

---

[16] Um die gegenwärtige Darstellung nicht zu sehr zu komplizieren, gehen wir von der Annahme aus, daß die Temperaturfunktion eine einstellige Funktion sei. Diese Annahme ist natürlich strenggenommen eine Fiktion. Die Temperatur ist u. a. auch eine Funktion der Zeit; eine weitere Abhängigkeit soll weiter unten erwähnt werden.

um eine primäre oder fundamentale Metrisierung, sondern um eine *abgeleitete Metrisierung* handelt, *in der die Existenz einer Längenmetrik bereits vorausgesetzt wird.* Darin zeigt sich zugleich die Wichtigkeit der Längenmetrik. Wie sich später herausstellen wird, tritt an dieser Stelle allerdings ein wissenschaftstheoretisches Problem auf: Wir stehen, wie übrigens sehr oft im Fall der Metrisierung, bei der Einführung der Temperaturmetrik vor der *Gefahr eines logischen Zirkels.* Könnten wir im Fall der Temperatur die Gleichheit der Wertdifferenzen in *direkter Weise* einführen, d. h. unmittelbar empirisch charakterisieren, ohne auf eine bereits vorhandene Längenskala bezug zu nehmen, so hätten wir es mit einer fundamentalen Metrisierung einer intensiven Größe zu tun.

Nehmen wir an, es sei eine möglichst dünne Glasröhre gewählt worden, damit man auch kleinste Schwankungen gut beobachten kann. Wir unterteilen den Abstand zwischen den mit 0 und 100 markierten Punkten in 100 gleiche Teile. Unter $\delta(x, y)$ verstehen wir die Distanz zwischen Markierungen auf der Röhre, die sich ergibt, wenn das Thermometer zunächst mit x und dann mit y in Berührung war (oder umgekehrt). Die vierstellige Relation GD_T können wir nun durch Definition einführen:

Def. $GD_T(x, y, z, u) \leftrightarrow \delta(x, y) = \delta(z, u).$

Die *fünfte Regel* besagt dann: *Wenn* $GD_T(x, y, z, u)$, *so* $T(x) - T(y) = T(z) - T(u)$. Im Wenn-Satz könnte man unmittelbar das Definiens „$\delta(x, y) = \delta(z, u)$" einsetzen.

Abermals wird stillschweigend von empirischen Annahmen Gebrauch gemacht, so z. B. davon, daß sich derselbe Wert $\delta(a, b)$ ergibt, wenn man das Thermometer zunächst mit a und dann mit b oder zunächst mit b und dann mit a in Berührung bringt.

Das Fehlen einer Kombinationsoperation äußert sich darin, daß man Temperaturen „nicht addieren" kann, so wie sich Gewichte addieren lassen. Darum nennen wir ja auch die Temperatur eine intensive Größe. In beiden Fällen ist es dagegen sinnvoll, den *Abstandsbegriff* zu benutzen. Ebenso wie von Gewichtsabständen kann man von Temperaturabständen reden. *Daß ein Abstands- oder Distanzbegriff verfügbar ist, zeichnet metrische Skalen vor bloßen Ordinalskalen aus.*

Hätten wir es mit einer fundamentalen Metrisierung zu tun, so würde auch hier wieder das Problem auftreten, ob die Kommensurabilitätsforderung anzunehmen oder zu verwerfen sei. Damit, daß in der fünften Regel die Metrisierung der Temperatur auf die Metrisierung der Länge zurückgeführt wird, ist dieses Problem auf den Fall der Länge abgeschoben worden. Der Grund für die Preisgabe des Kommensurabilitätsprinzips wird im übernächsten Abschnitt einsichtig werden.

Zu der obigen Feststellung über den Skalentyp muß noch eine subtilere Unterscheidung hinzugefügt werden. Sofern nur Abweichungen bezüglich der dritten und vierten Regel vorliegen, sagt man, daß *ein bloßer Unterschied in der Eichung* bestehe, hingegen *im wesentlichen dieselbe Skala* benutzt werde. Damit wird in intuitiver Weise das ausgedrückt, was wir früher präziser in der Form beschrieben, daß die Skalentypen (Celsius, Fahrenheit, absolute Skala und dgl.) durch lineare Transformationen ineinander überführbar sind. Demgegenüber gelangt man zu *Skalen von verschiedener Form*, wenn für die fünfte Regel ein andersartiges Testobjekt zugrunde gelegt wird. Dieser Fall träte z. B. dann ein, wenn ein Physiker beschließen sollte, für Temperaturmessungen inskünftig nicht mehr die Ausdehnung im Volumen des Quecksilbers, sondern die Ausdehnung im Volumen eines Eisenstabes zu verwenden.

An dieser Stelle tritt abermals ein wichtiger *nichtkonventioneller* Faktor, durch den die Wahl einer Skala mitbestimmt wird, in Erscheinung. Wenn sich herausstellt, daß bei einer zunächst gewählten Skalenform die zu formulierenden Naturgesetze sehr komplizierte Gleichungen darstellen, bei einer zweiten hingegen diese Gesetze die Gestalt einfacher Gleichungen annehmen, *so wird die Wahl zugunsten der zweiten Skalenform ausfallen.* Es zeigt sich von neuem, *daß durch die Kenntnis des allgemeinen formalen Rahmens für die Einführung metrischer Begriffe sowie durch die relevanten empirischen Befunde die Metrisierung noch nicht eindeutig festgelegt ist. Einfachheitsbetrachtungen*, welche indirekt auf Naturtatsachen Bezug nehmen, *motivieren die endgültige Wahl der Skala.* Die Gesetze nämlich, die wir zu vereinfachen suchen, beruhen ja auf Naturtatsachen, was sich darin zeigt, daß diese Gesetze einem *empirischen Test* zu unterwerfen sind. Da die hier relevante Einfachheit nicht das *Begriffs*system, sondern das System der *Gesetze* betrifft, in welchem vom Begriffssystem Gebrauch gemacht wird, wäre es vielleicht besser, vom Gesichtspunkt der *Fruchtbarkeit* statt von dem der Einfachheit zu sprechen (und Einfachheit für das Begriffssystem selbst zu reservieren). Wir müßten dann sagen, *daß ein metrischer Begriff fruchtbarer sei als ein anderer, wenn er zu einfacheren Gesetzen führt als der zweite.* Die Einführung des isoliert betrachteten ersten Begriffs braucht deshalb keineswegs einfacher zu sein als die des zweiten; es kann sich sogar umgekehrt verhalten. Darin kommt zum Ausdruck, *daß Fruchtbarkeitsbetrachtungen ein Vorrang gegenüber Einfachheitsüberlegungen eingeräumt wird*, die sich nur auf die Begriffsform als solche beziehen. Für die Formulierung der Gesetze der Thermodynamik z. B. ist die absolute Skala die geeignetste und daher im eben definierten Sinn die fruchtbarste.

Praktische Erwägungen brauchen jedoch mit solchen theoretischen Überlegungen nicht konform zu gehen. Aus *praktischen* Gründen wird derselbe Physiker, der in der Theorie nur die absolute Skala benutzt, zum Quecksilber oder zu einer anderen Testflüssigkeit zurückkehren. Um die Übersetzung von der einen in die andere Sprechweise vornehmen zu können, wird er gewisse Korrekturformeln benutzen müssen. Auch in bezug auf die vierte Regel wird es sich meist als erforderlich erweisen, *Korrektur-faktoren* einzubeziehen. So ist es z. B. richtig, daß *in unserer Welt* der Siede-punkt des Wassers vom Herkunftsort des Wassers unabhängig ist. Es ist jedoch *nicht* richtig, daß keine weitere Abhängigkeit besteht. Je nach den bestehenden Luftdruckverhältnissen ergeben sich bei genauer Messung ceteris paribus andere Temperaturwerte. Es ist eine den Bergsteigern wohl-bekannte Tatsache, daß das Wasser auf einem hohen Berg bei einer niedri-geren Temperatur zu sieden beginnt als auf Meereshöhe. Will man die Ein-beziehung von Korrekturfaktoren vermeiden, so bleibt nur die Alternative, die Temperatur als eine *mehrstellige Funktion* zu konstruieren, in der die Relativität auf solche Werte, wie Luftdruck bzw. Meereshöhe, explizit gemacht wird.

5. Zeitmetrik

5.a Zeitmessung wie Längenmessung gehören zu den ältesten Hilfs-mitteln der Menschheit, um zu präzisen Beschreibungen, exakten Gesetzes-aussagen und technischer Umweltsbeherrschung zu gelangen. Obwohl es sich in beiden Fällen um extensive Größen handelt, so daß die für derartige Größen geltenden allgemeinen Prinzipien hier eine spezielle Anwendung finden, empfiehlt es sich doch, Zeit- und Längenmetrik gesondert zu be-trachten. Die Rechtfertigung dafür liegt außer in der Wichtigkeit dieser beiden quantitativen Begriffe vor allem darin, daß sich hier zahlreiche Be-sonderheiten ergeben, die eine detaillierte Analyse verdienen, zumal sie zu verschiedenen philosophischen Verwirrungen Anlaß gegeben haben.

Im gegenwärtigen Abschnitt soll die Zeitmetrik behandelt werden. Es ist wohl überflüssig zu betonen, daß sich in diesem Rahmen nicht alle philosophischen Zeitprobleme erörtern lassen. Der Leser, welcher sich für alle diese Einzelheiten interessiert, muß auf Spezialwerke verwiesen werden, vor allem auf das ausgezeichnete moderne Standardwerk [Raum-Zeit] von H. REICHENBACH, [Time] desselben Autors sowie auf das Buch [Space and Time] von A. GRÜNBAUM. Unsere Hauptaufmerksamkeit soll wieder auf die fünf Komponenten: *Festsetzungen, empirische Befunde, hypothetische Verallge-meinerungen, Einfachheits-* sowie *Fruchtbarkeitsüberlegungen* gerichtet werden, die bei der Zeit in besonders komplizierter Weise zusammenspielen.

Da es sich um eine extensive Größe handelt, muß die Zeitmetrik auf der Grundlage der in 4.b angeführten drei Regeln konstruiert werden. Wir be-ginnen mit der in der dritten Regel benutzten Operation o des Kombi-nierens (Zusammenfügens), die für extensive Größen wesentlich ist. In der Spezialisierung auf die Zeit möge diese Operation o_Z heißen. Bei der Charakterisierung der Operation o_Z beginnt gleich unsere erste Schwierig-keit. Wir können zwei Objekte nebeneinander auf die Schale einer Waage legen; wir können zwei Flüssigkeiten zusammenschütten; wir können zwei mit geraden Kanten versehene starre Körper so Kante an Kante legen, daß die Kanten auf einer geraden Linie zu liegen kommen. *Diesen einfachen Verfahren des Kombinierens bei der Gewichts-, Volumen- und Längenmessung kann man im Fall der Zeit nichts Analoges an die Seite stellen.* Hier müßte es sich ja darum handeln, zwei beliebige zeitlich ausgedehnte Ereignisse so miteinander zu kombinieren bzw. so zusammenzufügen, daß die zeitliche Dauer des dadurch entstehenden Gesamtereignisses der arithmetischen Summe der Längen beider Teilereignisse gleichgesetzt werden kann. Wie aber soll man dies bewerkstelligen? Das eine Ereignis bestehe z. B. in einem Ehekrach bei Herrn Gruber, München, im Jahre 1960, vom ersten heftigen Wortwechsel bis zur Schlichtung; das andere Ereignis bestehe aus den olympischen Sommerspielen 1972 in München, die etwa 12 Jahre später als das erste Ereignis stattfinden. Weder können wir das erste Ereignis packen und es so vor das zweite legen, daß sein zeitliches Ende mit dem Beginn der olympischen Sommerspiele zusammenfällt, noch können wir das zweite Ereignis so zeitlich rückwärts verschieben, daß sein Anfang mit dem Ende jenes Streites der beiden Leute zusammenfällt. Und doch wäre ein solches Vorgehen das Analogon zur Längenmessung, wo wir die Kante des einen Objektes räumlich derart verschieben, daß sie neben die Kante des zweiten zu liegen kommt.

Die erste Schwierigkeit ist also die: *Zeitliche Ereignisse sind durch uns nicht manipulierbar; sie liegen unverrückbar fest.* Wir sind daher gezwungen, in weit stärkerem Maße als in den anderen Metrisierungsfällen eine *passive* Haltung einzunehmen: Wir müssen uns für die Einführung der Operation O_Z auf *unmittelbar benachbarte* Ereignisse beschränken, wenn wir nicht zu einer Zeitmetrik gelangen wollen, die Lücken hat. Erst am Ende, nachdem der Aufbau einer Zeitmetrik auf Grund der drei Regeln geglückt ist, kann man zum *Längenvergleich zeitlich nicht benachbarter Ereignisse* übergehen. Ein derartiger Vergleich setzt insbesondere voraus, daß die Zeiteinheit bestimmt ist (Regel 2) sowie daß der Begriff der *Gleichheit* zeitlicher Abschnitte eingeführt worden ist (Regel 1). Alle mit diesen beiden anderen Regeln verknüpften Probleme müssen daher gelöst sein.

Angenommen, *wir hätten bereits eine Methode, um die Dauer zweier zeitlich benachbarter Ereignisse zu bestimmen* (wie eine solche Bestimmung möglich ist, soll die Diskussion der beiden anderen Regeln lehren). Wir können dann O_Z als eine *begriffliche* Operation der Kombination einführen und die analoge Regel aufstellen wie im allgemeinen Fall: ist e_1 das Ereignis, welches mit dem Zeitpunkt A beginnt und mit dem Zeitpunkt B endet, und e_2 das Ereignis, welches mit B beginnt und mit C endet, so soll die Gesamtdauer, welche mit A beginnt und mit C endet, durch die Formel bestimmt sein: $t(e_1 \, O_Z \, e_2) = t(e_1) + t(e_2)$.

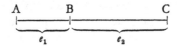

Von einer *rein begrifflichen* Operation sprechen wir mit Carnap deshalb, weil sich die Gesamtdauer nicht als Resultat einer manipulierbaren physikalischen Operation ergibt; wir sind ja bloß passive Zuschauer.

5.b Die *Einheits-* sowie die *Gleichheitsregel* werden am besten zusammen erörtert, weil beide Male derselbe Gedanke benutzt wird und weil auch das zu lösende Problem jedesmal dasselbe ist. Sowohl für die Festlegung der zeitlichen Einheit wie für die Charakterisierung der zeitlichen Gleichheit werden *periodische Vorgänge* benutzt[17].

Zunächst zwei Bemerkungen zum Prädikat „Periode". Versteht man unter einem Vorgang (Prozeß, Ereignis) ein einmaliges *Geschehnis*, so ist es nicht korrekt, von periodischen oder sich wiederholenden Vorgängen zu reden. Ein *bestimmter* Vorgang liegt zeitlich unverrückbar fest und kann sich nicht noch einmal wiederholen. Was sich wiederholt, ist eine *Art* von Vorgängen (z. B. diejenige Art von Vorgängen, die man „Sonnenaufgang" nennt). Da es jedoch durchaus sprachüblich ist, unter einem Vorgang eine Ereignis*art* zu verstehen — man spricht eben nicht nur von dem Vorgang des *heutigen* Sonnenaufganges, sondern von dem Vorgang des Sonnenaufganges schlechthin —, kann man die Wendung „periodischer Vorgang" gebrauchen. Man hat dann nur zu beachten, daß „Vorgang" dabei als *Gattungsname* benutzt wird. *In dieser Weise* soll der Ausdruck im folgenden stets gebraucht werden.

Selbst wenn man in dieser Hinsicht sprachliche Klarheit geschaffen hat, bleibt das Wort „periodisch" doppeldeutig. Häufig wird es in dem schärferen Sinn verwendet, wonach es sich um *Folgen verschiedener Ereignisse* handeln muß, die sich in derselben Reihenfolge zyklisch wiederholen. Dieser Fall ist z. B. gegeben, wenn man die Bewegung eines Pendels als periodisch bezeichnet. Als Beginn einer Periode kann z. B. der tiefste Punkt des Pendels gewählt werden; von da schwingt das Pendel zum höchsten Punkt nach links (erstes Ereignis der Folge); dann schwingt das Pendel zum tiefsten Punkt zurück (zweites Ereignis); von da zum höchsten Punkt nach rechts (drittes Ereignis); von da zum tiefsten Punkt (viertes Ereignis). Von da an wiederholt sich die Periode, die aus diesen vier (Arten von) Prozessen besteht.

Wir werden den Ausdruck „periodisch" nicht in diesem scharfen Sinn verwenden. Ein periodischer Vorgang soll einfach *ein sich wiederholender*

---

[17] Dies gilt nur dann, wenn der quantitative Begriff der Zeitdauer durch *fundamentale Metrisierung* konstruiert wird. Wenn man diesen Begriff hingegen durch abgeleitete Metrisierung einführt, fällt die Notwendigkeit eines Rückgriffs auf periodische Prozesse weg. Eine derartige sekundäre Metrisierung bildet z. B. die Zeitbestimmung mittels der Sanduhr, einem in der menschlichen Geschichte relativ früh auftretenden Verfahren der Zeitbestimmung: Die Zeitmetrik wird hier auf einen Vergleich von Volumina, also letzten Endes auf die *Längenmetrik* zurückgeführt. Ein anderes mögliches Verfahren der Zurückführung der Zeitmetrik auf die Längenmetrik soll in II, 1 kurz gestreift werden (Newton-Uhr).

Vorgang sein, wobei es keine Rolle spielt, ob man diesen Vorgang „in natürlicher Weise" in eine Folge von Teilvorgängen zergliedern kann, wie in dem eben erwähnten Beispiel, oder ob dies nicht gelingt.

Man könnte nun leicht vermuten, daß man, um zu einer vernünftigen Zeitmetrik zu gelangen, zwei Arten von periodischen Prozessen unterscheiden müsse. Wird von einem Vorgang nichts weiter verlangt als das eben Beschriebene, also daß er sich immer wieder ereignet, so heiße er *schwach periodisch.* Beispiele solcher Vorgänge sind: der tägliche Sonnenaufgang sowie der tägliche Sonnenuntergang; die alljährliche Wiederkehr des ersten Frostwetters; ein schwingendes Pendel; mein Pulsschlag; die Schwingung der Unruh einer Uhr; der tägliche Gang ins Büro bzw. die tägliche Heimkehr des Herrn H. Meier etc.

Ein Vorgang soll demgegenüber *stark periodisch* genannt werden, wenn er erstens schwach periodisch ist und wenn er zweitens die weitere Bedingung erfüllt, *daß die Intervalle zwischen aufeinanderfolgenden Vorkommnissen des sich wiederholenden Vorganges gleich lang sind.* Mein Pulsschlag und der tägliche Bürogang von Herrn Meier sind keine stark periodischen Vorgänge. Wenn ich Fieber habe und laufe, geht mein Puls schneller. Herr Meier wird einmal etwas früher und einmal etwas später ins Büro gehen.

Die triviale Feststellung, daß nicht alle periodischen Vorgänge stark periodisch sind, *scheint* zu dem zwingenden Schluß führen zu müssen, *daß wir uns für die Formulierung der beiden noch ausstehenden Regeln der Zeitmessung auf einen stark periodischen Vorgang stützen müssen.* Ich kann doch nicht, so ist man zunächst zu sagen geneigt, einen solchen Vorgang wie meinen Pulsschlag zur Basis der Zeitmessung machen!

Dieser Gedanke hört sich äußerst plausibel an. Leider beruht er auf einem *circulus vitiosus.* Als Kriterium dafür, einen Vorgang als stark periodisch bezeichnen zu dürfen, müßten wir die Tatsache benutzen, daß die einzelnen Perioden *die gleiche zeitliche Länge* haben. Um von gleicher zeitlicher Länge sprechen zu können, müßten wir daher schon über den Begriff der Gleichheit von Zeitintervallen verfügen. Dies ist nicht der Fall. *Der Begriff der Gleichheit von Zeitintervallen soll gerade erst eingeführt werden.*

Es gibt nur *einen* Weg, diesen Zirkel zu vermeiden: Wir dürfen *vor* der Einführung der Zeiteinheit und Zeitgleichheit mit den beiden Begriffen des schwach periodischen und des stark periodischen Vorganges überhaupt nicht operieren. Und dies bedeutet wieder nichts Geringeres, als daß wir *irgendeinen* periodischen Vorgang ausfindig machen und uns auf ihn stützen müssen: Dies ist die Situation des Physikers, der erstmals die Zeit messen möchte und sich dabei nicht auf den vorphysikalischen Begriff der Zeitgleichheit stützen möchte, der in nichts weiterem besteht als in einem — innerpersonell wie interpersonell schwankenden — *subjektiven Zeitgefühl.*

Nehmen wir an, ein periodischer Vorgang sei auserkoren worden. Als *Einheit* wird eine beliebige Periode gewählt. Ferner wird *festgesetzt,* daß die

Perioden *gleich lang* sind. Wir fügen der oben geschilderten begrifflichen Kombinationsmethode das darauf basierende *Prinzip der Additivität* hinzu, wonach die Länge eines Gesamtintervalls gleich der Summe der Längen der Teilintervalle sein muß. *Damit haben wir die Zeitmetrik im Prinzip eingeführt.*

Einige Philosophen werden den Eindruck gewonnen haben, wir hätten uns auf eine Paradoxie eingelassen. Sie werden einwenden: „Wir können doch nicht einfach Perioden, die ganz offenkundig verschiedene Längen haben, als gleich lang erklären!" Darauf ist zu erwidern: Unsere Aufgabe besteht darin, die Regeln für die Zeitmessung festzulegen. Erst *nachdem* diese Regeln formuliert worden sind, wissen wir, was „kürzer", „länger", „gleich lang" bedeuten. Vor der Einführung derartiger Regeln haben wir überhaupt kein Kriterium für die Korrektheit des Gebrauchs solcher Ausdrücke wie „gleiche zeitliche Länge", „zeitlich kürzer (länger)". Die im Einwand enthaltene Wendung „offenkundig verschiedene Länge" ist daher *ohne Sinn*, da sie zu einem Zeitpunkt geäußert wird, da diese Regeln erst aufgestellt werden sollen.

Vermutlich wird der Zweifler seine Bedenken in der Gestalt eines ad-hominem-Argumentes wiederholen und etwa sagen: „Ich kann doch nicht der Zeitmessung meinen Pulsschlag (oder einen anderen nur schwach periodischen Vorgang) zugrunde legen!" Zur Erwiderung wäre zunächst darauf hinzuweisen, daß die Teilwendung „oder einen anderen nur schwach periodischen Vorgang" aus dem genannten Grund ebenfalls sinnlos ist. Zu dem konkreten Beispiel wäre zu sagen: Vom rein logischen Standpunkt spricht nichts dagegen, diese Wahl vorzunehmen. Die Menschheit könnte z. B. ohne weiteres den Beschluß fassen, *der Zeitmessung den Pulsschlag des jeweils amtierenden Präsidenten der Vereinigten Staaten zugrunde zu legen.*

Eine solche Wahl wäre zwar logisch einwandfrei, aber *höchst unzweckmäßig*. Der intuitive Grund dafür ist folgender: *Die Lebensgeschichte des amerikanischen Präsidenten würde in alle Naturgesetze Eingang finden.* Sollte der US-Präsident einen kleinen Morgenlauf unternehmen oder Fieber haben, so dürften wir nicht mehr sagen, daß sich sein Puls beschleunigt habe, sondern daß sich sämtliche Vorgänge im Universum verlangsamt hätten! Eine Änderung des Pulsschlages kann nach dieser Festsetzung in ihm überhaupt nicht stattfinden. Wir haben eine Sprechweise eingeführt, wonach das, was üblicherweise als Änderung von individuellen Vorgängen innerhalb einer bestimmten Person betrachtet wird, als Änderung sämtlicher übriger Vorgänge in der Welt bezeichnet werden muß.

Die Unzweckmäßigkeit dieser Wahl liegt also darin, *daß die Naturgesetze eine äußerst komplizierte Gestalt annehmen würden*. Die Formulierung dieser Gesetze wird sich dagegen außerordentlich *vereinfachen* lassen, wenn man der Zeitmessung z. B. Perioden eines Pendels zugrunde legt. Damit sind wir an einem Punkt angelangt, wo die Willkürfestsetzungen ein Ende haben. Würden *nur* Konventionen die Metrik der Zeit bestimmen, so wäre das Pendel *in keiner Weise* vor einem Pulsschlag ausgezeichnet. Wenn es doch eine solche Auszeichnung gibt, so deshalb, weil *das regulative Prinzip* bei unserer Wahl *die Suche nach möglichst vielen und möglichst einfachen Naturgesetzen* bildet. Wieder sind es *Einfachheits-* und *Fruchtbarkeitsüberlegungen*, welche die durch den Konventionalismus viel zu weit gesetzten Grenzen einengen.

Der Leser verfalle nur ja nicht in den Fehler, zu schließen: „Also kommt es doch wieder darauf an, einen *stark periodischen* und nicht einen schwach periodischen Vorgang zu wählen". Denn die hierbei vorausgesetzte Unterscheidung hat vorläufig noch gar keinen Sinn. Berechtigt ist freilich *eine* Frage, nämlich: Was verwenden wir als *Kriterium* dafür, um zu beurteilen, ob eine bestimmte Art von Vorgängen zu möglichst einfachen Naturgesetzen führen wird? Berechtigt ist die Frage deshalb, weil es doch wohl ein absurdes Ansinnen wäre, *sämtliche* Arten von sich wiederholenden Vorgängen zu durchlaufen, sie zur Formulierung der Einheits- und Gleichheitsregel für die Zeitmetrik zu verwenden, sodann jeweils *alle* bekannten Naturgesetze zu formulieren, um *am Ende* festzustellen, welche Wahl zu den einfachsten Gesetzen führt.

5.c An dieser Stelle muß, um nicht in ein praktisch unlösbares Dilemma hineinzugeraten, *auf empirische Befunde bestimmter Art* zurückgegriffen werden. Es sei A ein bestimmtes, aber beliebig herausgegriffenes Pendel; P_1 sei seine Periode. B sei ein anderes, ebenfalls beliebig herausgegriffenes Pendel, welches z. B. länger sein möge als A; seine Periode sei P_2. Wir *beobachten* zunächst, daß die Perioden P_1 und P_2 *verschieden* sind. Wir vergleichen sie nun beide durch längere Zeit hindurch. Den Vergleich beginnen wir zu einer Zeit, da *beide* Pendel den tiefsten Punkt einnehmen. Und wir setzen den Vergleich solange fort, bis sie erstmals wieder zusammen am tiefsten Punkt angelangt sind. Wir zählen beide Perioden. Es kann sich denn etwa ergeben, daß auf 20 Schwingungen von A genau 13 Schwingungen von B fallen. Wir machen jetzt *drei Arten von empirischen Feststellungen:*

(1) *Wir finden heraus, daß nach einer bestimmten Anzahl von Schwingungen beide Pendel gleichzeitig zum tiefsten Punkt zurückkehren.* Unter Umständen müssen wir viel länger warten als in dem angenommenen Fall. Als Schwingungsrelation könnte sich z. B. die Zahl 1002/721 ergeben. Die *Grenze der Beobachtungsgenauigkeit* garantiert, daß wir immer eine solche rationale Zahl gewinnen werden. *Die Erfüllung des Kommensurabilitätsprinzips ist also auch im Fall des zeitlichen Vergleichs periodischer Vorgänge* (und sogar allgemeiner: *beliebiger* Vorgänge) *gesichert.* Wenn wir dennoch dazu gelangen sollten, in gewissen Fällen *irrationale* Zahlenwerte als Verhältniswerte anzunehmen, so kann sich dies nicht auf empirische Befunde allein stützen. Es müssen *theoretische* Gründe bzw. empirische Befunde *im Verein mit theoretischen Gründen* maßgebend sein, die uns zu einer solchen Annahme zwingen. Um die augenblicklichen Betrachtungen nicht mit dem gänzlich andersartigen Ge-

dankengang zu belasten, in dem solche Überlegungen zur Geltung kommen, soll dieser Punkt hier ausgeklammert werden. Wir gehen also davon aus, daß wir bei unseren empirischen Feststellungen stets ein *rationales* Zahlenverhältnis gewinnen.

(2) Außerdem stellen wir *empirisch* fest, daß das Zahlenverhältnis sich immer wiederholt. Nicht nur sind zunächst 20 Schwingungen von *A* auf genau 13 Schwingungen von *B* gefallen. Bei beliebig oftmaliger Wiederholung des Experimentes fallen immer wieder 20 Schwingungen von *A* auf genau 13 Schwingungen von *B*. Dies berechtigt uns zu der *hypothetischen Annahme*, daß das Verhältnis *immer* gleich sein werde. Ist diese Bedingung erfüllt, so bezeichnen wir die beiden Prozesse, einem terminologischen Vorschlag CARNAPs[18] folgend, als *periodisch äquivalent*.

Der Leser beachte, daß wir hier *zwei* Sätze akzeptiert haben, für die *keine logische Notwendigkeit* besteht. Erstens ist es keine logische Notwendigkeit, sondern ein *bloßes empirisches Faktum*, daß wir dasselbe Zahlenverhältnis immer wieder wahrnehmen. Unsere Welt könnte anders gebaut sein. Es *könnte* sich zeigen, daß zunächst auf 20 Schwingungen von *A* genau 13 Schwingungen von *B* fallen, das nächste Mal auf 29 Schwingungen von *A* 31 Schwingungen von *B*, das dritte Mal sich wieder ein neues Verhältnis ergibt und so fort. Und es könnte weiter der Fall sein, daß sich Analoges ergibt, was für zwei periodische Vorgänge auch immer wir miteinander vergleichen. *In einer solchen Welt gäbe es keine periodisch äquivalenten Prozesse.* Wir würden in dieser Welt zu *keiner* Zeitmetrik gelangen, die vernünftiger wäre als die, zu welcher wir in *unserer* Welt gelangen würden, falls wir darin meinen Pulsschlag als Basis für die Einheits- und Gleichheitsregel wählten.

Zweitens ist es auch nicht logisch notwendig, daß die bisher beobachteten konstanten Zeitrelationen in aller Zukunft dieselben sein werden. Dies anzunehmen bedeutet eine *empirische Hypothese* zu akzeptieren. Es wäre *denkbar*, daß *alle* derartigen empirischen Hypothesen über kurz oder lang falsifiziert würden. *Wir hoffen*, daß dies nicht der Fall sein werde (und mehr als hoffen können wir nicht!). Und nur auf diese Hoffnung gründet sich die Behauptung, daß es in dieser Welt sich wiederholende Vorgänge gibt, die *periodisch äquivalent* sind. In die Behauptung der periodischen Äquivalenz geht nicht bloß ein empirischer Befund, sondern eine *empirische Hypothese* ein.

(3) Wir stellen schließlich fest, daß es in der Natur große Klassen von Vorgängen gibt, die miteinander periodisch äquivalent sind. (Der Leser beachte, daß wir uns mit der Wendung „wir stellen fest" eines laxen Sprachgebrauchs bedienen; denn wir haben ja soeben logisch *festgestellt*, daß in jede Behauptung über die—zumindest approximative—periodische Äquivalenz eine empirische Hypothese Eingang findet.) Diese Behauptung

---

[18] [Physics], S. 82.

läßt sich sogar zu der weiteren *empirisch-hypothetischen Annahme* verschärfen, *daß es nur eine einzige solche große Klasse periodisch äquivalenter Vorgänge gibt* (genauer müßte auch diesmal gesagt werden, daß diese periodische Äquivalenz mit großer Approximation gilt).

Wieder wäre es a priori denkbar, daß dies *nicht* zutrifft. So könnte es z. B. mehrere sehr große Klassen periodisch äquivalenter Vorgänge geben, so daß die Vorgänge der einen Klasse *nicht* mit den Vorgängen einer der anderen Klassen periodisch äquivalent sind (der Leser überlege sich genau, was dies bedeuten würde). Zu *einer* dieser Klassen könnten z. B. die Perioden von Pendeln gehören; zu einer *anderen* Klasse Vorgänge von der Art der Erdrotation; zu wieder einer *anderen* Klasse die Oszillationen von Atomen. In dieser Welt könnten z. B. die Perioden von Pendeln nicht in ein konstantes Verhältnis zu den Oszillationen der Atome gebracht werden.

Mit der Feststellung (3) haben wir unser Ziel erreicht: Es erscheint am zweckmäßigsten, einen Vorgang aus dieser großen Klasse als *Grundprozeß* zu verwenden, eine Periode als *Zeiteinheit* (Einheitsregel) zu wählen und die verschiedenen Perioden als *zeitlich gleich lang* zu definieren (Gleichheitsregel). Wenn wir eine solche Wahl treffen, werden *die Gesetze besonders einfach*. Der Pulsschlag eines Menschen fällt bei dieser Entscheidung als möglicher Kandidat fort. Denn mein Pulsschlag gehört sicherlich zu einer *sehr kleinen* Klasse von Vorgängen, die miteinander periodisch äquivalent sind. Vielleicht bildet er für sich allein schon eine solche Klasse, so daß es keinen von ihm verschiedenen und doch mit ihm periodisch äquivalenten Vorgang gibt; möglicherweise enthält diese Klasse einige wenige physiologische Prozesse, die mit der Periode meines Herzschlages zusammenhängen.

Die frühere Kritik an dem Unterschied zwischen schwach und stark periodischen Vorgängen beinhaltete *nicht* die These, daß diese Unterscheidung überhaupt sinnlos sei. Sie ist nur sinnlos, solange keine Zeitmetrik aufgebaut worden ist, und kann daher nicht als Mittel zur Konstruktion dieser Metrik benützt werden. *Nachdem* diese Metrik verfügbar ist, läßt sich dieses Begriffspaar nachträglich einführen.

Wir unterscheiden zwischen den *trivialen* und den *nicht trivialen Fällen strenger Periodizität*. Das erste betrifft jene periodischen Vorgänge, die zur Bestimmung der Zeiteinheit und Zeitgleichheit gewählt wurden. Diese Vorgänge nannten wir die Grundprozesse. Zu sagen, daß diese Grundprozesse streng periodisch sind, ist keine Erkenntnis; denn es ist per definitionem richtig.

Zum zweiten Fall strenger Periodizität gelangen wir, sobald wir feststellen, daß gewisse von den Grundprozessen verschiedene Vorgänge mit diesen periodisch äquivalent sind. Eine solche Feststellung ist nicht trivial, weil sich die Äquivalenzbehauptung auf empirische Befunde und hypothetische Verallgemeinerungen stützen muß.

Wir haben oben die einschränkende Qualifikation hinzugefügt, daß die periodische Äquivalenz nur mit Approximation gilt. Die Verbesserung der Meßtechnik hat dazu geführt, Abweichungen festzustellen, so daß der gleichförmige Zeitablauf nicht mit beobachteten Abläufen (z. B. der Erdrotation) gleichgesetzt wird, sondern indirekt aus den beobachteten Prozessen *mittels Korrekturformeln* gewonnen wird. Ist dies so zu interpretieren, daß der Naturforscher hinter die bloß *phänomenale* Zeit zurückgeht und die *wahre* Zeit zu bestimmen sucht? Selbstverständlich nicht. Der Forscher versucht keine an sich wirkliche Zeit zu ermitteln, sondern diejenige Zeitmetrik exakt zu bestimmen, die er bei der Formulierung seiner Naturgesetze bereits *voraussetzt*. Er sucht also nach dem Zeitablauf, den er annehmen muß, damit seine Gesetze nicht falsch werden bzw. damit diese nicht durch komplizationtere Formulierungen ersetzt werden müssen. Zu solchen Umformulierungen wäre er gezwungen, wenn er z. B. die Erdrotation ohne Korrekturformeln zugrunde legte. Auf die Rolle solcher Korrekturformeln werden wir am Beispiel der Längenmetrik zurückkommen.

5.d Sofern man bei der Bestimmung der Länge von Zeiten auf Intervalle stößt, die kleiner sind als die Perioden, welche man als Einheiten wählte, muß auf das in 4.b beschriebene Verfahren zurückgegriffen werden. Die „Hilfsstandardobjekte" sind diesmal kürzere periodische Prozesse, welche die dortigen formalen Bedingungen erfüllen. Da man auch hier aufeinanderfolgende Perioden nicht direkt vergleichen kann, muß *eine weitere Konvention* Platz greifen, welche die Gleichheit dieser kleineren Perioden festlegt.

Einige Leser werden vielleicht bereits die Frage gestellt haben, inwiefern man auch beim Aufbau der Zeitmetrik davon sprechen kann, daß eine extensive Größe *auf der Grundlage der Konstruktion einer Quasireihe* eingeführt worden sei. Die Relation K ist diesmal die Relation der *Koinzidenz* oder Gleichheit von Zeitpunkten. Die Relation V ist die Relation *früher als*. Beide Begriffe führen zu speziellen philosophischen Problemen.

Das erste Problem ergibt sich daraus, daß man streng unterscheiden muß zwischen Gleichzeitigkeit am selben Ort und Gleichzeitigkeit räumlich entfernter Ereignisse. Nur *die Gleichzeitigkeit am selben Ort* ist bisher von uns benützt worden. Der Ort wurde zwar nicht ausdrücklich erwähnt, doch wurde z. B. die räumliche Nachbarschaft der Ereignisse e_1 und e_2 in 5.a stillschweigend vorausgesetzt. Die Koinzidenz, welche sich in der Gleichzeitigkeit am selben Ort ausdrückt, ist strenggenommen eine Identität: Wenn man sagt, daß das Ende des Ereignisses e_1 mit dem Beginn des Ereignisses e_2 koinzidiere, so heißt dies nichts anderes, als daß diese zwei Zeitpunkte zusammenfallen, also *identisch* sind. In der Beobachtungspraxis wird eine Koinzidenz in diesem scharfen Sinn bestenfalls mit großer Annäherung verwirklicht sein.

　　Die eigentliche Schwierigkeit entsteht bei der Einführung der *Gleich-zeitigkeit räumlich entfernter Ereignisse*. Eine genauere Analyse lehrt, daß wir hier einer ähnlichen Zirkelgefahr gegenüberstehen wie bei der Unterschei-dung zwischen den schwach und den stark periodischen Vorgängen. Dieser Gefahr kann man auch diesmal nicht anders als durch Konvention, also durch eine *Festsetzung*, begegnen. Dies führt dazu, daß man bei der Zeit, zum Unterschied von anderen extensiven Größen, eine *vierte Regel* benötigt, durch welche die Gleichzeitigkeit an verschiedenen Orten festgelegt wird. So prinzipiell einfach der Sachverhalt auch diesmal wieder ist, als so schwierig hatte es sich erwiesen, ihn zu entdecken: A. EINSTEIN war der erste, welcher ihn klar durchschaute.

　　x_1 und x_2 seien zwei räumlich entfernte Orte. Das Problem, die Gleich-zeitigkeit in x_1 und x_2 zu bestimmen, wird gelegentlich als das Problem be-zeichnet, zwei in x_1 und x_2 aufgestellte Uhren zu synchronisieren. Die bei-den Uhren laufen dann synchron, wenn sie *zur selben Zeit* genau dieselben Zeitangaben machen. Dabei wird wieder ein Begriff verwendet, den wir erst einführen müssen: Was ist denn *dieselbe* Zeit in x_1 und x_2?

　　Es existiert grundsätzlich nur ein *einziges* Verfahren, um zu einem *Zeit-vergleich der räumlich entfernten Ereignisse* an den Orten x_1 und x_2 zu gelangen: Man sendet ein *Signal* vom einen Ort, also etwa x_1, zum anderen Ort x_2. Kennt man den Zeitpunkt t_1, zu dem das Signal in x_1 abgesandt worden ist, und außerdem die Geschwindigkeit, mit der sich das Signal von x_1 nach x_2 fortbewegte, so kann man den Zeitpunkt t_2 der Ankunft des Signals in x_2 errechnen. Die erste Frage reduziert sich damit auf eine zweite, nämlich die *der Bestimmung der Geschwindigkeit* des Signals. Diese ergibt sich als der Quotient der Strecke s von x_1 nach x_2 durch die Zeit $t_2 - t_1$. Die Zeit t_1 aber bezieht sich auf den ersten Ort, die Zeit t_2 auf den zweiten. Um diese Zeit-differenz sinnvoll verwerten zu können, muß bereits sichergestellt sein, daß die in x_1 und x_2 zur Zeitbestimmung verwendeten beiden Uhren *zur gleichen Zeit* dieselben Zeitangaben liefern.

　　Wir sind also in einen *logischen Zirkel* hineingeraten. Um einen Zeitver-gleich zwischen den räumlich entfernten Orten x_1 und x_2 anzustellen, müssen wir die Geschwindigkeit eines Signals von x_1 nach x_2 kennen. Um diese Geschwindigkeit messen zu können, müssen wir bereits wissen, wann Ereignisse in x_1 und in x_2 gleichzeitig sind. In der Sprache der Uhrensyn-chronisation ausgedrückt: Zum Zwecke der Synchronisierung von zwei Uhren in x_1 und x_2 müssen wir die Geschwindigkeit eines Signals von x_1 nach x_2 messen. Diese Messung aber muß bereits die Tatsache benützen, daß die beiden Uhren synchronisiert sind.

　　Es gibt nur *einen* Ausweg aus dem Dilemma: Welches Ereignis in x_2 mit einem Ereignis in x_1 als gleichzeitig anzusehen ist, kann *nicht empirisch ermittelt*, sondern nur *durch Festsetzung entschieden* werden. Dies ist der Grund dafür, daß man im Fall der Zeit von einer vierten Regel sprechen muß. Auf empirischem Wege lassen sich nur die Grenzen für diese Festsetzung ermitteln. Besteht das Signal z. B. in einem Lichtstrahl, der zu t_1 in x_1 abgesandt wird, zu t_2 in x_2 ankommt und reflektiert wird, um zu t_3 nach x_1 zurückzukehren, so muß die Zeit t_2 *zwischen* t_1 und t_3 gewählt werden, so daß sie einer Formel von der Art genügt:

(*a*) $t_2 = t_1 + \delta(t_3 - t_1)$ mit $0 < \delta < 1$.

Nur die Grenzen 0 und 1 sind *empirisch* festgelegt. Welches δ zwischen 0 und 1 gewählt wird, ist dagegen Sache der *Willkür*.

Dies bedeutet nun nicht, daß alle unendlich vielen möglichen Wahlen von δ gleich vernünftig wären. Bei der endgültigen Auswahl wird man sich wieder vom Gesichtspunkt der *Einfachheit* und *Fruchtbarkeit* leiten lassen. Tatsächlich hat EINSTEIN $\delta = 1/2$ gewählt, also als Ankunftszeit des Lichtstrahles in x_2 genau das arithmetische Mittel zwischen den Abgangs- und Ankunftszeiten in x_1 genommen, weil dadurch die Gesetze der speziellen Relativitätstheorie eine besonders einfache Gestalt erhielten (vgl. II, 2). Dies darf nicht darüber hinwegtäuschen, daß es sich trotzdem um eine *freie Wahl* handelte, für die *kein wissenschaftstheoretischer Zwang* bestand.

Eine gegenteilige Behauptung könnte sich allein auf die These berufen, daß sich der Lichtstrahl mit derselben Geschwindigkeit von x_1 nach x_2 bewege wie von x_2 nach x_1, so daß also nur die Zeitmessung mit der in x_1 aufgestellten Uhr unter Benützung der Formel (*a*) für $\delta = 1/2$ notwendig sei, um die gewünschte Synchronisierung herbeizuführen. Woher weiß man aber, daß die Geschwindigkeit in beiden Richtungen gleich groß ist? *Entweder* man antwortet darauf, daß man dies nicht wisse, sondern eben *festsetze*. Dann geht diese Festsetzung in die Bestimmung der Gleichzeitigkeit an verschiedenen Orten ein und verleiht dieser abermals konventionellen Charakter: Die Festsetzung über die Gleichzeitigkeit an verschiedenen Orten ist bloß zurückgeführt worden auf eine andere Konvention, nämlich auf die Festsetzung über das Verhältnis zweier Signalgeschwindigkeiten zwischen x_1 und x_2. *Oder* man behauptet, die Gleichheit der Geschwindigkeiten lasse sich *empirisch ermitteln*. Dann geraten wir sofort wieder in den früheren Zirkel. Um nämlich die Formel $\delta = 1/2$ für (*a*) begründen zu können, müßte man den Zeitpunkt t_2, zu dem das Lichtsignal in x_2 ankommt, kennen. Und dies setzt voraus, daß man die Zeit in x_2 mit der in x_1 bereits vergleichen kann.

Könnte man Signale mit beliebig großen (oder sogar „unendlichen") Geschwindigkeiten erzeugen, so blieben allerdings alle diese Überlegungen praktisch gegenstandslos. Die beiden Zeitpunkte t_1 und t_3 des Signalabganges von x_1 und der Signalrückkehr nach x_1 ließen sich so nahe aneinanderrücken, daß sie empirisch ununterscheidbar wären. Damit wäre auch der Zeitpunkt t_2 vom empirischen Standpunkt eindeutig festgelegt. Dafür, daß diese wissenschaftstheoretischen Überlegungen auch praktisch relevant werden, ist somit ein weiteres empirisches Faktum oder genauer: eine *empirische Hypothese* maßgebend: daß es *eine endliche obere Grenzgeschwindigkeit*, nämlich die Lichtgeschwindigkeit, gibt und daß diese Grenzgeschwindigkeit eine Konstante darstellt und für alle Zukunft eine Konstante bleiben wird.

Wieder zeigt sich, daß alle fünf Faktoren (Festsetzungen, empirische Befunde, hypothetische Annahmen, Einfachheits- und Fruchtbarkeitsbetrachtungen) zusammenspielen müssen, damit man zu einer adäquaten Formulierung der vierten Metrisierungsregel gelangt[19].

Was noch aussteht, ist eine Diskussion des zweiten Problems: der *Richtung* der Zeitfolge. Auch diesmal muß das Problem in *zwei* Fragen zerlegt werden: (1) wie ist die Zeitfolge am Ort x_1 zu bestimmen; und (2) wie sind die Zeitfolgen *an zwei verschiedenen Orten* x_1 und x_2 miteinander zu vergleichen? Merkwürdigerweise gibt es für die grundlegendere erste Frage bis heute anscheinend keine befriedigende Antwort. Die Relation *früher als* (bzw. die Konverse *später als*) bildet etwas so Elementares und scheinbar Selbstverständliches, daß erst relativ spät das Problem einer objektiven *Topologie* der Zeit *als Problem* erkannt worden ist, und zwar erstmals von KANT. Die Lösungsvorschläge lassen sich prinzipiell in drei Klassen unterteilen: Die erste Klasse von Lösungen stützt sich auf *das subjektive Zeiterleben* von Menschen. Es gibt ernsthafte Bedenken dagegen, die zeitliche Ordnung der Weltprozesse letzten Endes auf subjektives Erleben zu stützen. Daher haben fast alle Naturphilosophen und Physiker, die sich mit diesem Problem beschäftigten, eine solche Grundlegung abgelehnt. Die zweite Klasse von Versuchen stützt sich auf bestimmte *naturgesetzliche Annahmen*, z. B. auf den zweiten Hauptsatz der Thermodynamik, wonach die Entropie in der Welt zunimmt. Auch dies ist ein unbefriedigendes Vorgehen, selbst wenn jene Annahmen als in hohem Grad bestätigt angesehen werden. Denn sie *könnten* falsch sein. Eine so grundlegende Relation wie die topologische Zeitordnung sollte aber von empirisch-hypothetischen Annahmen frei sein. Auch könnte diese Verquickung von Zeitordnung mit empirisch-hypothetischer Theorienbildung zu absonderlichen Immunisierungen von Theorien gegenüber falsifizierenden Beobachtungen führen, wie das folgende Gedankenmodell zeigt: Angenommen, es sollte sich — auf Grund welcher. Beobachtungen und theoretischer Überlegungen auch immer — eines Tages herausstellen, daß die Entropie im Universum nicht zunimmt, sondern abnimmt. Müßte dann der zweite Hauptsatz der Thermodynamik preisgegeben werden? Man könnte den paradox anmutenden Rettungsversuch unternehmen, daß man sagt: Die neuen empirischen Befunde hätten nicht gezeigt,

---

[19] Für weitere Details vgl. REICHENBACH, [Raum-Zeit], S. 144ff. Von REICHENBACH wird allerdings der konventionelle Gesichtspunkt etwas einseitig betont.

daß jener Lehrsatz falsch sei, *sondern daß die Zeit in die umgekehrte Richtung ver-laufe, als bisher angenommen worden war!*

Die dritte Klasse von Überlegungen ist dadurch charakterisiert, daß dar-in versucht wird, die Zeitordnung auf die *Kausalstruktur der Welt* zurückzu-führen. Einen derartigen Versuch hatte bereits KANT unternommen[20]. Mit verfeinerten Methoden hat REICHENBACH eine kausaltheoretische Topo-logie der Zeit entworfen[21]. Alle diese Versuche scheitern aus dem elementa-ren Grund, daß sie von vagen intuitiven Begriffen Gebrauch machen müssen, nämlich den Begriffen der Ursache und der Wirkung. KANT hat, zum Unter-schied von D. HUME, niemals auch nur andeutungsweise gesagt, was er unter einer Ursache versteht. REICHENBACH hat sich durch das, was er das *Kennzeichenprinzip* nennt, von dieser Schwierigkeit zu befreien versucht. Wenn e_1 und e_2 zwei Ereignisse darstellen, die nach üblicher Sprechweise kausal verknüpft sind und zwar so, daß e_1 die Ursache und e_2 die Wirkung bildet, so wird eine kleine Änderung des ersten Ereignisses, die zu e_1^* führt, zu einer entsprechend kleinen Änderung e_2^* führen, aber nicht umgekehrt. Man erhält also drei Paare: e_1; e_2, e_1^*; e_2^* sowie e_1; e_2^*, jedoch niemals e_1^*; e_2. Dieser *rein formale* Sachverhalt läßt sich dazu benützen, e_1 *Ursache* und e_2 *Wirkung* zu nennen und außerdem e_1 als *das zeitlich frühere Ereignis* gegenüber e_2 auszuzeichnen[22]. Dieses Verfahren mag für viele praktische Zwecke ad-äquat sein; es liefert jedoch aus zahlreichen Gründen keine befriedigende all-gemeine theoretische Lösung des Problems.

Wir erörtern dieses schwierige Problem nicht weiter und wenden uns einer Betrachtung der Frage (2) zu. Nennen wir mit REICHENBACH das Lichtsignal ein *Erstsignal*, weil es nach unserem heutigen *hypothetischen* (!) physikalischen Wissen keine größeren Geschwindigkeiten für Signalüber-tragungen gibt. Die Symbole „x_1", „x_2", „t_1", „t_2", „t_3" und „δ" sollen dasselbe bedeuten wie früher, wobei zusätzlich vorausgesetzt sei, daß die Signalübertragungen von x_1 nach x_2 und zurück durch Erstsignale erfolgen. e_1 sei das *Abgangsereignis in* x_1, e_2 das *Ankunftsereignis in* x_2 und e_3 das *An-kunftsereignis (des reflektierten Lichtstrahls) in* x_1. e_2 ist als später zu fixieren denn e_1, und e_3 als später denn e_2. Wir erhalten also die partielle Ordnung: $t_1 <$ $t_2 < t_3$. Die zwischen e_1 und e_3 in x_1 liegenden Ereignisse e werden von REI-CHENBACH als *zeitfolgeunbestimmt* relativ zum Ereignis e_2 des Eintreffens des Erstsignals in x_2 bezeichnet. Der Ausdruck wird dadurch motiviert, daß keine Signalverbindungen zwischen irgendeinem dieser unendlich vielen e's und e_2 möglich sind. Die vierte Regel der Zeitmetrik kann daher auch so formu-liert werden, daß irgendwelche beliebigen zeitfolgeunbestimmten Ereignisse *als gleichzeitig erklärt* werden können (mit den obigen Qualifikationen, die zur Auszeichnung *einer* Wahl führen). Der Unterschied zwischen der vor-

---

[20] Vgl. H. SCHOLZ, [Topologie].
[21] [Raum-Zeit], S. 161ff., sowie [Time].
[22] Für Beispiele vgl. REICHENBACH, [Raum-Zeit], S. 163.

relativistischen und der relativistischen Auffassung liegt darin, daß die relativ zu e_2 zeitfolgeunbestimmten Ereignisse in x_1 nach der relativistischen Auffassung *endliche Zeitstrecken* ausmachen, nach der vorrelativistischen hingegen auf einen einzigen Punkt zusammenschrumpfen. *Die sog. relativistische „Relativierung der Gleichzeitigkeit" beinhaltet nichts anderes als das erstgenannte Faktum; sie hat insbesondere*, wie REICHENBACH mit Recht hervorhebt, *absolut nichts mit dem Bewegungszustand von Beobachtern zu tun.*

Ist die Zeitfolge an jedem Ort fixiert, so ist nach Festlegung der Gleichzeitigkeit an verschiedenen Orten auch die Zeitfolge an verschiedenen Orten eindeutig festgelegt. Man benötigt daher nicht etwa noch eine fünfte Regel, um die Frage (2) zu beantworten.

5.e Wegen der fundamentalen theoretischen Bedeutung sowie der außerordentlichen praktischen Relevanz der Zeitmetrik sind im Verlauf der wissenschaftlichen Entwicklung immer wieder bessere Methoden der Zeitmessung ersonnen worden. Für eine endlos lange Zeit beruhte die Zeitmessung auf einem Vorgang, *von dem die Menschen gar nicht wußten, worin er bestand*: dem Vorgang der Erdrotation, der sich für die menschliche Wahrnehmung im Wechsel von Tag und Nacht äußert. Relativ spät erkannte man, daß erstens die Erdrotation Schwankungen unterliegt und daß zweitens die Bewegungen der Erde um die Sonne nicht gleich lang sind, d. h. natürlich daß es im Hinblick auf zahlreiche andere bekannte Naturtatsachen und für die exakte Formulierung von Naturgesetzen *unzweckmäßig* wäre, sie als gleichlang anzunehmen. 1956 wurde daher beschlossen, ein bestimmtes Jahr herauszugreifen, und man setzte fest, daß *eine Sekunde* genau 1/31,556.925,9741-tel des Jahres 1900 sein solle. Auch dies genügte dem wissenschaftlichen Präzisionsbedürfnis noch nicht. Daher stieß man bereits 8 Jahre später diese Festsetzung wieder um und griff auf eine *Atomuhr* zurück: Als Zeiteinheit wählte man eine Periode der Oszillationen des Caesiumatoms.

Da sich für die Zeitmessung eine Reihe von Besonderheiten ergeben hat, dürfte eine kurze *Zusammenfassung* am Platz sein: Um die zeitliche Einheit sowie die zeitliche Gleichheit festzulegen, muß auf *periodische Vorgänge* zurückgegriffen werden. Der Versuch, vor diesen Festsetzungen zwischen schwach und stark periodischen Vorgängen zu unterscheiden und die Einheits- sowie die Gleichheitsregel auf stark periodische Vorgänge zu stützen, erwies sich als ein Irrweg, da er in einen logischen Zirkel einmündet. *Irgendwelche* periodischen Vorgänge müssen für die Festlegung von zeitlicher Einheit und Gleichheit gewählt werden. Die Beliebigkeit dieser Wahl wird eingeengt durch das Bestreben, möglichst *einfache* Formulierungen für die bekannten Naturgesetze zu finden. Die Berücksichtigung zweier *empirischer* Fakten garantiert, daß die Wahl im Einklag mit diesem Ziel erfolgen kann: erstens, daß es in dieser Welt überhaupt periodisch äquivalente Vorgänge *gibt*, und zweitens, daß *nur eine einzige große Klasse* periodisch äquivalenter Vorgänge existiert. Die Gesetze werden am einfachsten, wenn als Grundvorgang für die Formulierung der Einheits- und Gleichheitsregel ein periodischer Vorgang aus dieser großen Klasse ausgewählt wird. *Nachdem* die Wahl vorgenommen wurde, kann zwischen *schwach periodischen* und *stark periodischen* Vorgängen sinnvoll unterschieden werden. Eine Besonderheit ergibt sich für die Kombinationsoperation O_Z; denn da man zeitliche Vorgänge nicht transportieren kann, muß diese Operation als eine *rein begriffliche Operation* eingeführt werden, welche die Gesamtdauer unmittelbar benachbarter Vorgänge festzulegen gestattet. Für die Definition der *Gleichzeitigkeit an verschiedenen Orten* besteht schließlich wegen der *empirischen Hypothese*, wonach das Licht die obere erreichbare Grenzgeschwindigkeit besitzt, die Notwendigkeit einer weiteren Festsetzung. Auch diesmal wird die endgültige Wahl entscheidend bestimmt durch den Gesichtspunkt der wissenschaftlichen *Fruchtbarkeit*. Hinsichtlich der Frage, ob die Forderung der Kommensurabilität beizubehalten oder preiszugeben ist, ergibt sich im Verhältnis zum allgemeinen Fall nichts prinzipiell Neues, abgesehen davon, daß die Gleichheit der Perioden der als Hilfsuhren benützten periodischen Vorgänge eigens *festzusetzen* ist.

6. Längenmetrik

6.a Wie die dritte Regel für die Einführung eines metrischen Längenbegriffs zu formulieren ist, wurde bereits in 4.b geschildert. Bezüglich der Formulierung der Einheits- und Gleichheitsregel tritt ein analoges Problem auf wie im Fall der Zeitmessung. So wie dort eine Periode eines bestimmten periodischen Vorgangs als Einheit gewählt und die verschiedenen Perioden dieses Vorgangs als zeitlich gleich lang festgesetzt werden mußten, so ist jetzt ein bestimmtes Objekt als Standardmaßstab zu wählen und weiter festzusetzen, daß dieser Maßstab stets als *gleich lang* zu betrachten sei.

Für die vorwissenschaftlichen Alltagszwecke bereitet eine derartige Wahl keine Schwierigkeiten. Man wählt einen festen Körper mit einer geraden Kante, z. B. einen Stab aus Metall oder aus Holz. In den Naturwissenschaften wird verlangt, daß man Längenmessungen mit möglichst großer Präzision vornehmen kann. Um diese Präzision zu erreichen, liegt es nahe, einen Gedanken zu benützen, der leider in einen ähnlichen logischen Zirkel einmündet wie die Unterscheidung zwischen schwacher und starker Periodizität *vor* der Einführung einer Zeitmetrik.

Man ist nämlich geneigt, folgende Überlegung anzustellen: „Sicherlich kann man nicht ein Gummiband als Einheitsmaßstab wählen. Denn das Band kann man dehnen, wodurch es länger wird, so daß es absurd wäre, seine Länge nach erfolgter Dehnung für gleich zu erklären mit seiner Länge vor der Dehnung. Als Einheitsmaßstab ist vielmehr *ein starrer Körper* zu wählen."

Damit sind wir bei dem Problem angelangt, *den Begriff des starren Körpers zu definieren.* Die mit diesem Begriff verbundene intuitive Vorstellung läßt sich so präzisieren: Ein Stab *s* soll genau dann als starr bezeichnet werden, wenn der Abstand zwischen zwei beliebigen, auf *s* markierten Punkten P_1 und P_2 stets *gleich* bleibt. Diese Gleichheit soll gelten erstens unabhängig vom Zeitablauf und zweitens unabhängig davon, wohin der Stab transportiert wird. Man erkennt unmittelbar, daß man damit in einen Definitionszirkel gerät: Um überhaupt sinnvoll *sagen* zu können, daß der Abstand zwischen P_1 und P_2 konstant bleibt, muß man sich bereits auf den metrischen Begriff der Länge stützen, der mittels dieses Einheitsmaßstabes erst eingeführt werden soll. Der Definitionszirkel besteht also in folgendem: *Einerseits soll der Begriff des starren Körpers dazu dienen, die Längeneinheit und Längengleichheit zu definieren; denn der Einheitsmaßstab soll ein starrer Körper sein. Andererseits wird dieser erst zu definierende Begriff der Längengleichheit bereits benützt, um den Begriff des starren Körpers zu definieren.*

Das Problem des starren Körpers bildet somit das räumliche Analogon zum zeitlichen Problem der starken Periodizität. Die Lösung muß daher auch hier ganz analog lauten wie dort: Der Gedanke, einen „absoluten" Starrheitsbegriff, unabhängig von der Längenmetrik und damit vor ihrer Durchführung, definieren zu können, muß preisgegeben werden. Wir können tatsächlich nichts anderes tun, als *irgendein* Objekt als Einheitsmaßstab zu wählen und somit *kraft Konvention für starr zu erklären.*

Wiederum werden wir jedoch eine derartige Wahl allein dann für sinnvoll halten, wenn wir auf diese Weise zu *möglichst einfachen Gesetzen* gelangen. Die Wahl eines elastischen Gummibandes als Einheitsmaßstab wäre ähnlich unzweckmäßig wie die Wahl meines Pulsschlages als des periodischen Grundprozesses zur Festlegung der Zeiteinheit und Zeitgleichheit.

Ein empirischer Befund, genauer: ein Befund zusammen mit gewissen gut bestätigten empirischen Hypothesen, liefert uns auch diesmal *die Richtlinie für die zweckmäßigste Wahl.* In Analogie zum Begriff der periodischen Äquivalenz führen wir den Relationsbegriff der *Kongruenz* ein. Die Methode zur Einführung dieses Begriffs kann man wieder als operationales Verfahren zur Bestimmung der Kongruenz bezeichnen. Wir nehmen an, es seien uns zwei Körper K und K' gegeben. Der Einfachheit halber setzen wir voraus, daß sich auf ihnen je eine gerade Kante befindet. Von dem in dem Begriff der geraden Kante steckenden Problem der physikalischen Geometrie soll hier abstrahiert werden, um den Sachverhalt nicht allzusehr zu komplizieren. Auf der Kante von K markieren wir zwei Punkte P_1 und P_2, durch welche die Strecke *a* festgelegt wird. Wenn wir nun die beiden Körper Kante an Kante legen, so können wir auf der Kante des zweiten Körpers K' zwei Punkte P_1' und P_2' markieren, so daß P_1' mit P_1 und P_2' mit P_2 koinzidiert. Die durch diese beiden Punkte festgelegte Strecke sei *b*. Wir sagen dann, daß *a kongruent* ist *mit b*. Sollten wir P_1' und P_2' vorher auf K markiert haben, so wäre bereits diese Feststellung der Kongruenz von *a* und *b* ein *empirischer Befund*. Wenn der Test mehrmals wiederholt wird und sich dabei immer wieder die Kongruenz von *a* und *b* ergibt, so nehmen wir an, *daß auch künftige Überprüfungen zu demselben Ergebnis führen würden*. Dies ist die *erste empirische Hypothese*, die wir aufstellen. Wir benötigen noch eine *zweite empirische Hypothese*. Wir machen ähnliche Tests mit anderen Segmenten auf K und K' und gelangen zu analogen Resultaten mit analogen hypothetischen Verallgemeinerungen. Dies führt uns zu der hypothetischen Vermutung, daß *jedes* Segment auf K, das wir ausgezeichnet haben *oder auszeichnen könnten*, mit einem entsprechenden Segment auf K' kongruent ist und bleiben wird. Wenn diese Bedingung erfüllt ist, sagen wir, daß die Körper K und K' *relativ zueinander* starr sind[23].

Eine kurze qualifizierende Zusatzbemerkung muß hier noch hinzugefügt werden. Wir haben die relative Starrheit nur für einen bestimmten Ort definiert. *Müssen wir nicht noch zusätzlich hypothetisch annehmen, daß die Kongruenz auch für verschiedene Orte gilt?* Hier muß man zunächst klären, was eigentlich gemeint ist. Angenommen, man meint nichts anderes als folgendes: Die Strecke *a* wird auch an anderen Orten mit *b* kongruent sein, unabhängig davon, auf welchen (evtl. ganz verschiedenen) Wegen man die Körper K und K' zum zweiten Ort transportiert. Dies ist zweifellos eine *empirische* Behauptung. Sie kann für einzelne Fälle getestet und verifiziert werden. Daß sie für *beliebige* Orte gilt, können wir nur mehr *hypothetisch annehmen*. Falls dagegen gemeint sein sollte, daß die Strecke *a* am zweiten Ort kongruent ist mit der Strecke *a* am ersten Ort, so ist dies *keine* empirische Hypothese, sondern *eine Festsetzung*. Die Kongruenz räumlich entfernter Strecken kann man nicht empirisch überprüfen, sondern *nur kraft Konvention* behaupten oder verwerfen. Wollte man nämlich eine derartige Behauptung überprüfen, so müßte man dazu ein Testobjekt von einem Ort zum anderen transportieren und dabei *kraft Festsetzung* voraussetzen, daß an diesem Objekt angebrachte Segmente während des Transportes gleich lang blieben. Es wäre widerspruchlos durchführbar, die beiden Strecken *a* und *b* am zweiten Ort als halb so lang zu bezeichnen wie am ersten. Aber derartige Festsetzungen wären — ebenso wie die mit dem Gummiband als starrem Körper — nicht zweckmäßig. Analog wie bei der Gleichzeitigkeitsdefinition entfernter Ereignisse wird auch bei der Kongruenzdefinition entfernter Objekte eine *empirische Hypothese* (unsere dritte Hypothese) mit einer *Festsetzung* verknüpft.

Der eben charakterisierte Starrheitsbegriff enthält keine Zirkularität mehr. Er läßt sich in der geschilderten Weise einführen, *bevor ein quantitativer Längenbegriff definiert worden ist*. Eines darf dabei aber nicht übersehen werden: Es wird dabei nicht, wie in der ursprünglichen fehlerhaften Intention, ein Begriff der „schlechthinnigen" oder „absoluten" Starrheit ein-

---

[23] Für anschauliche Illustrationen vgl. CARNAP, [Physics], S. 92.

geführt, sondern bloß ein Begriff der *relativen* Starrheit zweier Körper. Nur dieser schwächere Begriff läßt sich ohne vorherige Längendefinition in der angegebenen Weise präzise einführen.

Die Wahl eines geeigneten Standardobjektes wird nun durch eine weitere wichtige *Erfahrungstatsache* wesentlich erleichtert. So wie wir beobachten, daß es nur *eine* große Klasse von periodisch äquivalenten Prozessen in der Welt gibt, so stellen wir fest, daß *nur eine* große Klasse von Körpern existiert, die relativ zueinander starr sind. Diese Objekte mögen z. B. aus Metall, aus Stein oder aus getrocknetem Holz bestehen. Da wir nicht alle Körper überprüfen können, ist auch diesmal wieder dasjenige, was wir Erfahrungstatsachen nennen, streng genommen eine *empirische Hypothese*, also die vierte Hypothese, die wir benützen. Das Motiv, als Einheitsmaßstab einen Körper aus dieser großen Klasse zu wählen, ist das gleiche wie jenes, das uns bestimmte, einen Vorgang aus der großen Klasse äquivalenter periodischer Prozesse auszuzeichnen: Wir erzielen auf diese Weise eine möglichst einfache Formulierung der Naturgesetze. Die Wahl ist somit wieder nur *zweckmäßig*; es besteht für sie *kein logischer Zwang*. Abermals werden wir in unserem Beschluß durch ein intuitives Einfachheitsprinzip geleitet, wobei wir uns zugleich auf einen empirischen Befund stützen.

Daß es sich wirklich um einen *empirischen* Befund handelt, kann man sich am besten dadurch verdeutlichen, daß man sich eine mögliche Welt vorstellt, in der dies nicht gilt. In dieser Welt wären z. B. die Eisenstäbe relativ zueinander starr, ebenso alle Kupferstäbe relativ zueinander starr. Dagegen wären Eisenstäbe *nicht* relativ starr zu Kupfergegenständen. Es gäbe also *mehrere* (mehr oder weniger große) Klassen von relativ zueinander starren Objekten. In dieser Welt wäre jegliche Wahl eines Standardobjektes mit erheblichen Nachteilen verbunden. Glücklicherweise leben wir nicht in einer solchen Welt. Das ist keine Einsicht a priori, sondern eine Erfahrungstatsache bzw. wieder genauer: eine auf Erfahrungstatsachen beruhende, *sehr gut bestätigte hypothetische Vermutung*. Daß es sich um nicht mehr als um eine Hypothese handelt, kann man sich abermals durch ein Gedankenmodell klarmachen: Was die Zukunft bringen wird, wissen wir nicht mit absoluter Genauigkeit. In bezug auf ihre zeitliche wie in bezug auf ihre räumliche Struktur *könnte sich* die Welt einmal in der Zukunft plötzlich ändern. Diese Änderung würde sich darin äußern, daß die zeitlichen Vorgänge in *verschiedene* Klassen periodisch äquivalenter Vorgänge auseinanderfallen sowie daß sich die heute noch vorhandene große Klasse relativ zueinander starrer Körper in mehrere voneinander *verschiedene* Klasse aufsplittert, wie dies oben angedeutet wurde.

Auch bei der Wahl der Längeneinheit spielen somit in komplizierter Weise Festsetzungen, Tatsachenfeststellungen, hypothetische Vermutungen und Einfachheitsbetrachtungen zusammen.

6.b Am Beispiel der Längenmessung soll die wissenschaftstheoretische *Problematik der störenden Faktoren* kurz diskutiert werden. Ausdrücklich ist ja sowohl bei der periodischen Äquivalenz wie bei der relativen Starrheit darauf hingewiesen worden, die Behauptung vom Bestehen *nur einer einzigen* großen Äquivalenzklasse gelte *bloß approximativ*. Dies bedeutet wieder strenggenommen nichts Geringeres als daß die fortschreitende Verbesserung der Meßtechnik zu dem Ergebnis führt, daß diese Behauptung falsch sei.

Hiermit gelangen wir auf einer höheren Ebene zum Ausgangsproblem zurück: So wie wir uns dort entscheiden mußten, ob wir ein Gummiband als starren Einheitsmaßstab wählen wollen, so stehen wir jetzt vor der Frage, ob wir einen Stahl- oder Platinstab für die Einheits- und Gleichheitsregel wählen sollen, *unter Absehung von allen äußeren Faktoren*. Im einen wie im anderen Fall ist es der Gesichtspunkt der *Zweckmäßigkeit*, der uns die Frage verneinen läßt. Zwei Möglichkeiten stehen uns offen:

(1) Wir legen fest, die Länge des Stabes solle stets dieselbe sein. Die Gleichheitsregel wäre damit in höchst einfacher Weise formuliert. *Aber die Naturgesetze würden eine äußerst komplizierte Gestalt annehmen.* Bei dieser Festsetzung dürften wir nicht sagen: Wenn der Stab erhitzt wird, dehnt er sich aus; wird er abgekühlt, so schrumpft er wieder zusammen. Vielmehr *müßten* wir im ersten Fall sagen, daß *die übrige Welt* zusammenschrumpfe; ıd im zweiten Fall, daß sie sich ausdehne (man vergleiche die Situation .t jenem Fall, wo der Pulsschlag des U. S.-Präsidenten für die Formulierung der zeitlichen Einheits- und Gleichheitsregel benützt wird!).

(2) Wir fügen *Korrekturfaktoren* ein. In unserem Fall wird es sich vor allem darum handeln, die Länge des Stabes *von der Temperatur abhängig zu machen*. Dazu wird zunächst eine *Normaltemperatur* T_0 gewählt. Bei dieser Temperatur hat der Stab die *Normallänge* l_0. Für jede andere Temperatur gelte für die Bestimmung der Länge l die Formel:

$$l = l_0 \left[1 + \beta (T-T_0)\right].$$

Dabei ist β eine für die Substanz des Maßstabes charakteristische Konstante: der sogenannte Wärmeausdehnungskoeffizient.

Da die zweite Wahl gegenüber der ersten zu einer großen Vereinfachung der Naturgesetze führt, wird sie von Physikern vorgezogen.

6.c Allerdings entsteht jetzt ein *ernsthaftes* logisches Problem. Bei der Formulierung der fünften Regel für die Einführung des Temperaturbegriffs mußte vorausgesetzt werden, daß bereits eine Längenskala verfügbar ist. Dies bildete ja den Grund dafür, die Metrisierung der Temperatur als eine *abgeleitete* Metrisierung zu bezeichnen. Bei der obigen Wahl (2) wurde aber der Temperaturbegriff benützt, um für den Längenbegriff eine geeignete Formel anzugeben. *Die Einführung der Temperatur stützt sich somit auf die Länge und die Einführung der Länge auf die Temperatur. Wieder einmal stehen wir vor der Situation eines logischen Zirkels.* Die Gefahr ist diesmal ernster als in den früheren Fällen, *da dieser Zirkel unvermeidlich zu sein scheint, sofern man die zu einfacheren Gesetzen führende Wahl (2) vornimmt.* Das gewählte Längen-Temperatur-Beispiel dient natürlich nur zur drastischen Veranschaulichung der Zirkelgefahr. Diese Gefahr tritt überall auf, wo wir zwei Größen G_1 und G_2 einführen und bei der Analyse der Regeln für die Einführung von G_1 feststellen, daß darin G_2 vorkommt, während die Analyse der Regeln für die Einführung von G_2 zeigt, daß darin G_1 verwendet wird.

Es gibt nur *eine* Lösung des Problems. Diese Lösung ist allerdings so geartet, *daß sie zugleich den illusionären Charakter des Gedankens der absolut genauen Messung einer Größe bei Vorliegen der eben geschilderten Situation aufzeigt.* Sie besteht in einem Näherungsverfahren, auch *Methode der sukzessiven Approximation* genannt. Die beiden Größen werden danach *in mehreren Schritten* eingeführt, wobei die Anzahl der Schritte *unbestimmt* ist und beliebig verlängert werden kann. Der Sachverhalt soll wieder am Beispiel der Länge und der Temperatur erläutert werden. In einem ersten Schritt wird der Längenbegriff *ohne* Benützung eines Korrekturfaktors, der die Wärmeausdehnung enthält, eingeführt. Wählt man ein Objekt aus geeignetem Material, z. B. einen Eisenstab, so gewinnt man zwar keinen idealen, aber doch einen für viele praktische Zwecke hinreichend präzisen Maßstab. Nennen wir dies den *provisorischen Längenbegriff l^1 der ersten Genauigkeitsstufe.* Mit seiner Hilfe kann man auf Grund der fünf Regeln, die in 4.c geschildert wurden, einen ersten *approximativen* Temperaturbegriff T einführen. Dies ist *der provisorische Temperaturbegriff der ersten Genauigkeitsstufe.* Seine Einführung läuft darauf hinaus, daß man mit dem für die Definition von l^1 benützten Eisenstab eine erste provisorische Skala auf der Glasröhre des Quecksilberthermometers markiert und damit die fünfte Regel für die Einführung der Temperatur formuliert. Abermals erhalten wir ein für viele praktische Zwecke hinreichend genaues Temperaturmaß. *Diesen provisorischen Temperaturbegriff T^1 benützen wir, um die in (2) eingeführte Korrekturformel für den Längenbegriff zu formulieren.* Dadurch erhält man einen verbesserten Längenbegriff l^2: *den provisorischen Längenbegriff der zweiten Genauigkeitsstufe.* Mit seiner Hilfe kann man jetzt — durch Konstruktion einer verbesserten Abstandsskala auf der Glasröhre des Thermometers — einen verbesserten, aber noch immer *provisorischen Temperaturbegriff T^2 der zweiten Genauigkeitsstufe* bilden. Allgemein gilt: Haben wir einen *Längenbegriff der n-ten Genauigkeitsstufe* eingeführt, so kann mit seiner Hilfe ein *Temperaturbegriff der n-ten Genauigkeitsstufe* angegeben werden. Und steht der letztere zur Verfügung, so läßt sich damit ein *Längenbegriff der $(n + 1)$-ten Genauigkeitsstufe* einführen.

Es gibt somit zwar keine Möglichkeit, zu einer *absolut präzisen* Messung beider Größen zu gelangen. Wir können jedoch durch hinreichend oftmalige Anwendung des Verfahrens der sukzessiven Approximation die Messung *beliebig genau* machen. An dieser Stelle tritt deutlich zutage, daß neben den bisher bereits mehrmals erwähnten fünf Faktoren, die bei der Einführung komplexer metrischer Begriffe eine Rolle spielen (Festsetzung, empirische Befunde etc.), noch ein sechster von Bedeutung werden kann, nämlich *ein rein praktischer Gesichtspunkt*, der in der Frage seinen Niederschlag findet: *Eine wie genaue Messung wollen wir machen?* Der Genauigkeitsgrad findet selbst einen quantitativen Niederschlag in der zu wählenden Zahl n, welche die n-te Genauigkeitsstufe beider Begriffe festlegt. Der Mensch, welcher Messungen nur für gewisse alltägliche Zwecke vornimmt, wird eine wesentlich niedrigere Zahl n wählen als der Geologe, und dieser wieder eine niedrigere als mancher Physiker. Jedenfalls hängt es nur von der Beantwortung der eben formulierten Frage, also wieder *von einem Beschluß*, ab, an welchem Punkt des prinzipiell unbegrenzt wiederholbaren Verfahrens wir haltmachen.

Es möge noch beachtet werden, daß die in den letzten beiden Unterabschnitten erörterte Problematik nur dann auftreten kann, wenn erstens die eine der beiden Größen durch eine *abgeleitete* Metrisierung eingeführt wird, die von der zweiten Größe Gebrauch macht, und wenn zweitens die andere Größe der ursprünglichen Intention nach durch eine *fundamentale* Metrisierung eingeführt werden soll und in erster Annäherung auch eingeführt werden kann. Mit dem letzteren ist gemeint, daß sich diese Größe (z. B. Länge) wenigstens auf der ersten Genauigkeitsstufe mittels fundamentaler Metrisierung einführen läßt. Daß auch die andere Voraussetzung gilt, kann man sich wieder unmittelbar am Temperaturbeispiel klarmachen: Hätten wir eine Möglichkeit, die fünfte Regel für die Einführung des Temperaturbegriffs *unabhängig vom Längenbegriff* zu formulieren, *so könnten wir den so konstruierten Temperaturbegriff in die obige Korrekturformel einsetzen und es entstünde keinerlei logische Schwierigkeit.* Aus diesem Grunde hätte dieses Problem auch im Rahmen der Diskussion der abgeleiteten Metrisierung erörtert werden können.

6.d Es soll jetzt, wie bereits früher angekündigt, das Prinzip (*PK*) (Kommensurabilitätsprinzip) behandelt werden. Haben wir einmal einen starren Stab von der Länge 1 als Einheit E gewählt, so können wir zunächst alle Längen ausmessen, die ganzzahlige Vielfache dieses Einheitsstabes enthalten. Die Ausmessung einer längeren Kante C geht so vor sich: Sowohl auf E wie auf C seien die beiden Endpunkte markiert; auf E seien dies die Punkte E_0 und E_1, auf C sei der *eine* Endpunkt C_0. Man legt E und C so Kante an Kante, daß E_0 mit C_0 koinzidiert und markiert auf C den Punkt C_1, mit dem E_1 koinzidiert. Wir lassen jetzt E so an C entlanggleiten, daß E_0 mit C_1 koinzidiert und markieren auf C den mit E_1 koinzidierenden Punkt C_2. Nach unserer Festsetzung ist die Länge von E bei dieser Bewegung gleich geblieben. So fahren wir fort, bis wir schließlich einmal dazu gelangen, daß E_1 mit dem anderen Endpunkt von C koinzidiert. Falls dies der Punkt C_n ist, so hat C somit die Länge n.

Für kleinere Werte muß die Einheit selbst in *gleiche* Längeneinheiten unterteilt werden. Dazu werden die in 4.b beschriebenen Hilfsstandard-objekte benötigt, die diesmal in geeigneten Längeneinheiten bestehen. Das Verfahren ist bereits in 4.b unmittelbar vor der Formulierung von (*PK*) geschildert worden. Die dortigen Überlegungen können nach Vornahme folgender Spezialisierungen übernommen werden: (1) die abstrakte Größe *m* ist durch die Größe *l* (für Länge) zu ersetzen; (2) die abstrakte Gleich-heitsrelation *K* ist durch die Relation der Längengleichheit zu ersetzen, welche in der eben beschriebenen Weise durch die Feststellung von Punktkoinzidenzen überprüft wird; (3) die abstrakte Kombinationsope-ration $\circ$ ist durch die konkrete Operation $\circ_l$ für die Kombination von Längen zu ersetzen; die Natur dieser Operation wurde bereits zu Beginn von 4.b geschildert.

Die operational charakterisierte fundamentale Metrisierung der Länge hat somit den Effekt, *daß jede beliebige positive rationale Zahl als Meßwert auf-treten kann.* Wegen der Grenzen der Meßgenauigkeit können auch *nur* ra-tionale Zahlen als Meßwerte auftreten. Wenn wir trotzdem bestimmten Längen eine *irrationale* Zahl zuschreiben, so muß dies *theoretische* Gründe haben und kann nicht allein durch die Messung als solche motiviert sein. CARNAP drückt diesen Sachverhalt so aus: *Irrationale Zahlen treten niemals im Kontext der direkten Längenmessung auf, sondern nur in einem theoretischen Kon-text*[24].

Diese theoretischen Gründe können relativ elementar oder auch weniger elementar sein. Ein elementarer Grund liegt vor, wenn wir uns entschlossen haben, ein bestimmtes System der Geometrie anzuwenden. Nehmen wir an, bestimmte Gründe, die hier nicht zur Diskussion stehen, hätten uns bewo-gen, das einfachste geometrische System, nämlich *die euklidische Geometrie*, zu akzeptieren. Wenn wir die Wahl getroffen haben, dann sind die Lehr-sätze dieser Geometrie nicht bloß mathematische Theoreme, sondern dar-über hinaus *physikalische Gesetze.* Es kann nun *ein Konflikt zwischen unseren direkten Messungen und theoretischen Kalkulationen* auftreten. Nehmen wir etwa an, daß wir für die Seitenlänge eines quadratischen Gebildes den Wert 1 feststellen. Wir messen außerdem die Diagonale und erhalten, wie stets bei direkten Messungen, einen *rationalen* Zahlenwert. Da die von uns gewählte physikalische Geometrie aber die euklidische Geometrie ist, müssen wir auch den Pythagoräischen Lehrsatz akzeptieren, auf Grund dessen die Diagonal-länge im vorliegenden Fall den Wert $\sqrt{2}$ erhält. Dies ist jedoch nachweislich eine *irrationale* Zahl. (Für die alten Griechen, die nur die rationalen Zahlen kannten, war dies überhaupt keine Zahl. Für sie ergab sich daher die merk-würdige Situation, daß die Diagonale des Einheitsquadrates keine Länge be-sitzt.)

---

[24] CARNAP [Physics], S. 88.

Offenbar können wir uns mit diesen beiden Resultaten nicht begnügen. Würden wir *sowohl* das Resultat der Messung, das einen rationalen Zahlenwert liefert, *als auch* das Resultat der Kalkulation, das den irrationalen Zahlenwert $\sqrt{2}$ liefert, akzeptieren, so würden wir uns *eines logischen Widerspruchs* schuldig machen. Wir müßten ja behaupten, daß die Diagonale sowohl einen rationalen als auch einen nichtrationalen Zahlenwert hat. Rein gedanklich bestehen zwei Ausweichmöglichkeiten aus dieser Situation. Nach der ersten Möglichkeit wird an dem Ergebnis der empirischen Messung festgehalten, der theoretisch errechnete Wert dagegen wird nicht akzeptiert. Diese Reaktionsweise würde uns jedoch zwingen, die euklidische Geometrie preiszugeben. Wenn wir annehmen, daß die Gründe für die Wahl dieser Geometrie zwingend waren, ist uns dieser Weg verschlossen. Es bleibt uns also nur die andere Alternative offen, den gemessenen Wert preiszugeben und den theoretischen Wert anzunehmen. *In einem solchen Fall von Konflikt zwischen Theorie und Erfahrung ist es also nicht die Erfahrung, welche Recht behält, sondern die Theorie.*

Das Beispiel mit dem Quadrat könnte durch beliebige andere Beispiele ergänzt werden. Es sei etwa eine kreisrunde Stahlscheibe gegeben, für deren Durchmesser sich auf Grund der direkten Längenmessung der Wert 1 ergeben hat. *Messung* des Umfanges liefert so wie früher einen rationalen Zahlenwert; *Berechnung* des Umfanges ergibt als Wert die irrationale (und sogar transzendente) Zahl π. Abermals sind wir genötigt, aus geometrischen Gründen das Meßergebnis preiszugeben.

Es wäre natürlich kein Ausweg zu beschließen, anstelle der euklidischen Geometrie eine andere Geometrie zu wählen. Irrationale Zahlenwerte würden sich dann nur an *anderen Stellen* ergeben; die prinzipielle erkenntnistheoretische Situation hingegen bliebe die gleiche.

Einen weniger elementaren Grund für die Preisgabe des Kommensurabilitätsprinzips bildet der Wunsch, *die Theorie der reellen Zahlen sowie der Funktionen der reellen Zahlen,* also die sog. Analysis, *anwendbar zu machen.* Für viele metrische Begriffe werden ja solche Forderungen erhoben wie die, daß diese Funktionen stetig oder darüber hinaus sogar (einfach, zweifach etc.) differenzierbare Funktionen sind. Falls es sich dabei um Funktionen der Länge oder um Funktionen der Zeit handelt, müssen Länge und Zeit *für ein ganzes reelles Zahlenkontinuum definiert* sein, damit eine derartige Annahme Sinn ergibt.

Auf die in 4.b aufgestellte Frage (2): Ist es ratsam und sinnvoll, das Prinzip der Kommensurabilität zu akzeptieren? scheinen wir also *aus theoretischen Gründen* die kategorische Antwort „Nein" geben zu müssen.

6.e Auf der anderen Seite ist nicht zu übersehen, daß eine neuartige theoretische Auffassung von physikalischen Größen *zu einer Revision dieser Antwort* führen könnte. Denn da uns, wie wir festgestellt haben, die direkte

Messung *prinzipiell niemals zwingen* kann, irrationale Zahlenwerte als Meßwerte einer physikalischen Größe anzunehmen, können es auch *nur* theoretische Gründe sein, die uns zu einer derartigen Annahme verleiten. *Diese
theoretischen Gründe könnten aber im Verlauf des wissenschaftlichen Fortschrittes
prinzipiell wegfallen.* Das Kommensurabilitätsprinzip wäre dann nicht nur in
der Praxis, *sondern auch in der Theorie* gerettet. Allerdings würde ein derartiger Wandel, wie CARNAP mit Recht feststellt, eine wissenschaftliche Revo-
lution darstellen. Der Physiker müßte dann zur Gänze darauf verzichten,
von den Hilfsmitteln der Analysis Gebrauch zu machen. Insbesondere
dürfte er die Naturgesetze nicht mehr wie bisher in der Sprache der Differentialgleichungen formulieren.

Obwohl eine derartige Entwicklung heute noch als sehr unwahrschein-
lich erscheinen mag, sind doch bereits deutliche Ansätze für eine solche
diskrete Physik vorhanden. So weiß man z. B. (bzw. genauer: hat man die
Hypothese akzeptiert), daß jede elektrische Ladung ein ganzzahliges Vielfaches der elektrischen Elementarladung e ist. Wird diese Zahl e als Einheit
gewählt, *so ergeben sich für sämtliche elektrischen Ladungswerte ausschließlich
ganze Zahlen.* Es könnte sich nun herausstellen, daß *alle physikalischen Größen*
ganzzahlige Vielfache eines bestimmten Grundwertes sind. Dieser Grund-
wert dürfte dann nicht mehr durch Festsetzungen eingeführt werden, sondern müßte, ebenso wie die Größe e, *der Erfahrung entnommen* sein. Insbesondere würde dies auch für die Zeit und den Raum gelten. Was das bedeuten würde, davon kann man sich nur eine sehr unvollkommene anschauliche Vorstellung machen. Es würde einen *minimalen Längenwert* geben, bisweilen auch *Hodon* genannt, sowie ein *minimales Zeitintervall*, auch als *Chronon* bezeichnet. Ein *diskreter Raum* wäre dann durch die folgenden Merkmale
gekennzeichnet: Der Raum besteht aus *höchstens abzählbar unendlich vielen
Punkten* $P, Q, R, \ldots$ Zu jedem Punkt gibt es endlich viele *Nachbarpunkte.*
Greifen wir zwei solche Nachbarpunkte, etwa P und Q, heraus, so müßten
wir sagen, *daß zwischen P und Q keine weiteren Punkte existieren.* Die Vorstellung vom Raumkontinuum, wonach zwischen zwei beliebigen Punkten unendlich viele (sogar überabzählbar unendlich viele) weitere Punkte liegen,
wäre damit preisgegeben. Der grundlegende geometrische Relationsbegriff
„*zwischen*" besäße keine universelle Anwendbarkeit mehr. Als *Längeneinheit*
ist der Weg zwischen zwei Nachbarpunkten (*Hodon*) zu wählen und etwa =
1 zu setzen. Die *Länge* des Weges von einem beliebigen Punkt X des
Raumes zu einem beliebigen anderen Punkt Y des Raumes wäre gleichzusetzen mit der *kürzesten Punktfolge*, die mit X beginnt und mit Y endet und
die außerdem so beschaffen ist, daß jeder Punkt der Folge mit Ausnahme
des ersten Nachbar des vorangehenden Punktes der Folge ist. Auf diese
Weise würden wir ein *absolutes Längenmaß* erhalten, das außerdem stets eine
nichtnegative ganze Zahl als Wert liefert (der Grenzfall 0 ergäbe sich nur
als Abstand eines Punktes von sich selbst). Ein Elementarteilchen könnte

stets nur *einen ganz bestimmten Punkt* des Raumes *einnehmen*. Von einem solchen Punkt *P* könnte das Elementarteilchen zu einem Nachbarpunkt *Q über-springen*. Dieses Überspringen dürfte man sich aber *nicht* so vorstellen, daß das Teilchen eine Wegstrecke zwischen *P* und *Q* zurücklegt. Es gibt ja keine solche Strecke! Vielmehr handelt es sich um einen *unmittelbaren* Übergang. Wenn das Teilchen von einem Punkt *A* zu einem anderen Punkt *B* über-geht, so würde sein Weg in einer Anzahl derartiger *Sprünge* von Nachbar-punkt zu Nachbarpunkt bestehen, wobei der Ausgangspunkt *A* und der letzte „besprungene" Punkt *B* ist.

Das Analoge gelte für die Zeit. In einer *diskreten Zeit* gibt es ein mini-males Zeitintervall, *Chronon* genannt. Jede zeitliche Dauer ist ein ganzzah-liges Vielfaches dieser Einheit. Es existiert kein zeitliches „zwischen" be-züglich zweier benachbarter Zeitpunkte. Der Zeitverlauf besteht hier aus winzigen Sprüngen. In der Mikrowelt verläuft alles Geschehen ruckartig. Der Übergang von einem physikalischen Zustand zum nächsten wäre ana-log den Sprüngen, die der Zeiger einer elektrischen Uhr, z. B. an einem Bahnhof, von einer Minute zur nächsten vollzieht. Nur daß wir uns diese Sprünge so zu denken haben, daß zwischen den einzelnen Punkten *keine Zeit* vergeht: sowohl die räumlichen wie die zeitlichen Übergänge erfolgten unmittelbar.

Würde sich die an diesen Beispielen angedeutete Denkweise in den Natur-wissenschaften durchsetzen, so würde in physikalischen Aussagen nur mehr von ganzen Zahlen, wenn auch von äußerst großen Zahlen, die Rede sein. Zumindest würde dies in der strengen Theorie gelten. Es wäre dann aber noch immer sehr die Frage, ob sich die Physiker dazu entschlössen, auch *in ihrer praktischen Arbeit* auf die großen Vorteile der Kontinuumsmathema-tik zu verzichten. Vermutlich würden sie dann immer noch „so tun", als stünde uns das gesamte Kontinuum der reellen Zahlen zur Verfügung; als seien physikalische Größen durch stetige und differenzierbare Funktio-nen darstellbar usw. Die Physiker würden dieses Verfahren allerdings mit dem *theoretischen Vorbehalt* anwenden, daß es sich nur um ein approxima-tives Verfahren handle, das strenggenommen für die Vorgänge im Mikro-bereich unangemessen sei.

Das Verhältnis von Theorie und Erfahrung würde sich gegenüber der heutigen Situation paradoxerweise umkehren. Während *heute*, wie wir ge-sehen haben, die Ergebnisse direkter Messungen und damit das Kommen-surabilitätsprinzip preisgegeben werden, weil diese Ergebnisse und die strikte Befolgung jenes Prinzips zum Konflikt mit theoretischen Resultaten führen, *die wir nicht preisgeben möchten*, würde bei dieser geänderten Situation vermutlich eine solche mathematische Apparatur weiterhin Verwendung finden, *die für die Beschreibung des theoretischen Sachverhaltes inadäquat ist*. Im einen wie im anderen Fall aber würde diese Entscheidung durch dasselbe Faktum ermöglicht: *die Grenze der Beobachtungsgenauigkeit*. Auch in aller

Zukunft *wird eine Frage von der Gestalt*: „Ist der Wert dieser physikalischen Größe rational oder irrational?" *auf Grund von Beobachtungen allein unentscheidbar sein.* Dadurch wird es für den Naturforscher immer eine Frage der Zweckmäßigkeit bleiben, ob er für die Formulierung seiner Naturgesetze eine diskrete oder eine stetige Skala annehmen will.

7. Abgeleitete Metrisierung

7.a Die meisten bisherigen Beispiele wählten wir aus dem Bereich der fundamentalen Metrisierung. Es handelt sich dabei um eine solche Einführung quantitativer Begriffe oder, wie man auch sagen kann, metrischer Skalen, bei deren Konstruktion nicht bereits auf andere quantitative Begriffe Bezug genommen wird. Wo eine solche Bezugnahme erfolgt, da liegt eine *abgeleitete Größe* vor, manchmal auch etwas irreführend *definierte Größe* genannt[25]. Das einzige ausführlich erörterte Beispiel dieser Art bildete bisher der Temperaturbegriff. Daß die abgeleitete Metrisierung zu neuartigen wissenschaftstheoretischen Fragestellungen führen kann, ist in 6.b gezeigt worden. Hier sollen nun einige weitere Probleme angedeutet werden, die bei Größen auftreten, welche durch eine abgeleitete Metrisierung eingeführt wurden.

Zunächst ist darauf aufmerksam zu machen, daß es sich bezüglich der Einteilung von Größen in solche, die durch fundamentale Metrisierung eingeführt wurden, und solche, die mittels abgeleiteter Metrisierung konstruiert worden sind, *nicht um eine absolute Unterscheidung* handelt. Der Unterschied ist vielmehr völlig analog zur Unterscheidung in *Grundbegriffe* und in *definierte Begriffe* zu denken. Bekanntlich läßt sich ein und dasselbe Begriffssystem in verschiedener Weise aufbauen, wobei Begriffe, die bei der einen Methode des Aufbaues als Grundbegriffe auftreten, nach der anderen Methode als definierte Begriffe erscheinen, und umgekehrt. Das Analoge gilt für die Metrisierung, mit dem einen wesentlichen Unterschied: Während man sich im Definitionsfall für die eine oder die andere Wahl der Grundbegriffe entscheiden muß, um ein eindeutiges Begriffssystem zu erhalten, *können quantitative Begriffe gleichzeitig durch verschiedene Metrisierungsverfahren eingeführt werden.* Und zwar kann *sowohl* der Fall eintreten, daß für ein und dieselbe Größe mehrere fundamentale Metrisierungen existieren, *als auch* der Fall, daß ein und dieselbe Größe gleichzeitig durch eine fundamentale wie durch eine abgeleitete Metrisierung eingeführt wird. Die wissenschaftstheoretischen Konsequenzen dieses Sachverhaltes sollen in IV, 2 zur Sprache kommen. Ein einfaches Beispiel für den zweiten Fall bildet der Begriff der Dichte. Gewöhnlich wird dieser Begriff als abgeleitete Größe betrachtet, da man die

---

[25] Irreführend ist dies deshalb, weil nicht alle Konstruktionsverfahren als Definitionen im Sinn der Definitionslehre aufzufassen sind.

Dichte als „Masse durch Volumen" definiert und somit auf die bereits vorhandenen quantitativen Begriffe der Masse und des Volumens zurückgreift. Man kann aber, zumindest für Flüssigkeiten, ein Verfahren zur *direkten* Messung der Dichte einführen. Diese geschieht mittels des sogenannten Aräometers.

7.b Die zuletzt gemachten Andeutungen enthalten bereits den Hinweis auf die von HEMPEL stammende wichtige terminologische Unterscheidung zwischen *abgeleiteter Metrisierung kraft Festsetzung* und *abgeleiteter Metrisierung kraft Naturgesetz*. Im ersten Fall handelt es sich darum, daß ein quantitativer Begriff *definitorisch* auf fundamentale Größen zurückgeführt wird. Der zweite Fall liegt vor, wenn für eine — sei es durch fundamentale Metrisierung, sei es durch abgeleitete Metrisierung kraft Festsetzung — bereits eingeführte Größe ein *Alternativverfahren zur Bestimmung des Größenwertes* entwickelt wird, wobei man sich für dieses Verfahren *auf gewisse zwar hypothetische, aber doch allgemein akzeptierte Naturgesetze* stützt.

Zwei einfache Beispiele von abgeleiteten Metrisierungen kraft Naturgesetz sind die folgenden: Wenn man in der Astronomie die *Entfernung* zwischen Fixsternen oder zwischen Galaxien in *Lichtjahren* ausdrückt, so geschieht hier das auf den ersten Blick Merkwürdige, daß eine *räumliche* Entfernung durch eine *Zeitangabe* bestimmt wird. Das Merkwürdige an dieser Beschreibungsform verschwindet sofort, wenn man bedenkt, daß hier stillschweigend *ein Naturgesetz* vorausgesetzt ist, nämlich, daß sich das Licht mit konstanter Geschwindigkeit c fortbewegt. Da einerseits die astronomischen Entfernungen ungeheuer groß sind, andererseits die Lichtgeschwindigkeit auch außerordentlich groß ist, erscheint es als sinnvoll, in diesem Fall den räumlichen Abstand zwischen zwei Punkten statt durch die üblichen Längeneinheiten durch die Zeitdauer anzugeben, die das sich äußerst rasch und *mit konstanter Geschwindigkeit* fortbewegende Licht benötigt, um vom einen Punkt zum anderen zu gelangen. Ein anderes Beispiel bilden die *Radar-Echos zur Längenmessung*. Eine primitive Vorstufe dafür bildet bereits das praktische Verfahren, die Tiefe eines Schachtes dadurch zu bestimmen, daß man einen Stein hineinwirft und *die Zeit* mißt, die der Stein benötigt, bis er unten aufschlägt. Auch hier wird ein naturgesetzliches Wissen verwendet: das Wissen um die Beschleunigung fallender Körper auf der Erdoberfläche (sowie bei genauerer Messung zusätzlich das Wissen um die Fortpflanzungsgeschwindigkeit von Schallwellen; denn ich höre das Aufschlagen des Steines später, als dieses Ereignis tatsächlich erfolgt).

Die wissenschaftstheoretische Bedeutung der abgeleiteten Metrisierung kraft Naturgesetz ist eine doppelte: Sie ermöglicht erstens *die Extrapolation bekannter Größen über ihren ursprünglichen Definitionsbereich hinaus*. Und sie gestattet zweitens *die Interpolation von Größen* in dem Sinn, daß sie die Bestimmung von Größenwerten ermöglicht, die sich durch die direkte Größenmessung niemals ergeben könnten.

Für das erste gibt Hempel das folgende einfache Beispiel[26]: Wir setzen voraus, daß die Begriffe der Temperatur T sowie des Volumens V bereits eingeführt worden sind, der letztere etwa mittels einer fundamentalen Metrisierung und der erstere durch eine abgeleitete Metrisierung kraftFestsetzung, wie dies in 4.c geschildert wurde. Empirische Befunde mögen ein Gesetz nahelegen, wonach die Temperatur eines Gases bei konstantem Druck eine bestimmte Funktion φ seines Volumens bildet. Es werde also die Hypothese akzeptiert, daß für Gase gilt: $T = \varphi(V)$. Diese empirisch-hypothetische Vermutung läßt sich in zweifacher Weise auswerten. Zunächst kann jetzt die Temperatur eines Objektes statt durch ein Quecksilberthermometer mittels eines sogenannten *Gasthermometers* bestimmt werden: Man bestimmt dazu das Volumen V, welches ein „Standardgas" bei gewissem Druck annimmt, wenn es mit dem fraglichen Objekt in Berührung gebracht wird. Unter Benützung der erwähnten Hypothese, welche die Beschaffenheit der Funktion φ festlegt, läßt sich dann die Temperatur T des Objektes ermitteln. Dieser Sachverhalt unterscheidet sich prinzipiell nicht von den oben erwähnten Fällen der Zurückführung von räumlichen Abständen auf Zeitangaben.

Eine andere und vom wissenschaftstheoretischen Standpunkt aus bedeutsamere Auswertung liegt vor, *wenn der Beschluß gefaßt wird, die Relation T = $\varphi(V)$ auch außerhalb des ursprünglichen Definitionsbereichs von T als gültig zu akzeptieren.* Dies ist nun keine empirische Hypothese mehr, sondern eine *Konvention.* Für die Durchführbarkeit dieser Festsetzung muß lediglich vorausgesagt werden, daß sich für den Definitionsbereich von V solche φ-Werte bestimmen lassen, die über den ursprünglichen Definitionsbereich δ von T hinausreichen. Für diese Volumina wird die Temperatur mit $\varphi(V)$ gleichgesetzt. Auf diese Weise gelangen wir zu Temperaturwerten, die außerhalb des Gefrier- und Siedepunktes des Quecksilbers liegen.

Bei fast allen wichtigen quantitativen Begriffen nimmt man eine derartige *Erweiterung des ursprünglichen Definitionsbereiches durch Benützung von Naturgesetzen* vor. Nur dadurch wird es möglich, z. B. von der *Masse* von Fixsternen zu sprechen, obwohl es sicherlich keinem Physiker jemals glücken wird, einen Fixstern auf eine Waage zu legen. Das Analoge gilt umgekehrt für sehr kleine Objekte, wie Moleküle, denen ebenfalls eine Masse zugeschrieben wird. Ebenso sagen wir nicht nur: „Die Länge dieser Hauswand beträgt 10,52 m", da wir diese Länge mittels eines genau konstruierten Maßstabes bestimmen können, sondern wir sprechen auch von den Abständen zwischen Atomen und zwischen Galaxien.

Wie die Extrapolation für den Längenbegriff „nach oben hin" erfolgt, soll zumindest angedeutet werden. Bei der ersten Erweiterung wird *geometrisches Wissen* verwendet.

---

[26] [Fundamentals], S. 71.

Man möchte etwa die Länge der Strecke *BC* ermitteln, ohne diese Strecke mittels eines Maßstabes ausmessen zu müssen. Dazu konstruiert man ein physisches Dreieck mit den drei Punkten *A*, *B* und *C*, welches so beschaffen ist, daß man erstens die (als wesentlich kürzer angenommene) Länge *a*

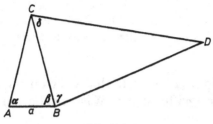

Fig. 7-1

zwischen *A* und *B* durch direkte Längenmessung bestimmen und zweitens die beiden Winkel α und β messen kann (vgl. die obige Figur). Ein einfacher Lehrsatz der physikalischen Geometrie gestattet dann die Berechnung des Weges *BC*. Dieses Verfahren läßt sich iterieren: Hat man die Länge der Strecke *BC* berechnet und gelingt es einem außerdem noch, auch die Winkel γ und δ zu bestimmen, so kann man die Entfernung eines noch weiter entfernten Punktes *D* von *B* bzw. von *C* ermitteln.

Zunächst liefert dieses als *Triangulation* bezeichnete Verfahren nichts weiter als eine Alternativmethode zur Messung mittels abgeleiteter Metrisierung kraft Naturgesetz. Das hypothetisch angenommene Naturgesetz ist diesmal das zugrundeliegende System der physikalischen Geometrie. Sobald sich aber ein Astronom dieses Verfahren zu eigen macht, um *den Abstand zwischen unserer Erde und einem Fixstern* unseres Milchstraßensystems zu bestimmen, tut er im Prinzip dasselbe wie jener, der die obige Formel $T = \varphi(V)$ dazu benützt, Temperaturwerte zu ermitteln, die außerhalb des ursprünglichen Definitionsbereiches der Temperatur liegen. *Er erweitert den Längenbegriff durch Festsetzung.* Eine nochmalige Erweiterung dieses Begriffs liegt vor, wenn man durch geeignete Methoden den noch *ungeheuer größeren Abstand zu anderen Galaxien* wenigstens approximativ zu bestimmen trachtet. Das kann etwa durch einen Helligkeitsvergleich erfolgen: Man vergleicht die Helligkeit des von der Erde beobachteten Sternes mit seiner sogenannten inneren Helligkeit, die man durch sein Spektrum ermittelt. Für diese *nochmalige definitorische Erweiterung des Längenbegriffs* wird nicht nur von Gesetzen der physikalischen Geometrie, sondern darüber hinaus von optischen Gesetzen Gebrauch gemacht.

Nicht weniger bedeutsam ist die zweite oben angedeutete Auswirkung von Metrisierungen kraft Naturgesetz: der *Interpolationseffekt.* Wie wir von früher her wissen, kann keine direkte Messung jemals mit dem Kommensurabilitätsprinzip in Konflikt geraten. Erst dadurch, *daß wir gewisse Naturgesetze als gültig voraussetzen*, z. B. die Gesetze der euklidischen Geometrie, sind wir gewungen, auch irrationale Zahlenwerte anzunehmen. Von abgeleiteter Metrisierung kraft Naturgesetz ist auch diesmal zu sprechen, *weil der Zahlenwert einer bestimmten Größe* (z. B. die Länge der Diagonale des Einheitsquadrates) *durch theoretische Überlegungen ermittelt wird*, die sich auf derartige Gesetze stützen, und weil im Fall des Konfliktes zwischen empirisch gemessenem und theoretisch ermitteltem Wert der letztere vorgezogen wird.

8. Die wichtigsten Vorteile der Verwendung metrischer Begriffe in den Wissenschaften

8.a Wir haben wiederholt festgestellt, daß zahlreiche verschiedenartige Überlegungen die Struktur eines quantitativen Begriffssystems bestimmen: *empirische Befunde*; *hypothetisch angenommene Gesetzmäßigkeiten; Konventionen; Einfachheitsbetrachtungen;* Überlegungen, welche die *Fruchtbarkeit* eines Begriffssystems für einen theoretischen Zweck betreffen; schließlich *rein praktische Erwägungen*, die sich auf die Frage der von uns angestrebten Meßgenauigkeit beziehen. An letzter Stelle müssen auch noch *Wert*gesichtspunkte angeführt werden. Diese bestimmen zwar nicht die konkrete Gestalt, die ein Begriffssystem annimmt, aber sie begründen unsere Entscheidung zugunsten quantitativer Begriffe.

Wäre die im Abschn. 1.a zurückgewiesene Auffassung richtig, wonach es sich bei dem Unterschied zwischen Qualität und Quantität um einen *ontologischen* Unterschied handelt, so wäre es gänzlich müßig, Wertgesichtspunkte ins Spiel zu bringen. Die Quantitäten wären *in der Natur vorgegeben*, und wir könnten nichts anderes tun, als dieses Faktum zur Kenntnis zu nehmen. Zu fragen, welchen *theoretischen Vorteil* diese Größen im Verhältnis zu Qualitäten mit sich bringen, wäre ebenso sinnlos wie zu fragen, worin der theoretische Vorteil dafür zu erblicken sei, daß Steine existieren oder daß es außer Tannen auch noch Fichten gibt.

Nun sind die Quantitäten aber nichts Vorgegebenes, sondern etwas *von uns Geschaffenes*. Aus diesem Grunde ist es nicht nur sinnvoll, zu fragen, *warum* wir solche Größen einführen. Es ist darüber hinaus angemessen, *eine Rechtfertigung* für die Einführung metrischer Begriffe zu verlangen. Denn die Regeln für die Einführung solcher Begriffe sind, wie wir uns überzeugen mußten, verhältnismäßig kompliziert. Und wenn man die geistige Anstrengung in Kauf nimmt, solche Begriffe zu konstruieren, dann muß man für diese Anstrengung einen vernünftigen Zweck anzugeben imstande sein.

Naturwissenschaftler haben für eine derartige Frage eine Standardantwort bei der Hand, nämlich: „Der Fortschritt der Wissenschaften, insbesondere der Naturwissenschaften, wäre nicht möglich gewesen, hätte man nicht von der ‚quantitativen Methode', d. h. von der Methode metrischer Begriffe, Gebrauch gemacht." Man kann es dem Philosophen kaum verübeln, wenn er eine solche Antwort nicht informativ findet und weiter fragt, *warum denn dieser Fortschritt nicht auch auf andere Weise hätte erfolgen können.* Wir beginnen im folgenden mit der Schilderung mehr äußerlicher Vorteile, um zur Charakterisierung der grundlegenden Bedeutung dieser Methode fortzuschreiten.

8.b Zunächst ist eine rein *psychologische Tatsache* anzuführen: *Das wissenschaftliche Vokabular wird wesentlich handlicher und übersichtlicher.* Solange uns weder komparative noch quantitative Begriffe zur Verfügung stehen, müssen wir mit Klassenunterscheidungen (qualitativen Unterscheidungen) allein auskommen, um die verschiedenen Zustände von Gegenständen zu beschreiben. Will man bei dieser Methode zu genaueren Aussagen gelangen, so muß man immer mehr qualitative Ausdrücke einführen. Unsere Merkkapazität würde bald über Gebühr strapaziert werden. Dies gälte bereits dann, wenn man sich auf heutige Alltagszwecke beschränken wollte. Man kann z. B. annehmen, daß für derartige Zwecke die in Celsius-Graden geeichte Temperaturskala zwischen 0 und 100 ausreicht, wobei die einzelnen Grade nicht weiter unterteilt werden. Für diese Zwecke könnte man statt der Celsius-Skala eine ander Skala mit 101 Eigenschaftswörtern verwenden. Dies würde aber eine ungeheure Gedächtnisbelastung bedeuten. Wir müßten ja nicht nur 101 neue Namen im Kopf behalten, sondern uns auch genau die Ordnungsbeziehung merken, die zwischen den durch sie bezeichneten Qualitäten — so müssen wir ja jetzt statt „Quantitäten" sagen — bestehen. Wenn z. B. 38° C durch das Wort „ragma", 37° C durch „teng" und 39° C durch „osim" bezeichnet werden, so müßten wir uns neben zahllosen ähnlichen Einzelheiten die folgende merken: „ragma folgt in bezug auf die Wärme unmittelbar auf teng und geht andererseits unmittelbar der Wärmequalität osim voran."

Nun ist es zwar richtig, daß wir auch die Zahlausdrücke einmal gelernt und uns ihre Bedeutung gemerkt haben müssen. Aber erstens werden diese Ausdrücke (in unserem dekadischen System ebenso wie in jedem anderen *n*-adischen) nach einem *einfachen Bildungsgesetz* erzeugt, so daß es zu einer weit geringeren Gedächtnisbelastung kommt. Zweitens brauchen wir nicht immer wieder neue Prädikate zu lernen, da wir mit den Zahlausdrücken bereits seit der Volksschule vertraut sind. Drittens genügt es bei den Zahlen, nur *dieses eine Schema* gelernt zu haben und es *immer wieder* bei den verschiedensten Größen anzuwenden. Würden wir stattdessen neue Prädikatsysteme einführen, so gliche unser Vorgehen dem primitiver Völker, die keine abstrakten Zahlwörter besitzen, sondern nur gegenstandsspezifische Zahlausdrücke (so daß z. B. „zwei Menschen" ein anderes Wort ist als „zwei Bäume"). Viertens ist mit der Kenntnis der Zahlausdrücke auch automatisch ein *Wissen um die Zahlrelationen* verknüpft, während wir uns bei der Verwen-

7*

dung von Prädikatsausdrücken die relative Lage der durch diese Prädikate
bezeichneten Qualitäten zusätzlich merken müssen. Es verhielte sich so, als
wollte man in einer Straße die Numerierung der Häuser beseitigen und
stattdessen Eigennamen für die Häuser einführen: „Haus zum goldenen
Hirschen", „Haus zum roten Adler" usw.

8.c Von noch größerer Bedeutung ist *die wesentlich differenziertere Be-
schreibungsmöglichkeit von Phänomenen,* zu der die quantitative Methode führt.
Im obigen Beispiel mußten wir die grobe Vereinfachung vornehmen, daß
uns nur 101 Temperaturwerte zur Verfügung stehen. Es zeigte sich, daß bereits unter dieser Annahme die qualitative Sprechweise zu unzumutbaren
psychischen Belastungen führen würde. Nun geben wir diese vereinfachende
Voraussetzung preis. Dann ergibt sich der folgende entscheidende Unterschied: Die qualitative Betrachtungsweise könnte bestenfalls dazu führen,
daß an die Stelle von dem, was wir heute als Größe (wie Temperatur, Länge,
Stromstärke) einführen, *Unterteilungen in endlich viele Klassen* treten. Benützen
wir hingegen Zahlen, so steht uns zunächst die abzählbare Menge der dicht
gelegenen rationalen Zahlen und schließlich sogar das überabzählbare Kontinuum der reellen Zahlen zur Verfügung. Es ist klar, daß die quantitative
Methode zu ungeheuer viel differenzierteren Beschreibungen gelangt, wenn
auf derartige Zahlsysteme zurückgegriffen wird.

Auch diesmal könnte man auf die Grenzen der menschlichen Merkkapazität hinweisen. Während aber in 8.b nur auf eine *faktische* Grenze hingewiesen wurde, handelt es sich diesmal um eine *prinzipielle* Grenze, nämlich
um die Tatsache, daß die menschliche Merkfähigkeit eine obere endliche
Schranke hat, die es nicht gestattet, unendliche Klassifikationen vorzunehmen. Auch diese scheinbar unübersteigbare Grenze wird bei Verwendung
rationaler und reeller Zahlensysteme überschritten (wobei es in diesem Zusammenhang keine Rolle spielt, ob man die rationalen und reellen Zahlen
als „fertige Totalitäten" im klassischen Sinn auffaßt oder als „potentielle
Unendlichkeiten", die unbegrenzt konstruktiv erweiterungsfähig sind).

8.d Viel wichtiger als die bisher vorgebrachten Gesichtspunkte ist ein
anderer Umstand, der *die Verwendung von quantitativen Begriffen für die Formulierung von Gesetzen* betrifft. Fast alle wichtigen, von Naturforschern benützten Gesetze sind heute in der quantitativen Sprache formuliert. Die in solcher Sprache gebildeten Gesetze erweisen sich als *viel einfacher* und als *viel
genauer* denn qualitative Gesetze, die in einer Sprache ausgedrückt sind,
welche über keine metrischen Begriffe verfügt. Und deshalb bilden diese
Gesetze auch viel wirksamere Instrumente für wissenschaftliche Systemati-
sierungen[27], insbesondere für wissenschaftliche Prognosen und Erklärungen, als qualitative Gesetzmäßigkeiten. Die Gründe dafür sollen etwas ge-

---

[27] Für die Explikation des allgemeinen Begriffs der wissenschaftlichen Syste-
matisierung vgl. W. STEGMÜLLER [Erklärung und Begründung].

nauer analysiert werden. Wir stützen uns dabei auf die Illustration von CARNAP[28]. Das methodische Vorgehen ist hierbei folgendes: In einem *ersten Schritt* nehmen wir an, daß ein bestimmter Gesetzestyp unter Verwendung quantitativer Begriffe formuliert sei. Die Gesetze sollen möglichst einfach sein und in nichts weiterem bestehen als in einem funktionellen Zusammenhang zwischen zwei Größen g und h. In einem schematisch vereinfachten Verfahren schildern wir dabei sowohl die Art und Weise, wie das Gesetz durch gewisse empirische Befunde nahegelegt, als auch, wie es nach seiner Formulierung auf Grund zusätzlicher Überprüfungen modifiziert oder als gut bestätigt akzeptiert wird. In einem *zweiten Schritt* wollen wir uns dann überlegen, was geschehen würde, wenn die beiden metrischen Begriffe g und h nicht zur Verfügung stünden und wir die gesetzmäßigen Zusammenhänge *in qualitativer Sprechweise* formulieren müßten.

Nehmen wir also an, gewisse Beobachtungen oder Experimente hätten den Gedanken nahegelegt, daß einem bestimmten g-Wert stets ein bestimmter h-Wert entspreche. Vier derartige Korrelationen seien tatsächlich festgestellt worden (in der Wissenschaftspraxis werden dies meist viel mehr sein). Wir können diese Beobachtungen dadurch wiedergeben, daß wir ein rechtwinkliges Koordinatensystem benützen, die beobachteten g-Werte auf der x-Achse, die jetzt zur g-Achse wird, eintragen und die beobachteten h-Werte auf der y-Achse (bzw. der h-Achse). Beide Größen mögen positive Zahlenwerte erhalten. Die experimentell ermittelten, zusammengehörigen Wertepaare der beiden Größen tragen wir im ersten Quadranten des Koordinatensystems dadurch ein, daß wir an den Punkten ein Kreuzchen anbringen, deren g-Koordinate ein empirisch ermittelter g-Wert und deren h-Koordinate der diesem Wert entsprechende h-Wert ist, anschaulich also (mit „g_1“ bis „g_4“ als Bezeichnungen für die ermittelten g-Werte und mit „h_1“ bis „h_4“ für die ermittelten h-Werte):

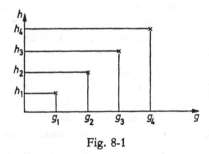

Fig. 8-1

Diese Befunde regen die *hypothetische Vermutung* an, daß ein gesetzmäßiger Zusammengang zwischen g- und h-Werten besteht. Um diesen Zusammen-

[28] [Physics], S. 106 ff.

hang herzustellen, wird erstens eine möglichst einfache Kurve durch die vier angekreuzten Punkte gezogen und zweitens für diese Kurve ein analytischer Ausdruck (d. h. eine Formel in der Sprache der reellen Funktionen) gesucht. Nehmen wir an, die Kurve sei gewählt und der analytische Ausdruck gefunden worden. *Dann bildet dieser Ausdruck das von uns hypothetisch angenommene Naturgesetz; und die Kurve stellt eine anschauliche graphische Repräsentation dieses Gesetzes dar*, z. B. diese:

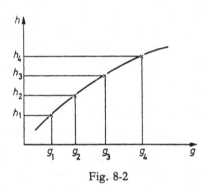

Fig. 8-2

Die empirische Basis, die zur Formulierung dieses Gesetzes führte, war äußerst schmal. Es werden daher weitere Experimente angestellt, um für zusätzliche *g*-Werte die korrespondierenden *h*-Werte zu ermitteln. Zweierlei kann dann eintreten. Die auf Grund dieser neuen Ermittlungen gebildeten Punkte, die je einem *g*-Wert sowie dem zugehörigen *h*-Wert entsprechen, liegen auf der angenommenen Kurve, d. h. sie erfüllen den gewählten analytischen Ausdruck. Dann ist das Gesetz durch diese neuen Beobachtungen *empirisch bestätigt* worden. Oder aber die Punkte liegen, wenigstens teilweise, außerhalb der Kurve. Dann haben die neuen Beobachtungen das Gesetz falsifiziert, und dieses muß durch ein neues ersetzt werden. Das neue Gesetz wird vermutlich wesentlich komplizierter sein als das ursprüngliche, da ja jetzt eine andere Kurve konstruiert werden muß, auf der die alten *und die neuen Punkte* liegen; die ursprüngliche Kurve war demgegenüber eine möglichst einfache Kurve, die nur durch die alten Punkte hindurchging.

Zweierlei ist hier bemerkenswert. Erstens zeigt sich, daß nicht nur bei der Begriffsbildung, sondern auch bei der Gesetzesbildung *Einfachheitsbetrachtungen* eine Rolle spielen[29]: Es ist ja der einfachstmögliche analytische Ausdruck (die einfachstmögliche Kurve) für den Zusammenhang der beiden Größen gewählt worden, der (die) mit den gemachten Beobachtungen im Einklang steht. Wären etwa die vier angekreuzten Punkte so gelegen, daß

---

[29] Eine dritte Stelle, an der Einfachheitsbetrachtungen eingreifen müssen, betrifft die induktive Bestätigung von Aussagen.

man (zum Unterschied von der in der Abbildung geschilderten Situation) eine gerade Strecke durch sie hindurch ziehen könnte, so wäre eine solche gerade Linie gewählt worden, und das hypothetisch angenommene Naturgesetz hätte die Gestalt einer sogenannten linearen Funktion angenommen, also einer Gleichung von der Form: $h = \alpha\, g + \beta$. Ein komplexeres Gesetz würde durch den folgenden analytischen Ausdruck wiedergegeben werden: $h = \alpha\, g^2 + \beta\, g + \gamma$ (α, β und γ sind dabei konstante Parameterwerte).

Zweitens ist der einmal gewählte Ausdruck *prinzipiell hypothetisch*, auch dann, wenn diese Hypothese im nachhinein durch zahlreiche Beobachtungen bestätigt wird. Dieser prinzipiell hypothetische Charakter zeigt sich anschaulich darin, daß auf der Kurve überabzählbar unendlich viele Punkte liegen, während wir zu jedem Zeitpunkt höchstens endlich viele Beobachtungen zur Überprüfung der Gesetzesbehauptung gemacht haben können.

Die Bedeutung der hier skizzierten Methode zur Formulierung quantitativer Gesetze tritt klar zutage, wenn man sich überlegt, *was zu geschehen hätte, wenn uns keine quantitative Sprache zur Verfügung stünde.* Wir wollen den radikalen Fall ins Auge fassen, daß nicht einmal topologische Begriffe verfügbar sind. Zunächst ist zu bedenken, daß man in diesem Fall bereits nicht mehr von den beiden *Größen* g und h sprechen dürfte. *Größen gibt es ja nicht mehr!* Ein Satz von der Gestalt „$g(a) = r$" („der g-Wert des Objektes a beträgt r") ist daher in der Sprache überhaupt nicht mehr formulierbar. Bestenfalls können an der Stelle der beiden Größen zwei sehr große *Klassen von Prädikaten* eingeführt werden. Der leichteren Unterscheidbarkeit halber wählen wir als Prädikate, die der Größe g entsprechen sollen, kleine griechische Buchstaben: „α", „β", „γ", . . . und als Prädikate, die h korrespondieren, große lateinische Buchstaben: „P", „Q", „R", ... Diese Prädikate sind als disjunkt und in dem Sinne erschöpfend zu denken, daß ihre Extensionen die ganzen Argumentbereiche der ursprünglichen Größen g und h ausmachen. Nehmen wir der Einfachheit halber an, daß es in beiden Klassen 100 solche Prädikate gibt. Wir können dies etwa so andeuten (der Einfachheit halber sprechen wir weiterhin von der g- und der h-Achse):

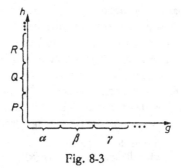

Fig. 8-3

Jetzt können wir zwei entscheidende Feststellungen treffen:

(1) Der Aussage „$g(a) = r$" würde z. B. die Aussage entsprechen: „a liegt in der Klasse β". Das letztere ist offenbar eine *wesentlich ungenauere* Aussage gegenüber der ersteren; denn die Extension des Prädikates „β" ist *ein ganzes Intervall auf der g-Achse*, während $g(a)$ ein ganz bestimmter Wert, also ein *Punkt* auf dieser Achse war. Dasselbe gilt für die Analoga zu den h-Werten, die auf Grund des Gesetzes den Analoga zu den g-Werten zuzuordnen sind.

(2) Wie soll nun dieses „Gesetz" selbst aussehen? Offenbar kann es nicht mehr als analytischer Ausdruck formuliert werden. Vielmehr müßte es in einer *Konjunktion von* 100 *Konditionalaussagen*, evtl. abgekürzt zu 100 Prädikatpaaren, bestehen. Drei dieser Prädikatpaare würden etwa lauten: $\langle \alpha, R \rangle$, $\langle \beta, P \rangle$, $\langle \gamma, Q \rangle$.

Wir erhalten somit somit eine anschauliche Illustration dafür, daß das in der qualitativen Sprache zu formulierende Gesetz einerseits *viel komplizierter zu formulieren* wäre als das quantitative Gesetz, andererseits doch *wesentlich ungenauer* wäre als das letztere, weil es nicht Punkte, sondern bloße Intervalle einander zuordnen würde. Trotz seiner Rohheit und Primitivität wäre das qualitative Gesetz übrigens auch *nicht verifizierbar*. Denn obwohl die endlich vielen Klassen, welche die Extensionen der neuen Prädikate bilden, durchlaufen werden können, vermögen wir dennoch nicht festzustellen, ob die Zuordnungen generell gelten[30]; erst recht haben wir keine Garantie dafür, daß die beobachteten Zuordnungen auch in Zukunft gelten werden. Nicht einmal in dieser Hinsicht wird also mit den Nachteilen der qualitativen Methode ein Vorteil erkauft.

8.e Bisweilen verhält es sich so, daß einem in quantitativer Sprache formulierten Gesetz nicht nur ein viel ungenaueres und trotzdem wesentlich komplizierter zu formulierendes Gesetz entspräche, *sondern daß dem quantitativen Gesetz überhaupt kein qualitatives Gesetz entsprechen könnte, das sich in allen Fällen für Prognosen und Erklärungen eignete.*

Der logische Grund für dieses auf den ersten Blick überraschende Resultat läßt sich an einem einfachen Modell folgendermaßen charakterisieren: Es mögen in dem quantitativen Gesetz *drei* Größen vorkommen, und zwar mögen sie so aufeinander bezogen sein, daß die erste Größe proportional mit der zweiten, jedoch umgekehrt proportional mit der dritten variiert. Für alle jene Fälle, in denen die zweite und die dritte Größe entweder gleichzeitig zunehmen oder gleichzeitig abnehmen, könnte man über die Änderung der ersten Größe überhaupt nichts mehr aussagen, nachdem man dieses Gesetz nach der eben skizzierten Methode in die qualitative Sprechweise übersetzt hätte. Denn für die Art der Änderung der ersten Größe ist *das quantitative Verhältnis* der Änderung der zweiten und der dritten

---

[30] Man beachte, daß durch die obigen Paare *Allaussagen* abgekürzt werden; das Paar $\langle \beta, P \rangle$ z. B. steht für die Aussage: $\wedge x \, (\beta(x) \rightarrow (Px))$.

Größe maßgebend, welches sich in der qualitativen Denkweise überhaupt nicht ausdrücken läßt. (Statt vorauszusetzen, daß nach dem Gesetz die dritte Größe umgekehrt proportional zur ersten variiert, könnte man natürlich auch eine proportionale Variation annehmen und jene Fälle betrachten, in denen sich die zweite und dritte Größe *in verschiedener Richtung* ändern.)

Ein einfaches Beispiel würde das allgemeine Gasgesetz bilden. Mit „D" für „Druck", „V" für „Volumen", „T" für „Temperatur" und „k" als Bezeichnung der Gasmenge lautet das Gesetz wie folgt:

$$V = \frac{T}{D} \cdot k \,.$$

k bleibe konstant, während *T* und *D* zunehmen, wie eine experimentelle Feststellung lehrt. *Auf der quantitativen Stufe kann man sagen, ob unter diesen Voraussetzungen auch das Volumen zunehmen, konstant bleiben oder abnehmen wird.* Denn dies hängt davon ab, ob die Temperatur verhältnismäßig stärker steigt als der Druck zunimmt oder im selben Verhältnis oder in geringerem Maße steigt. Das entsprechende Resultat erhält man durch Einsetzung in die Formel für das Gasgesetz. Solange wir über kein Verfahren verfügen, um der Temperatur und dem Druck numerische Werte zuzuordnen, läßt sich über die Volumenänderung hingegen nichts aussagen. Von neuem zeigt sich hier die Überlegenheit der quantitativen Begriffe über die klassifikatorischen.

8.f Der Vollständigkeit halber sei zum Schluß nochmals auf den eigentlich wichtigsten Punkt hingewiesen: Die meisten quantitativen Begriffe, insbesondere die physikalischen Größen, bilden in hohem Maße *theoretische Idealisierungen.* Das zeigt sich darin, daß für sie in der Regel aus rein theoretischen Erwägungen heraus das Kommensurabilitätsprinzip preisgegeben wird, so daß sie für ein Kontinuum von reellen Zahlen als Argumenten definiert sind und überdies nach Bedarf als stetige und sogar als *n*-fach differenzierbare Funktionen konstruiert werden können. Dadurch kann die sogenannte „höhere Logik", welche die klassische Mathematik einschließt, in den logischen Ableitungen von Sätzen benützt werden, die über derartige Größen sprechen. Insbesondere können auf diese Weise physikalische Kausalgesetze *als Differentialgleichungen* formuliert werden; ja auf Grund eines genialen zusätzlichen Tricks — der in der Verwendung der Schrödingerschen Ψ-Funktion besteht — lassen sich sogar quantitative *statistische* Gesetzmäßigkeiten als Gleichungen von dieser Art ausdrücken.

9. Metrisierung und Messung

In den vorangehenden Betrachtungen haben wir stets scharf unterschieden zwischen *Metrisierung* und *Messung.* Von Metrisierung sprechen wir, wenn ein neuer quantitativer Begriff *erstmals eingeführt* wird. Demgegenüber nennen wir Messungen die *praktischen* Handlungen, die dazu führen sollen, die Werte von Größen in konkreten Einzelfällen zu bestimmen. Unser Augenmerk richteten wir ausschließlich auf die wissenschaftstheoretischen Probleme, die bei der Metrisierung auftreten.

Auch die Messungen führen zu interessanten philosophischen Fragestellungen, die aber von gänzlich anderer Natur sind. Diese Probleme lassen sich am besten durch ein Analogiebild illustrieren, das bereits auf den französischen Mathematiker J. BERNOULLI zurückgeht. BERNOULLI ging von dem unleugbaren Faktum aus, *daß man niemals den genauen Wert einer Größe mißt*, sondern daß sich von Messung zu Messung Abweichungen ergeben, mögen diese mit zunehmender Verbesserung der Meßtechnik auch noch so geringfügig werden. Dies bedeutet, *daß uns der wahre Wert einer Größe*, z. B. der zurückgelegten Weglänge eines fahrenden Objektes, des genauen Volumens einer Flüssigkeit etc., *überhaupt nicht bekannt ist, sondern aus den verfügbaren Meßdaten hypothetisch erschlossen werden muß.*

Welche Form hat dieser Schluß? Durch sein Analogiebild machte BERNOULLI im Jahr 1777 deutlich, daß es sich gar nicht um einen deduktiv-logischen Schluß handeln kann, sondern um *das Problem der Auswahl einer statistischen Hypothese aus einer Klasse von miteinander rivalisierenden statistischen Hypothesen.* Angenommen nämlich, uns sei die folgende Aufgabe gestellt: Wir beobachten einen Bogenschützen, dessen Leistungsfähigkeit uns bekannt sei. Ferner seien uns die Punkte gegeben, an denen die von ihm abgeschossenen Pfeile eintreffen. Dagegen sei uns der Zielpunkt auf der Scheibe, den er stets zu treffen versucht, unbekannt. Wir sollen nun auf der Grundlage der gegebenen Daten den Ort dieses Zielpunktes erraten. Die Analogie mit dem Fall der Messung beruht auf den folgenden Entsprechungen: Dem Schützen entspricht der die Größe messende Experimentator; dem unbekannten Ziel des Schützen korrespondiert der wahre Wert der Größe; den Chancen (Wahrscheinlichkeiten) dafür, die Pfeile auf die tatsächlichen Einschußstellen zu befördern, entsprechen die Chancen (Wahrscheinlichkeiten), die tatsächlich gewonnenen Meßresultate zu erhalten. Im ersten Fall hängen diese Wahrscheinlichkeiten vom tatsächlichen Ort des Zielpunktes sowie von der Qualität des Schützen ab, im zweiten Fall vom wahren Wert der Größe sowie von der Zuverlässigkeit des Meßverfahrens. In beiden Fällen muß noch eine Annahme über die Gestalt der Verteilungskurve gemacht werden, welche erst die genauen möglichen Einschußstellen (Meßwerte) bestimmt.

Die Wahrscheinlichkeit dafür, die angestellten Beobachtungen zu machen, sofern eine Hypothese *H* (über den tatsächlichen Zielpunkt bzw. über den wahren Größenwert) richtig ist, wird die *Likelihood* dieser Hypothese genannt. Der Leser beachte, daß es hier *nicht* darum geht, die Wahrscheinlichkeit einer Hypothese auf Grund von faktischen Daten zu beurteilen, sondern die statistische Wahrscheinlichkeit dieser Daten selbst *unter der Annahme der Richtigkeit der Hypothese.* Die scheinbare Pradoxie, die darin liegt, die Wahrscheinlichkeit von etwas zu beurteilen, das tatsächlich stattgefunden hat, verschwindet, wenn man diese Relativität auf eine vorgegebene Hypothese berücksichtigt. BERNOULLIS Gedanke bestand nun darin, daß in beiden Fällen unter den zur Diskussion stehenden Hypothesen H_1, H_2, H_3, ... stets jener der Vorzug zu geben ist, welche *die größte Likelihood* besitzt. Anders ausgedrückt: Man hat bei den fest vorgegebenen empirischen Daten E (Einschußstellen bzw. Meßwerten) die zur Diskussion stehenden rivalisierenden Hypothesen H_i daraufhin miteinander zu vergleichen, welchen Wert die Wahrscheinlichkeit von E erhält, wenn H_i richtig ist. Derjenigen Hypothese H_k ist der Vorzug zu geben, welche dabei den höchsten Wahrscheinlichkeitswert liefert.

Diese Andeutungen dürften genügen, um klarzustellen, daß es sich bei dem Problem der Ermittlung des genauen Meßwertes aus ungenauen Meßdaten um *ein Problem der statistischen Testtheorie* handelt. Probleme von dieser Art werden in der mathematischen Statistik erörtert. Es wäre jedoch irrig anzunehmen, daß damit philosophische Überlegungen ausgeklammert sind. Fragen wie: „In welcher Weise überprüft man statistische Hypothesen?", „Welcher von miteinander konkurrierenden statistischen Hypothesen ist bei gegebenen empirischen Befunden der Vorzug zu geben?" betreffen äußerst wichtige wissenschaftstheoretische Probleme. Doch gehören diese zu einem Komplex, welcher im vorliegenden Band nicht angeschnitten wird.

Anmerkung. Auf einen wichtigen Punkt sei dennoch bereits an dieser Stelle hingewiesen. Nach der von POPPER und BRAITHWAITE vertretenen Auffassung ist eine Hypothese *als falsifiziert* oder als widerlegt zu betrachten, wenn die in *Basissätzen* festgehaltenen empirischen Befunde mit den Prognosen im Widerspruch stehen, welche man mit Hilfe dieser Hypothesen gewinnt.

Ein solcher Standpunkt führt zu einer höchst unerwünschten Konsequenz: *Alle in quantitativer Begriffssprache formulierten Hypothesen* — insbesondere *alle* physikalischen Theorien — *müßten als effektiv falsifiziert betrachtet werden.*

Zur Illustration sei ein von BRAITHWAITE eingehend diskutiertes Beispiel erwähnt[31]. Aus dem Galileischen Fallgesetz folgt, daß ein Körper, der 1 Sekunde lang frei fällt, einen Weg von 16 Fuß zurücklegt. Es wird ein entsprechendes Experiment durchgeführt. Wenn das Objekt eine größere oder eine kleinere Fallstrecke zurücklegt, ist die Hypothese widerlegt: „A body is allowed to fall freely for 1 second and the distance it falls measured. If it is found that it falls 16 feet, the hypothesis is confirmed; if it is found that it falls more, or less, than 16 feet, the hypothesis is refuted" (a. a. O., S. 13). Wie werden die tatsächlichen Meßexperimente aussehen? Ganz gewiß wird niemals oder fast niemals *ganz genau* der Wert 16 gemessen werden. Vielmehr wird sich

---

[31] BRAITHWAITE, [Explanation], S. 12ff.

z. B. die folgende Reihe von Meßwerten ergeben: 16,08; 15,97; 16,11; 15,89
... etc. Würde man BRAITHWAITE hier beim Wort nehmen, so müßte man
sagen: *Jede einzelne dieser Messungen widerlegt das Fallgesetz*. Der Naturwissenschaftler wird dagegen keineswegs diesen Schluß ziehen, sondern sagen,
daß die tatsächlichen Messungen mit den aus dem Gesetz ableitbaren Vor-
aussagen „gut im Einklang" stehen.

Wie ist diese Situation wissenschaftstheoretisch zu deuten? Der naheliegendste Weg dürfte der folgende sein: Wir unterscheiden zwischen
außersystematischen und *systematischen Basissätzen*. Die Aussagen, in welchen
die oben erwähnten faktischen Meßwerte wiedergegeben werden, bilden die
außersystematischen Basissätze. Das Prädikat „außersystematisch" soll dabei
andeuten, *daß es nicht diese Aussagen sind, welche wir mit dem zu überprüfenden
Naturgesetz konfrontieren*. Die außersystematischen Basissätze bilden vielmehr bloß die Grundlage, um eine *statistische Hypothese* über den sogenannten *wahren gemessenen Wert* aufzustellen. Diejenige unter diesen statistischen
Hypothesen, welcher auf der Grundlage der tatsächlich gewonnenen Meßresultate (in formaler Sprechweise: auf der Grundlage der außersystematischen Basissätze) der Vorzug gegeben wird, bildet dann den *systematischen
Basissatz*, welchen wir zur Überprüfung unserer Hypothese benützen. Auf
Grund der oben angestellten Überlegungen können wir die folgende Charakterisierung systematischer Basissätze geben: *Es handelt sich dabei jeweils um
diejenige statistische Hypothese, welche auf der Grundlage der in den außersystematischen Basissätzen festgehaltenen Erfahrungsdaten die größte Likelihood besitzt*.

Wie POPPER einmal treffend bemerkte, überprüfen wir stets Hypothesen höherer Ordnung mittels solcher niedrigerer Ordnung. Das merkwürdige Ergebnis, zu dem unsere kurze Analyse führte, besagt nun, daß wir im
quantitativen Fall, wenn also die Hypothesen mittels metrischer Begriffe formuliert sind, als Prüfungsbasis stets eine *statistische* Hypothese zu verwenden haben, und zwar ganz unabhängig davon, ob das zu prüfende Gesetz
statistischer *oder deterministischer* Natur ist!

Dies hat insbesondere die Konsequenz, daß sich die Theorie der Überprüfung quantitativer Hypothesen in *jedem* Fall auf eine logische Grundlegung der statistischen Testtheorie stützen muß. *Ein* Motiv für die Wichtigkeit einer solchen Grundlegung dürfte damit deutlich geworden sein.

Der Leser lasse sich durch den mehrfachen verwendeten, zweifellos
etwas irreführenden Ausdruck „wahrer Wert einer gemessenen Größe"
nicht zu Fehldeutungen verleiten. Wir haben hierbei nur ein in der Statistik
gebräuchliches Wort übernommen. Das Entscheidende ist allein dies, daß
in jedem Fall *eine akzeptierte statistische Hypothese* die Beurteilungsbasis für
eine quantitative Gesetzeshypothese bildet.

Es mag allerdings der Fall sein, daß sich auch die eben skizzierte statistische Auflockerung des Begriffs des Basissatzes in vielen Fällen als inadäquat erweist, da die Gefahr noch immer zu groß ist, gewisse Hypothesen als

falsifiziert ablehnen zu müssen, die vom inhaltlichen Standpunkt als empirisch gut bestätigt anzusehen sind. Eine *weitere Liberalisierung* von folgender Art müßte dann Platz greifen: Statt einer gemessenen Größe einen bestimmten wahren Wert hypothetisch zuzuordnen, müßte man sich damit begnügen, ein Wert*intervall* anzugeben. Die systematischen Basissätze wären dann nicht mehr Hypothesen über das Vorliegen *genau bestimmter Werte*, sondern *statistische Intervallhypothesen*. Ein quantitatives Gesetz würde als mit den Beobachtungen im Einklang befindlich betrachtet werden, sofern die theoretisch ermittelten Werte in die durch diese systematischen Basissätze festgelegten Intervalle hineinfallen.

Nachtrag

Die Ausführungen in 8.e auf S. 104f. sind nicht ganz korrekt. Die Übersetzung quantitativer Gesetze in die qualitative Sprache ist zwar nicht ohne weiteres möglich. Aber die auf S. 103 geschilderte Methode ist prinzipiell stets anwendbar, sofern man bereit ist, höhere Dimensionszahlen in Kauf zu nehmen. Betrachten wir etwa das Gasgesetz von S. 105: Wenn nichts weiter zur Verfügung steht als die Feststellung, daß Temperatur und Druck zugenommen haben, so kann man nicht sagen, ob das Volumen zugenommen oder abgenommen hat oder ob es gleichgeblieben ist. Doch läßt sich das qualitative Approximationsverfahren auch hier benützen. Nur muß man in die dritte Dimension übergehen, da es sich um eine Relation zwischen drei Größen handelt. An die Stelle der Kurve von Fig. 8-2 würde jetzt eine Fläche treten. Daher wäre im klassifikatorischen Analogon eine Unterteilung des Raumes in Würfel vorzunehmen (entsprechend der Unterteilung einer Fläche in Quadrate, die in Fig. 8-3 angedeutet worden ist).

In allen diesen Fällen liefert das klassifikatorische Analogon zusammen mit dem quantitativen Gesetz eine gute Illustration für den Unterschied zwischen den Tätigkeiten des Experimentators und des Theoretikers. Ersterer bedient sich immer eines approximativen Verfahrens; letzterer idealisiert die empirischen Befunde durch Angabe einer analytischen Funktion.

Kapitel II

Konvention, Empirie und Einfachheit
in der Theorienbildung

1. Variable Deutungsmöglichkeiten von Theorien:
Das Beispiel der Newtonschen Mechanik

1.a Bei der Beschäftigung mit den Begriffsformen konzentrierte sich unsere Aufmerksamkeit hauptsächlich auf das Zusammenspiel der fünf Komponenten: empirische Befunde, hypothetische Verallgemeinerungen von Erfahrungen, Festsetzungen, Einfachheitsbetrachtungen und Fruchtbarkeitsüberlegungen. Es stellte sich heraus, daß diese Komponenten in ganz bestimmter Weise zusammenspielen und daß sich dieses Zusammenspiel auch wissenschaftstheoretisch genau verfolgen und analysieren läßt.

Wenn wir uns wissenschaftlichen Theorien zuwenden, so tritt ganz zwanglos die Frage auf, ob sich hier eine analoge Beobachtung machen läßt. Obwohl diese Frage im Prinzip zu bejahen ist, muß doch bereits an dieser Stelle darauf hingewiesen werden, daß sich gegenüber den Resultaten in I vier Besonderheiten ergeben werden. Erstens ist streng zu unterscheiden zwischen vollständig interpretierbaren *empirischen* Gesetzen und bloß teilweise deutbaren *theoretischen* Gesetzen. Alle interessanteren und wichtigeren Theorien enthalten ganze Netzwerke theoretischer Konstruktionen sowie theoretische Prinzipien, die derartige Konstruktionen verwenden. Zu diesem theoretischen „Überbau" führen vom Bereich der Erfahrung nur sehr indirekte Kanäle. Dementsprechend wird auch die Überprüfung theoretischer Gesetze zu einer meist sehr indirekten Prüfung. Mit diesem Sachverhalt werden wir uns in späteren Kapiteln noch ausführlich beschäftigen. Zweitens wird sich herausstellen, daß *Festsetzungen* oder *Konventionen* bei der Theorienbildung eine noch wichtigere Funktion haben als beim Übergang von niedrigeren zu höheren Begriffsformen. Das tritt besonders deutlich dann zutage, wenn man die Frage aufwirft, ob der physikalische Raum euklidische oder nichteuklidische Struktur habe, sowie bei dem Problem der kombinierten Raum-Zeit-Metrik. Drittens spielen auch diesmal intuitive *Einfachheitsüberlegungen* bei der endgültigen Entscheidung für die eine oder die andere Form der theoretischen Weltbeschreibung eine ganz zentrale Rolle. Diese beiden Punkte werden im zweiten und dritten Abschnitt dieses Kapitels zur Sprache kommen.

Im vorliegenden Abschnitt soll dagegen der vierte und wichtigste neuartige Gesichtspunkt erörtert werden: Während sowohl bei den qualitativen als auch bei den komparativen und quantitativen Begriffen die Rolle von Festsetzungen einerseits, Erfahrungen und hypothetischen Verallgemeinerungen daraus andererseits eindeutig fixiert ist, gilt dies jetzt nicht mehr. *In allen wichtigeren und interessanteren Theorien sind die Rollen von Festsetzungen und hypothetischen Annahmen weitgehend vertauschbar.* Dies soll am Beispiel jenes wissenschaftlichen Systems illustriert werden, mit dem die moderne naturwissenschaftliche Theorienbildung eingeleitet worden ist: der Newtonschen Mechanik[1]. Es wird sich dabei erweisen, daß die endlosen Diskussionen über Fragen wie die, ob das zweite Newtonsche Bewegungsgesetz auf eine Nominaldefinition des Begriffes der Kraft hinauslaufe oder ob es sich dabei um eine theoretische Hypothese handle, *unfruchtbar* sind, *weil diese Frage überhaupt nicht eindeutig beantwortet werden kann.* Wir können gewisse Gleichungen, wie z. B. die gerade erwähnte, als hypothetische Annahmen deuten; wir können sie aber auch als Definition interpretieren, müssen dann jedoch *anderen* Sätzen des Systems, die ursprünglich als Konventionen galten, eine empirische Deutung geben.

1.b Wir beschränken uns auf eine wissenschaftstheoretische Diskussion der *drei Bewegungsgesetze* (leges motus) von Newton. Diese Gesetze sollen stets zunächst in der ursprünglichen wortsprachlichen Fassung und dann in der Sprache der modernen Analysis wiedergegeben werden[2]. Um das Auftreten von Mißverständnissen beim Leser zu vermeiden, sei ausdrücklich darauf hingewiesen, daß wir unter dem im folgenden betrachteten wissenschaftlichen System nicht etwa bloß die Konjunktion der drei Bewegungsgesetze verstehen, sondern diese Gesetze zusammen mit zahlreichen weiteren Regeln und empirischen Annahmen, welche die Gesetze erst anwendbar machen und die z. T. je nach der vorgeschlagenen Deutung noch hinzugenommen werden müssen. Die Aufstellung einer möglichst vollständigen Liste dieser Sätze ist für unsere Zwecke nicht erforderlich; es genügt, von Fall zu Fall diejenigen zu erwähnen, auf welche es gerade

---

[1] Angeregt wurde ich zu den folgenden Überlegungen durch die tiefschürfenden Analysen von E. Nagel in [Science]. Das Motiv für die Wahl gerade dieser und nicht einer anderen damit logisch äquivalenten Axiomatisierung ist für mich wie für Nagel dies, daß die vorliegende Fassung die weitaus bekannteste ist und daß sich die damit verknüpften wissenschaftstheoretischen Fragen in bezug auf irgendeine beliebig gewählte Formulierung diskutieren lassen.

[2] Für Literaturhinweise über andere Formulierungen der Newtonschen Theorie sowie für neuere Versuche, die Newtonschen Gedanken dem Präzisionsstandard der modernen Axiomatik anzupassen, vgl. die Fußnote 5 bei E. Nagel [Science], S. 158. Für unsere gegenwärtigen Zwecke ist aus dem in der vorigen Fußnote genannten Grund das Eingehen auf diese Alternativformulierungen und Präzisierungen nicht erforderlich (vgl. aber die weiter unten gegebene Formalisierung).

ankommt. Die aufgestellte These von der Vertauschbarkeit von Festsetzungen und Hypothesen bezieht sich auf dieses Gesamtsystem von Aussagen.

Die Bewegungsgesetze, auch *Axiome von Newton* genannt, lauten (in der wortsprachlichen Fassung fügen wir gelegentlich die von NEWTON selbst verwendeten lateinischen Ausdrücke in Klammern bei):

Bewegungsgesetz I (Axiom I): *„Jeder Körper verharrt in seinem Zustand der Ruhe oder der gleichförmigen gradlinigen Bewegung, außer er wird durch die Wirkung äußerer Kräfte gezwungen, diesen Zustand zu ändern."*

Übersetzungen in die Notation der mathematischen Analysis: Die Vektorsumme der auf den Körper einwirkenden äußeren *Kräfte* sei *F*; *m* sei die *Masse* des Körpers und *v* die *Geschwindigkeit* entlang einer geraden Linie. *F* und *v* sind Vektoren, d. h. mit einer Richtung und Orientierung versehene Größen (Kraftvektor und Geschwindigkeitsvektor); *m* ist eine skalare Größe ohne Richtung und Orientierung. Die Masse *m* ist nach NEWTONs Konzeption eine invariante Eigenschaft des Körpers. Er nannte sie die Quantität der Materie (*quantitas materiae*) des Körpers. Das Produkt *m · v* ist der Impuls des Körpers entlang der schon erwähnten geraden Linie. Das erste Axiom kann daher wortsprachlich auch folgendermaßen ausgedrückt werden: „Wenn der Wert der äußeren Kräfte gleich 0 ist, so ist auch die Änderung von *m · v* pro Zeiteinheit gleich 0". In der Sprache der Analysis kann diese Aussage alternativ in den folgenden drei Wendungen formuliert werden:

(I)   (a) *Wenn $F = 0$, dann* $\dfrac{\mathrm{d}(m \cdot v)}{\mathrm{d}t} = 0$;

oder als:

(b) *wenn $F = 0$, dann* $m \cdot \dfrac{\mathrm{d}v}{\mathrm{d}t} = 0$;

oder schließlich als:

(c) *wenn $F = 0$, dann* $\dfrac{\mathrm{d}v}{\mathrm{d}t} = 0$ (da durch den die invariante Größe *m* designierenden Funktor „*m*" gekürzt werden darf).

Bewegungsgesetz II (Axiom II): *„Die Veränderung (mutatio) des Impulses (der quantitas motus) ist proportional zur Gesamtkraft (vis motrix), die ein Körper erfährt; und diese Veränderung erfolgt längs der Geraden, in welcher diese Kraft wirkt."*

Wieder werde die gesamte Kraft, die auf einen Körper mit der Masse *m* einwirkt, mit *F* bezeichnet. Nach diesem Axiom ist dann also erstens die Änderung des Impulses *m · v* pro Zeiteinheit proportional der Größe *F*; zweitens stimmt die Richtung dieser Änderung mit der Richtung von *F* überein. Mit dem Proportionalitätsfaktor *k* und dem *Vektor a* (für acceleratio) für die Beschleunigung, d. h. für die Änderung der Geschwindigkeit pro Zeiteinheit, also mit $a = \dfrac{dv}{dt} = \dfrac{d^2 x}{dt^2}$, erhält man die äquivalenten Fassungen in der Sprache der modernen Analysis:

(II) (a) $\dfrac{d(m \cdot v)}{dt} = k \cdot F$;

   (b) $m \cdot \dfrac{dv}{dt} = k \cdot F$;

   (c) $m \cdot a = k \cdot F$.

Bei geeigneter Wahl der Größeneinheiten kann $k = 1$ gesetzt werden. Das zweite Bewegungsgesetz lautet dann: $F = m \cdot a$, was sich ebenso einfach durch die bekannte alltagssprachliche Formel: „Kraft ist gleich Masse mal Beschleunigung" wiedergeben läßt.

Bewegungsgesetz III (Axiom III): „*Zu jeder Wirkung (actio) gibt es stets eine gleichgroße Gegenwirkung (reactio) oder: die wechselseitigen Wirkungen zweier Körper aufeinander haben stets denselben Betrag, sind aber entgegengesetzt gerichtet.*"

Wir verwenden wieder dasselbe Symbol „F" zur Bezeichnung einer Kraft, diesmal aber ausgestattet mit zwei unteren Indizes. F_{XY} möge die Kraft sein, welche ein Körper Y auf einen Körper X ausübt. Es wird dann in diesem Gesetz behauptet, daß erstens zu F_{XY} eine Kraft F_{YX} existiert, die der Körper X auf Y ausübt, daß zweitens diese letztere Kraft dieselbe Größe besitzt wie die erste und daß drittens die beiden Kräfte entgegengesetzte Richtung haben. Wenn wir die Umkehrung in der Richtung einer Kraft F dadurch ausdrücken, daß wir dem Vektorsymbol „F" das negative Vorzeichen voranstellen, so gewinnen wir die folgende „stenographische" Kurzfassung des dritten Axioms:

(III) $F_{XY} = - F_{YX}$.

Was die logische Form dieser Gesetze betrifft, so ist zu beachten, daß die angeschriebenen Variablen in der Allinterpretation zu verstehen sind: *Es handelt sich ausnahmslos um unbeschränkte Allsätze.* In der wortsprachlichen Fassung kommt dies im ersten und dritten Axiom explizit durch das erste Wort „jeder" zum Ausdruck; im zweiten Axiom kommt es dadurch zur Geltung, daß darin von *beliebigen* Kräften, die auf *beliebige* Körper wirken, die Rede ist.

Diese im Grunde triviale Feststellung schließt von vornherein *eine* Deutung der Axiome aus: Daß es sich nämlich dabei um nichts weiter als um die Schilderung empirischer Befunde handle. Welche anderen wissenschaftstheoretischen Interpretationen stehen dann noch zur Verfügung? Im Verlauf der Diskussionen über die Newtonsche Theorie sind nicht weniger als sechs verschiedene Interpretationen vorgeschlagen worden:

(1) Die Axiome beinhalten Behauptungen über die reale Wirklichkeit, die jedoch nicht empirisch, sondern ohne jede Bezugnahme auf dieErfahrung begründbar sind. In der bekannten Terminologie KANTs formuliert: Die leges motus sind *synthetische Wahrheiten a priori*.

(2) Die Bewegungssätze sind weder logisch noch auf andere Weise a priori beweisbar. Sie sind aber auch durch Beobachtungen nicht widerlegbar. Denn es handelt sich bei ihnen um *notwendige Voraussetzungen der experimentellen Naturwissenschaften*.

(3) Die Newtonschen Axiome stellen überhaupt nicht Aussagen dar, die ein Wissen beinhalten, sei es ein hypothetisches und revidierbares Wissen, sei es ein definitives Wissen. Vielmehr sind sie *allgemeine Leitsätze für die Erwerbung und Ordnung unseres empirischen Wissens*.

(4) Die Bewegungssätze sind *empirische Generalisationen*, die unter Verwendung „induktiver Verfahren" aus beobachtbaren Phänomenen gewonnen wurden.

(5) Es handelt sich nicht um empirische, sondern um *theoretische Hypothesen*, die zwar durch beobachtbare und experimentelle Tatsachen nahegelegt werden, jedoch durch diese nicht begründbar sind, sondern dadurch nur mehr oder weniger gut bestätigt werden, und zwar bestätigt auf eine bloß sehr indirekte Weise.

(6) Die Axiome NEWTONs haben weder einen empirischen noch einen apriorischen Tatsachengehalt. Es handelt sich bei ihnen in Wahrheit um *versteckte Definitionen oder Festsetzungen (Konventionen)*.

Unser methodisches Vorgehen gegenüber diesen Deutungsmöglichkeiten wird folgendermaßen verlaufen: In einem ersten Schritt werden wir die Deutungsmöglichkeiten im wesentlichen auf zwei reduzieren. In einem zweiten Schritt soll dann die These von der variablen Interpretationsmöglichkeit verifiziert werden.

Da vom logischen Standpunkt auch die obigen Formulierungen in der üblichen Sprache der Analysis noch immer recht ungenau sind, soll vorher eine logische Präzisierung angegeben werden. Die *Wissenschaftssprache* muß die Quantorenlogik mit Identität enthalten und außerdem reich genug sein, um die in der klassischen Analysis benützten Funktionen zu definieren. Am zweckmäßigsten nimmt man an, daß es zwei Sorten von Individuenvariablen gibt: (1) Variable für Zeitpunkte: t, t_1, t_2, ..., t_1', t_2', ...; (2) Variable für Körper: k, k_1, k_2, ... (Dies bedeutet, daß eine zweisortige Logik zugrundegelegt wird. Eine einsortige könnte man daraus in der Weise erzeugen, daß man einen Wertbereich einheitlicher Entitäten zugrundelegt und zwei neue Prädikate „Zx" für „x ist ein Zeitpunkt" und „Kx" für „x ist ein Körper" einführt und All- sowie Existenzsätze in der bekannten Form modifiziert.) Es werden fünf spezielle Funktionen (eine einstellige, zwei zweistellige und zwei dreistellige) für die Charakterisierung von Körpern benötigt, und zwar:

(a) $X(k, t)$ für den Ort des Körpers k zur Zeit t;

(b) $SF(k, t)$ für die Summe der Kräfte, die zur Zeit t auf den Körper k einwirken;

(c) $F(k_1, k_2, t)$ für die von k_1 auf k_2 zur Zeit t ausgeübte Kraft;

(d) $M(k)$ für die Masse von k;

(e) $MV(k_1, k_2, t)$ für das Massenverhältnis von k_1 und k_2 zur Zeit t (dieser Begriff wird nur für einen ganz bestimmten Deutungsversuch des dritten Axioms benötigt).

Von der Funktion $X(y, \chi)$ muß außerdem vorausgesetzt werden, daß sie zweifach nach der Zeit differenzierbar ist.

Da nach Voraussetzung die Zeitpunkte auf die reellen Zahlen abgebildet sind, kann ein (geschlossenes) Zeitintervall durch „$[t_1, t_2]$" und die Dauer dieses Zeitintervalls durch „(t_2-t_1)" wiedergegeben werden. Die Zugehörigkeit eines Zeitpunktes t zum Zeitintervall $[t_1, t_2]$ werde in der mengentheoretischen Symbolik, also durch „$t \, \varepsilon \, [t_1, t_2]$", ausgedrückt. $\ddot{X}(k, t)$ bedeute wie üblich den zweiten Differentialquotienten der Ortsfunktion nach der Zeit, also die Augenblicksbeschleunigung. Statt „$\wedge x_1 \wedge x_2 \ldots \wedge x_n$" schreiben wir der Kürze halber: „$\wedge x_1, \ldots, x_n$". Ferner verwenden wir an dieser Stelle gelegentlich einen Punkt statt einer Klammer zur Verstärkung eines logischen Symbols nach einer Seite.

Die Axiome lauten dann:

(I*) $\wedge k, t_0, t_3 \{\wedge t(t \, \varepsilon \, [t_0, t_3] \rightarrow SF(k, t) = 0) \leftrightarrow . \wedge t, t' \, (t, t' \, \varepsilon \, [t_0, t_3]$

$\rightarrow X(k, t) = X(k, t')) \vee \wedge t_1, t_1', t_2, t_2' (t_1, t_1', t_2, t_2' \, \varepsilon \, [t_0, t_3]$

$\rightarrow . \; t_1'-t_1 = t_2'-t_2 \leftrightarrow X(k, t_1')-X(k, t_1) = X(k, t_2') - X(k, t_2))\}.$[3]

Die linke Seite des Bikonditionals innerhalb der geschlungenen Klammer betrifft die Annahme, daß auf den Körper k innerhalb des beliebigen Zeitintervalls $[t_0, t_3]$ keine Kräfte einwirken. Das erste Adjunktionsglied der rechten Seite betrifft den Fall der Ruhe, das zweite den Fall der geradlinigen gleichförmigen Bewegung.

(II*) $\wedge k, t \, [M(k) \cdot \ddot{X}(k, t) = SF(k, t)]$,

(III*) $\wedge k_1, k_2, t \, [F(k_1, k_2, t) = - F(k_2, k_1, t)]$.

Kehren wir nun zurück zur Frage der Deutung! Zunächst können wir die Deutungsmöglichkeit (1) ausschließen. Kein Apriori-Begründungsversuch der Newtonschen Axiome hat sich als durchführbar erwiesen, soweit diese Axiome überhaupt als synthetische Aussagen aufgefaßt wurden. (Diese Feststellung gilt übrigens für *alle bisherigen Apriori*-Begründungsversuche *irgendwelcher* synthetischer Aussagen.)

---

[3] Das Vorkommen der ersten beiden Symbole „$\leftrightarrow$" statt bloßer Vorkommnisse von „$\rightarrow$" beruht auf einer Vorwegnahme gewisser späterer Deutungsmöglichkeiten.

Anmerkung. Der historisch bedeutsamste und interessanteste apriorische Begründungsversuch des ersten Newtonschen Axioms ist der von D'ALEMBERT. Eine detaillierte Kritik seiner Argumentationsweise findet sich bei E. NAGEL, a. a. O., S. 175 ff. Es sei hier nur kurz erwähnt, daß D'ALEMBERTs Beweisversuch drei Hauptmängel aufweist. Erstens operiert er in seinen Argumenten stillschweigend mit den unklaren Begriffen der *absoluten Ruhe* und der *absoluten Geschwindigkeit*. Zweitens macht er die „selbstverständliche" Annahme, daß man eine Kraft heranziehen müsse, um Änderungen in der gleichförmigen Geschwindigkeit eines Körpers zu erklären, nicht jedoch, um bloße Lageänderungen erklären zu können. Beides ist unhaltbar: Vom rein logischen Standpunkt aus könnten einerseits auch gleichförmige *Beschleunigungen*, ja sogar Beschleunigungs*änderungen ohne* Kräfte erfolgen; andererseits wäre es denkbar, daß man zur Erklärung für bloße *Lageänderungen* Kräfte heranziehen müßte, selbst wenn sich die Lageänderungen auf Grund einer Bewegung mit gleichförmiger Geschwindigkeit ergäben. Drittens appellierte D'ALEMBERT an entscheidender Stelle an *das Prinzip vom zureichenden Grunde*. Es ist leicht zu sehen, daß man sein Argument vollkommen parallelisieren könnte, um die aristotelische Behauptung zu begründen, daß ein Körper fortfährt, Kreisbewegungen zu vollführen, wenn er dies bisher tat und wenn er vom Einfluß äußerer Kräfte befreit wird.

Die Deutungen (2) und (3) sind philosophischer und nicht einzelwissenschaftlicher Natur. Sie sind dementsprechend unklar. Beide könnten unter die berühmt gewordene Kantische Formel von den „Bedingungen der Möglichkeit der Erfahrung" subsumiert werden, die jedoch leider selbst um keinen Deut klarer ist. Bevor man sich um die Klärung der Frage bemüht, ob überhaupt eine Explikation derartiger philosophischer Programme möglich ist, die außerdem sicherlich *nicht* der Intention NEWTONs oder seiner naturwissenschaftlichen Nachfolger entspricht, sollte man sich den übrigen Deutungsmöglichkeiten zuwenden. Für das zweite Axiom wird sich allerdings u. a. eine Interpretation anbieten, die man unter das Schema (3) subsumieren könnte.

Gelegentlich anzutreffende Äußerungen NEWTONs, wonach er seine Prinzipien auf induktivem Wege aus beobachtbaren Phänomenen abgeleitet habe, legen die Deutung (4) nahe. Nun ist aber das wissenschaftstheoretische Selbstverständnis eines großen Naturforschers für die korrekte Deutung seiner Publikationen nicht entscheidend. Dieses Selbstverständnis kann fehlgeleitet sein. Auf unsere Frage angewendet: Es ist ohne Relevanz, ob NEWTON seine Gesetze induktiv gewonnen hat oder nicht, ja selbst, ob es so etwas wie ein derartiges induktives Verfahren überhaupt gibt. Wesentlich ist nur, ob es sich um Tatsachenbehauptungen handelt. Und dafür bilden NEWTONs Äußerungen zweifellos ein positives Indiz. Falls Tatsachenaussagen vorliegen, müssen es zwar nachprüfbare, können aber nicht streng verifizierbare Hypothesen sein; denn es handelt sich, wie bereits bemerkt, ausnahmslos um Allsätze. Worin besteht dann aber — nach Abstraktion von den irrelevanten Reflexionen über das angebliche induktive Zustandekommen — der Unterschied zwischen den Deutungen (4) und (5)?

Die Antwort darauf kann nur lauten: er betrifft weder die Form der Sätze noch die Frage ihrer Überprüfbarkeit, sondern allein *die Natur der in den Bewegungsgesetzen vorkommenden Schlüsselbegriffe.* Die meisten heutigen Wissenschaftstheoretiker haben — aus Gründen, die wir später noch im einzelnen kennen lernen werden (vgl. insbesondere IV) — die Überzeugung der älteren Empiristen fallengelassen, daß solche zentralen Begriffe wie der der Kraft oder der der Masse definitorisch zurückführbar seien auf Begriffe der vollständig interpretierbaren und daher vollkommen verständlichen Sprache des Beobachters. Diese Begriffe sind nur *teilweise* und *indirekt* empirisch deutbar und daher nicht Bestandteil der Beobachtungssprache. Man kann noch ein weiteres Motiv dafür angeben, der Deutung (5) den Vorzug vor der Deutung (4) zu geben, sofern überhaupt nur diese beiden Deutungen zur Diskussion stehen. Es liegt darin, daß NEWTON stillschweigend gedankliche Idealisierungen vornimmt, die seinen Begriffen unmittelbar den Charakter von mehr oder weniger realitätsfremden *theoretischen Konstruktionen* verleihen.

Im zweiten Axiom z. B. wird behauptet, daß die Beschleunigung eines unter der Einwirkung von Kräften stehenden Körpers längs *der Geraden* erfolgt, in welcher die Kraft wirkt. Was aber ist denn *die* Gerade, entlang welcher ein Körper von endlichen Dimensionen eine Beschleunigung erfahren kann? Eine solche Gerade gibt es ganz offenbar nicht: Da der Körper eine *Ausdehnung* besitzt und die Kraft auf den *ganzen* Körper wirkt, werden die einzelnen Teile notwendig entlang *verschiedener* Geraden beschleunigt, theoretisch gesprochen sogar: entlang *unendlich* vieler verschiedener Geraden. Um dieses zwingende Resultat mit der Newtonschen Formulierung zu versöhnen, muß man von der Annahme ausgehen, *daß es sich um Körper handle, deren gesamte Masse jeweils in einem einzigen Punkt vereinigt ist,* also um sogenannte *Massenpunkte.* Dieser Begriff des Massenpunktes stellt jedoch eine theoretische Idealisierung dar, der nichts Reales entspricht. Ein anderes Beispiel bildet die stillschweigende Annahme NEWTONs, daß Raum und Zeit unbegrenzt teilbar sind. Dementsprechend wird vorausgesetzt, daß die den Massenpunkten zuzuschreibenden Geschwindigkeiten und Beschleunigungen jene sind, welche diese Massenpunkte in dem Grenzfall besitzen, wo sich die räumlichen und zeitlichen Erstreckungen dem Grenzwert 0 nähern. In der modernen Alternativfassung der Bewegungsgesetze ist dieser Gesichtspunkt bereits berücksichtigt worden: In den Axiomen ist von *Augenblicks*geschwindigkeiten und von *Augenblicks*beschleunigungen die Rede.

Werte von Größen, die durch derartige Grenzwertbetrachtungen eingeführt worden sind, lassen sich jedoch auf empirischem Wege nicht ermitteln. Selbst wenn wir z. B., wie dies in der klassischen Physik allgemein geschah, von der Annahme ausgehen, daß die Meßgenauigkeit unbegrenzt verbesserungsfähig sei, können wir stets nur bestimmen, eine wie große Weglänge ein

Körper während einer endlichen Zeit*strecke* zurückgelegt hat, d. h. wir können nur seine *Durchschnitts*geschwindigkeit während eines endlichen Zeit*intervalls*, aber nicht seine *Augenblicks*geschwindigkeit zu einem Zeit*punkt* empirisch ermitteln.

E. Nagel und andere gelangten auf Grund solcher Betrachtungen zu dem für sie zwingenden Schluß, daß die Newtonschen Prinzipien *theoretische* Tatsachenpostulate darstellten, so daß nur die Deutung (5) in Frage komme. Hier ist jedoch Vorsicht am Platz. Unter Vorwegnahme späterer detaillierterer Überlegungen sei darauf hingewiesen, daß man streng unterscheiden muß zwischen der ersten Frage, ob *beobachtungsmäßige Kriterien* für die Anwendung eines Begriffs vorliegen, und der davon verschiedenen zweiten Frage, ob der Begriff in der Beobachtungssprache *definierbar* (kurz: beobachtungsmäßig definierbar) sei. Selbst wo keine beobachtungsmäßigen Kriterien vorliegen, wie in den beiden zuletzt erwähnten Fällen, ist jedoch die beobachtungsmäßige Definierbarkeit keineswegs ausgeschlossen, sofern die Beobachtungssprache mit einer geeigneten logisch-mathematischen Apparatur ausgestattet wird. Um überhaupt beurteilen zu können, ob ein vorgelegter Begriff ein *theoretischer* Begriff ist oder nicht, muß absolute Klarheit darüber bestehen, wie das Definiens von „theoretisch" lautet: Undefinierbarkeit in der vollständig gedeuteten empiristischen Sprache (Beobachtungssprache) oder Fehlen beobachtungsmäßiger Kriterien? Die fehlerhafte Gleichsetzung der beiden eben unterschiedenen Fragen hat bis in die jüngste Zeit eine erhebliche Verwirrung in wissenschaftstheoretischen Diskussionen hervorgerufen. Die Konfusion entstand dadurch, daß man unter dem Term „theoretischer Begriff" bzw. „theoretische Konstruktion" zweierlei Verschiedenes verstand (vgl. dazu insbesondere IV, 1 und 2).

Glücklicherweise genügen vorläufig diese Hinweise. *Im gegenwärtigen Kontext* brauchen wir auf dieses diffizile Problem überhaupt nicht weiter einzugehen. Denn was für uns jetzt noch zur Diskussion steht, ist nicht die Entscheidung zugunsten von Deutung (4) oder von Deutung (5), sondern die *radikalere* Alternative: Handelt es sich bei den leges motus um *Tatsachenbehauptungen* — sei es in der Interpretation (4), sei es in der Interpretation (5) — oder um *Festsetzungen?* Insofern können wir also die zwei Deutungsmöglichkeiten (4) und (5) undifferenziert zusammenfassen und der Deutung (6) entgegensetzen.

Die eingangs angekündigte These von der variablen Deutungsmöglichkeit läßt sich jetzt ganz einfach so aussprechen: *Die eben formulierte Alternativfrage ist überhaupt nicht eindeutig entscheidbar.* Um die Richtigkeit dieser These einzusehen, müssen die einzelnen Axiome gesondert unter die Lupe genommen werden.

1.c Um das oben formulierte Problem in bezug auf das *erste Axiom* erörtern zu können, müssen wir uns zunächst Klarheit darüber verschaffen, daß diese Erörterung erst sinnvoll wird, wenn wir nicht weniger als fünf andere Fragen einbeziehen, nämlich:

(a) Welches System der Geometrie legen wir der Beschreibung physikalischer Phänomene zugrunde?

(b) Welches räumliche Bezugs- oder Koordinatensystem benützen wir, wenn wir die Bewegung eines Körpers beschreiben?

(c) Was für ein System der Zeitmetrik wird verwendet?

(d) Von welcher Art ist die benützte Längenmetrik?

(e) Wie beurteilen wir die Anwesenheit und Abwesenheit von Kräften?

Die Berechtigung, die Fragen (a) und (b) einzubeziehen, liegt auf der Hand: Konstellationen und Bewegungen im Raume können nicht beschrieben werden, ohne ein System der Geometrie zu verwenden und ohne ein Koordinatensystem zu benützen. Die Frage (e) ergibt sich daraus, daß in allen drei Gesetzen von Kräften die Rede ist, deren Vorliegen auf wenn auch noch so indirekte Weise empirisch kontrollierbar sein muß. Die Fragen (c) und (d) treten automatisch auf, wenn man nach empirischen Methoden zur Bestimmung der Geschwindigkeiten und Beschleunigungen fragt, von denen in den Axiomen die Rede ist; denn die Definition der Geschwindigkeit (und damit auch die der Beschleunigung) setzt eine Längen- und Zeitmetrik voraus.

Zur Beantwortung der Frage (a) soll dieselbe Antwort gegeben werden, die Newton implizit gegeben hat. Für ihn stellte ja nur die euklidische Geometrie die räumlichen Beschreibungsformen physikalischer Prozesse zur Verfügung. An die Möglichkeit nichteuklidischer Geometrien hatte zu seiner Zeit niemand gedacht. Wir setzen daher im gegenwärtigen Zusammenhang die empirische Gültigkeit der dreidimensionalen euklidischen Geometrie voraus, um unser eigentliches Thema nicht aus dem Auge zu verlieren. Auf die Rolle, welche Konvention, Erfahrung und Einfachheit bei der Entscheidung zugunsten der oder gegen die Annahme einer bestimmten Geometrie spielen, kommen wir in Abschn. 3 zurück.

Ebenso setzen wir voraus, daß ein geeignetes Koordinatensystem zur Beschreibung physikalischer Prozesse gewählt worden sei. Bekanntlich kommt für die Formulierung der Newtonschen Mechanik nicht ein beliebiges System, sondern nur ein sogenanntes Inertialsystem in Frage. Mit dieser weiteren Voraussetzung soll natürlich nicht implizit die Unwichtigkeit dieses Punktes behauptet werden. Vielmehr sollen die mit der Wahl verbundenen erkenntnistheoretischen Fragen nur ausgeklammert werden. Zweierlei muß in diesem Zusammenhang festgehalten werden: Erstens wird durch die Wahl rechtwinkliger cartesischer Koordinatensysteme *eine umkehrbar eindeutige Abbildung der Punkte des Raumes auf die Klasse der Tripel reeller Zahlen* bewerkstelligt. Zweitens werden auch *die Zeitpunkte eindeutig auf die reellen Zahlen abgebildet.* Diese beiden Annahmen bilden eine notwendige Bedingung für die Anwendung der klassischen Kontinuumsmathematik zur Beschreibung von Naturphänomenen.

Anmerkung. Das Problem des geeigneten Koordinatensystems spielte nicht nur für die Formulierung der Grundgesetze, sondern daneben auch im Zusammenhang mit den Erörterungen über den sogenannten *absoluten Raum* eine wichtige erkenntnistheoretische Rolle. An dieser Stelle zeigt sich besonders deutlich der Konflikt zwischen NEWTONs philosophischen Reflexionen und dem wissenschaftlichen Gehalt seiner Aussagen. Was ist unter dem absoluten Raum zu verstehen? NEWTONs mystische Äußerung, daß der absolute Raum „vermöge seiner Natur und ohne Beziehung auf einen äußeren Gegenstand stets gleich und unbeweglich bleibt", ist nicht informativ. Man erhält einen genaueren Aufschluß darüber, was er damit eigentlich meinte, wenn man *seine Argumente zugunsten der Existenz eines solchen Raumes* betrachtet; so etwa den berühmten Eimerversuch oder seine Erklärung für die Abplattung der Erde an den Polen. Zu dieser Abplattung wäre es, um bei dem zweiten Beispiel zu bleiben, nach seiner Auffassung (im Gegensatz zur Ansicht EINSTEINs) wegen der Erdrotation auch dann gekommen, wenn die Erde das einzige Gestirn im ganzen Universum wäre. In bezug worauf würde die Erde dann rotieren? Seine Antwort lautet: In bezug auf den absoluten Raum. Dem physikalischen Gehalt nach handelt es sich dabei also um *eine Entität, die ein ganz bestimmtes Koordinatensystem unter allen übrigen auszeichnet.* Aber auch damit ist noch zuviel gesagt: Die Wendung „eine Entität, die" kann gestrichen werden. In theoretischer Hinsicht bleibt vom Glauben an die Existenz des absoluten Raumes nichts weiter übrig als *der Glaube an die Existenz eines einzigen ausgezeichneten Koordinatensystems.* Wenn NEWTON zwischen *wahrer* und *scheinbarer Bewegung* unterscheidet, so ist die wahre Bewegung diejenige, welche bei Zugrundelegung dieses ausgezeichneten Koordinatensystems beschrieben wird. Gerade diese These von der Auszeichnung eines einzigen Systems aber hätte NEWTON, *entgegen seiner metaphysischen Intention,* preisgeben müssen. Geht man nämlich von diesem bestimmten System K zu einem anderen System K' über, welches sich relativ zu K geradlinig und gleichförmig fortbewegt, so ist auf die Formulierung der Gesetze der Mechanik eine Galilei-Transformation anzuwenden, welche zu Gesetzen *von genau derselben Gestalt* führt. Systeme von der Art des Systems K' lassen sich also gegenüber K überhaupt nicht auszeichnen. Die explizite Formulierung der mechanischen Gesetzmäßigkeiten hatte somit zur Folge, daß der absolute Raum bzw. das *eine* ausgezeichnete Koordinatensystem sich in *die abstrakte Totalität der physikalisch vollkommen gleichwertigen Inertialsysteme K, K', ...* auflöste[4] — ein Effekt, den NEWTON ganz sicher nicht beabsichtigt hatte, da er in klarem Widerspruch stand zu seinen philosophischen Intentionen. Gegen seinen Willen war aus seinen Ideen sozusagen *eine spezielle Relativitätstheorie der Mechanik* hervorgegangen. EINSTEINs erstes bedeutendes Verdienst bestand darin, in seiner speziellen Theorie diese Relativierung auf beliebige Inertialsysteme auch für die Elektrizitätslehre durchzuführen[5].

---

[4] Der Ausdruck „Inertialsystem" stammt nicht von NEWTON selbst. Er wurde erst 1885 von L. LANGE eingeführt.

[5] Moderne astrophysikalische Hypothesen über das „explodierende Weltall" scheinen allerdings die merkwürdige Konsequenz zu haben, eine Rückkehr zur ursprünglichen Newtonschen Vorstellung von einem einzigen ausgezeichneten Koordinatensystem zu erzwingen, relativ auf welches sich der „Explosionsprozeß" beschreiben läßt. Eine Willkür würde dann lediglich bezüglich der räumlichen Bestimmungen vorliegen (Wahl der Koordinatenachsen sowie des Nullpunkts), nicht hingegen in bezug auf die Geschwindigkeiten.

Je nachdem, wie man dagegen die Fragen (c) bis (e) beantwortet, ergibt sich eine andere Deutung des ersten Newtonschen Axioms. Insgesamt gewinnt man vier Deutungsmöglichkeiten:

(*A*) Angenommen, es stehe bereits ein System der Längen- sowie der Zeitmetrik zur Verfügung. Dann kann das erste Axiom *als Kriterium für die Abwesenheit einwirkender Kräfte* verwenden werden (als *einziges*, sofern noch kein anderes verfügbar ist, als *zusätzliches*, wenn bereits andere Kriterien bekannt sind). Wenn man diese Deutung zugrundelegt, so handelt es sich bei dem Axiom um eine Festsetzung: Es enthält nichts weiter als *den Beschluß*, zu *sagen*, daß ein Körper nicht unter der Einwirkung von Kräften steht, wenn er in gleichen Zeiten gleiche Strecken zurücklegt.

Anmerkung. Möglicherweise schwebte D'ALEMBERT diese Deutung vor. Dann hätte er einen überflüssigen Beweisversuch für eine Tautologie unternommen, die sich nach A. EDDINGTON bündig folgendermaßen formulieren läßt: „Jeder Körper beharrt im Zustand der Ruhe oder der gleichförmig geradlinigen Bewegung, es sei denn, er tut dies nicht."

Um diese eben erwähnte Deutung des ersten Axioms von NEWTON durchführen zu können, mußte in der Formalisierung (I*) als junktorenlogisches Hauptzeichen innerhalb der Matrix ein „↔" gewählt werden; sonst wären die formalen Kriterien für eine korrekte Definition nicht erfüllt. Falls man die von NEWTON intendierte Interpretation mit der Deutung (*D*) identifiziert, könnte an dieser Stelle dagegen eine Abschwächung zu einem „→" vorgenommen werden.

(*B*) Angenommen, es gäbe — wieder natürlich unter der Voraussetzung eines zugrundegelegten räumlichen Bezugssystems — ein von diesem ersten Axiom unabhängiges Kriterium für die Abwesenheit von Kräften. Ferner werde auch diesmal vorausgesetzt, daß bereits eine Längenmetrik vorhanden sei. Dagegen wird die Annahme fallen gelassen, daß wir schon über eine Zeitmetrik verfügen. Dann beinhaltet die erste lex motus abermals eine Konvention, diesmal aber anderen Inhaltes: Es wird dadurch der Begriff der *gleichförmigen Bewegung* und damit wegen der vorausgesetzten Längenmetrik der Begriff der *Gleichheit von Zeitintervallen* charakterisiert. Sie besagt ja nun: Sofern auf einen Körper keine Kräfte einwirken — was wir nach Voraussetzung empirisch feststellen können — und dieser Körper nicht ruht, so *sagen wir* gemäß dieser Deutung, daß er empirisch feststellbare gleiche Strecken in *gleichen Zeiten* zurücklegt. Eine Vorrichtung zur Einführung der Zeitmetrik auf dieser Grundlage könnte man als NEWTON-*Uhr* bezeichnen.

Diese zweite Deutungsmöglichkeit ist auch insofern interessant, als sie eine wichtige Ergänzung zu den in I angestellten Betrachtungen über die Einführung der Zeitmetrik beinhaltet: Dort waren wir davon ausgegangen, daß *periodische* Prozesse die Grundlage der Zeitmetrik zu bilden haben. Es zeigt sich nun, daß bei geeigneten Voraussetzungen prinzipiell auch *nicht-*

periodische Vorgänge, wie die gleichförmige Bewegung von Körpern, als Basis für die Zeitmessung benützt werden können.

(*C*) Die Rollen von Zeit- und Längenmetrik in der Deutung (*B*) können vertauscht werden: Ist ein Kriterium für die Abwesenheit von Kräften vorhanden und ist außerdem eine Zeitmetrik verfügbar, so kann das Gesetz *als Kriterium für die Gleichheit von Längen* verwendet werden, sofern nicht Ruhe relativ zum Koordinatensystem vorliegt.

(*D*) Zweifellos steht *keine* der drei bisher geschilderten Deutungen mit NEWTONs eigener Intention im Einklang. Er wollte sein Axiom nicht als eine Festsetzung von der einen oder anderen Art gedeutet wissen, sondern als eine *Tatsachenhypothese*. Selbstverständlich bildet dies keinen Einwand gegen die anderen Deutungen. Sie sind bei den genau angegebenen Voraussetzungen logisch einwandfrei. Aber diese Deutungen sind nicht die einzig möglichen. Um eine Interpretation herbeizuführen, die NEWTONs Intention entspricht, muß neben der Wahl der euklidischen Geometrie sowie eines räumlichen Koordinatensystems *sowohl* ein unabhängiges Kriterium für die Abwesenheit von Kräften *als auch* eine Längenmetrik *als auch* eine Zeitmetrik als bestehend vorausgesetzt werden. *Dann bildet das Axiom eine empirische oder theoretische Tatsachenaussage.*

Es empfiehlt sich, diese Deutungsmöglichkeiten nicht bloß starr einander gegenüberzustellen, sondern den Sachverhalt sozusagen dynamisch zu betrachten, wobei vor allem das Verhältnis von Deutung (*B*) und Deutung (*D*) zu einigen interessanten Aspekten führt. Wir gehen von zwei Annahmen aus: Es werde die Deutung (*D*) zugrundegelegt; außerdem sei das benützte Zeitmaß verhältnismäßig primitiv. Um den letzteren Punkt zu fixieren, setzen wir etwa voraus, daß die Erdrotation die Grundlage der Zeitmetrik bilde. Experimentelle Befunde mögen das erste Axiom zwar in zahlreichen Fällen bestens bestätigen, in einigen Fällen jedoch gewisse Abweichungen von dem Gehalt dieser Aussage liefern. Darauf kann in dreifacher Weise reagiert werden: Erstens kann man den Ausweg wählen zu sagen, daß dieses Axiom *nur approximativ* gilt. Strenggenommen würde dies bedeuten, das Axiom in der gegenwärtigen Fassung als falsifiziert zu betrachten. Zweitens kann man danach trachten, den Widerspruch, der *nur in einigen* Fällen auftritt, dadurch zu beseitigen, daß man ein neues und verbessertes Zeitmaß einführt. Dies bedeutet, daß man an der ersten lex motus als der streng gültigen Hypothese festhält und *die weitere Hypothese hinzufügt*, daß bei der Erdrotation gewisse Irregularitäten auftreten. Das Axiom dient somit als heuristisches Mittel zur Auffindung einer präziseren Zeitmessung. Drittens kann man sich entschließen zu erklären, daß zwei Zeitstrecken als gleich groß anzusehen seien, wenn während dieser Zeiten ein nicht unter der Einwirkung von Kräften stehender Körper gleiche Strecken entlang einer Geraden zurücklegt. Dies würde nichts Geringeres bedeuten, als daß man die Deutung (*D*) doch wieder fallen läßt und auf einem Umweg zur Interpretation (B) zurückkehrt. Der Widerspruch zwischen „Theorie und Erfahrung" wird also nicht in der Weise behoben, daß eine bessere Theorie gesucht wird, sondern daß das, was im ersten Ansatz als Theorie verwendet wurde, in einem zweiten Ansatz *zur Definition der Gleichheit von Zeitstrecken* benützt wird. Zugleich zeigt sich, daß diese dritte Reaktionsweise nur ein Spezialfall der zweiten ist: Es wird wegen des Widerspruchs nach einem besseren Zeitmaß Ausschau gehalten, und als Grundlage dieses verbesserten Zeitmaßes wird eben jenes Gesetz selbst benützt, das zu Widersprüchen mit der Erfahrung führte.

Die dritte Reaktionsmöglichkeit ist geeignet, ein logisches Unbehagen hervorzurufen. Wird hier nicht durch irgendeinen Zaubertrick der empirische Gehalt einer Theorie zum Verschwinden gebracht? Die Antwort muß lauten: Der empirische Gehalt wird nicht weggezaubert, sondern nur *an eine andere Stelle transformiert.* Diese Feststellung liefert zugleich eine wichtige Ergänzung zur Interpretation (B): Wenn man das erste Newtonsche Axiom zur Basis der Zeitmessung machen will, so muß man *einen ganz bestimmten Körper* k_0, der nicht unter der Einwirkung von Kräften steht, als *Standarduhr* wählen. Wenn wir dann sagen, daß zwei Zeitstrecken gleich lang sind, wenn k_0 entlang einer Geraden zwei gleiche Wegstrecken zurückgelegt hat, so ist dies in der Tat *eine Definition.* Daraus folgt aber keineswegs logisch, daß auch die Zeitstrecken, die ein von k_0 verschiedener Körper k_1 unter der Abwesenheit äußerer Wirkkräfte zurücklegt, gleich sein müssen, wenn die zurückgelegten Wegstrecken von k_1 gleich sind. Vielmehr ist dies eine *empirische Behauptung,* die experimentell zu überprüfen ist; denn „zeitlich gleich lang" ist ja ausschließlich durch die Bewegungen des *ersten* Körpers k_0 definiert worden.

Dieser Punkt sei noch etwas eingehender am Beispiel der präzisen Formulierung (I*) erörtert. Die Wahl einer NEWTON-Uhr kommt durch drei Allspezialisierungen bezüglich des Quantorenpräfixes zu dem bestimmten Körper k_0 und den zwar beliebig gewählten, aber bestimmten Zeitpunkten t_0^* und t_3^* zustande. Ferner muß noch die erste Alternative hinter dem Hauptzeichen „↔" (Fall der Ruhe) ausgeschlossen werden. Wir erhalten dann die folgende *bedingte Definition der zeitlichen Gleichheit:*

(1) $\wedge t_1, t_1', t_2, t_2' (t_1, t_1', t_2, t_2' \, \varepsilon \, [t_0^*, t_3^*] \to . \; t_1' - t_1 = t_2' - t_2$

   $\leftrightarrow X(k_0, t_1') - X(k_0, t_1) = X(k_0, t_2') - X(k_0, t_2))$

Diese Definition (1) tritt also bei der Interpretation (B) *an die Stelle* des ursprünglichen Axioms (I*). Die Auszeichnung des Körpers k_0 zur Definition gleicher Zeitstrecken ist hiermit explizit gemacht worden. Sollte zu einem anderen Körper k_1 übergegangen werden, so würde die auf ihn bezogene Formel — sie heiße etwa (2) — gleich lauten wie die für k_0 geltende Aussage (1). Während jedoch (1) eine *Definition* der Zeitmetrik beinhaltet, wäre (2) eine *empirische* Tatsachenbehauptung über den Körper k_1 und zwar wegen des universellen Charakters dieser Aussage sogar genauer: eine *hypothetische* Tatsachenbehauptung über k_1.[6]

Um die auf der NEWTON-Uhr beruhende Zeitmetrik vollständig zu machen, müßte noch eine Wahl der *Zeiteinheit* getroffen werden. Da wir die Existenz einer Längenmetrik bereits als gegeben voraussetzten, würde dies auf die Festsetzung hinauslaufen, daß zwei Zeitintervalle den Wert 1 erhalten, wenn der Standardkörper k_0 eine bestimmte Wegstrecke (z. B. 1 cm oder 1 m) durchläuft.

Anmerkung. Um vom ursprünglichen ersten Newtonschen Axiom überhaupt zur Definition einer Zeitmetrik zu gelangen, wurde in (I*) und analog in (1) das letzte Vorkommen von „↔" statt eines bloßen „→" gewählt. Wenn man dagegen NEWTONs Intention, eine Tatsachenbehauptung zu formulieren, wiedergeben möchte, darf man auch hier eine Abschwächung von „↔" zu „→" vornehmen. In diesem Fall könnte die Formel (I*) weiter vereinfacht werden:

Das erste Adjunktionsglied hinter dem logischen Hauptzeichen „↔" in der Matrix von (I*) könnte gestrichen werden (intuitiv gesprochen: die Ruhe dürfte als Spezialfall der geradlinigen gleichförmigen Bewegung gedeutet werden). Der Leser überlege sich zur Übung, warum bei unserer gegenwärtigen Interpretation dieses erste Adjunktionsglied *nicht* gestrichen werden darf.

Die eben angedeutete Möglichkeit der Umformulierung von (I*) tritt zu der bei der Diskussion der Deutung (*A*) erwähnten Abschwächungsmöglichkeit hinzu.

An dieser Stelle bewahrheitet sich erstmals die Ausgangsthese dieses Kapitels, zu der wir bei der Analyse der Begriffsformen kein Analogon gefunden haben: Eine Theorie als *ganze* hat einen faktischen Gehalt. Jede Theorie basiert aber zugleich auch auf Festsetzungen. Es kann sich dann, wie die eben geschilderte Situation zeigt, ergeben, *daß der genaue Ort, an dem wir auf Konventionen stoßen, nicht bestimmbar ist.* Obwohl sicherlich die Theorie als ganze, welche einen faktischen Gehalt besitzt, nicht in ein System von Festsetzungen verwandelt werden kann, lassen sich doch *einzelne* Sätze dieser Theorie in ihrer Rolle als Konventionen oder als Erfahrungssätze wechselseitig vertauschen: Was bei der einen Deutung Erfahrungssatz war, wird bei der anderen Deutung Festsetzung; empirische Hypothesen treten dann trotzdem wieder auf, nur an anderer Stelle.

Diese Beobachtung scheint prima facie eine zusätzliche Stütze für die These zu bilden, daß sich die analytisch-synthetisch-Dichotomie auf der theoretischen Stufe nicht durchführen läßt: *Welche* Sätze der Theorie synthetische Behauptungen darstellen und *welche* auf Festsetzungen beruhen und somit analytischer Natur sind, ist ja, wie wir an einem konkreten Beispiel ge-

---

[6] Analoge Hypothesen lassen sich für beliebige andere Körper k_2, k_3, ... aufstellen; sie können in einfacher Weise zu einer einzigen Allhypothese zusammengefaßt werden. Aus (1) und dieser Hypothese folgt ein Satz, aus dem man durch nochmalige hypothetische Verallgemeinerung für beliebige Zeitpunkte wieder (I*) gewinnt. Diese Formel drückt damit auch jetzt wieder eine Hypothese aus, hat aber ihre Rolle als Definition eines Zeitmaßes verloren.

gesehen haben, nicht entscheidbar. Trotzdem wäre ein derartiger Schluß zugunsten des Quineschen Skeptizismus hinsichtlich der fraglichen Dichotomie voreilig, wie die Diskussion des etwas überraschenden Lösungsvorschlags von CARNAP in VI zeigen wird.

Es ist vielleicht von Nutzen, sich noch kurz zu überlegen, wie es bei Zugrundelegung der Deutung (D) mit den ersten drei Deutungsversuchen steht. Kann man z. B., sofern (D) akzeptiert wird, keine NEWTON-Uhr im Sinn von (B) mehr konstruieren? Sicherlich kann man dies weiterhin tun. Doch muß man sich klarmachen, was dies impliziert. Da bei der Interpretation (D) die Existenz einer unabhängigen Zeitmetrik vorausgesetzt werden muß, die auf der Wahl einer Standarduhr U beruht, hat die Benützung einer NEWTON-Uhr die Konsequenz, daß man die folgende *empirische* Hypothese aufstellt: *Die Zeitmetrik, welche durch die Standarduhr U festgelegt ist, stimmt überein mit der durch die* NEWTON-*Uhr bestimmten Zeitmetrik.* Ganz analog verhält es sich jetzt mit den Deutungen (A) und (C): Im einen Fall würde es sich um die *empirische* Behauptung handeln, daß zwei Kriterien für die Abwesenheit von Kräften stets dasselbe Resultat liefern; im anderen Fall um die ebenfalls *empirische* Behauptung, daß zwei Methoden zur Längenmessung zusammenfallen. Ob man übrigens diese Alternativmethoden zur Metrisierung bestimmter Größen akzeptiert oder nicht — die eben erwähnten empirischen Konsequenzen würden sich in *jedem* Fall bei Zugrundelegung der vierten Deutung ergeben.

Bisweilen ist behauptet worden, daß das erste Axiom auf alle Fälle *empirisch gehaltleer* sei, da die im Wenn-Satz beschriebene Situation — nämlich daß ein Körper frei von auf ihn einwirkenden Kräften ist — überhaupt nicht eintritt. Ein solcher radikaler Standpunkt wäre schon aus rein logischen Gründen anfechtbar: Es ist ein logischer Fehler, einen generellen Wenn-Dann-Satz für tautologisch (und damit gehaltleer) zu erklären, wenn die Bedingungen des Wenn-Satzes nicht aus rein logischen Gründen, sondern bloß *de facto* niemals eintreten[7]. Außerdem kann man, wie NAGEL bemerkt, eine Betrachtung von folgender Art anstellen: Körper sind teils stärkeren, teils schwächeren Zwangskräften ausgesetzt. Unter der Voraussetzung, daß die Bedingungen für eine empirische Deutung gegeben sind[8], kann man somit *empirisch* feststellen, daß mit dem Schwächerwerden der Zwangskräfte der Bewegungszustand eines Körpers von der geradlinigen gleichförmigen Bewegung immer weniger abweicht. Bei Zugrundelegung

---

[7] Man könnte sich außerdem überlegen, ob das erste Axiom nicht als subjunktiver Konditionalsatz deutbar wäre. Doch dürften sich derartige Überlegungen erst dann als fruchtbar erweisen, wenn alle mit diesen Konditionalsätzen zusammenhängenden Fragen gelöst sind. (Vgl. [Erklärung und Begründung], V).

[8] Damit ist natürlich wieder gemeint: Wahl der euklidischen Geometrie, Existenz eines Bezugsystems, Vorhandensein einer vom ersten Axiom unabhängigen Längen- und Zeitmetrik sowie eines unabhängigen Kriteriums für die Anwesenheit und Abwesenheit von Kräften.

dieser Betrachtungsweise ließe sich das erste Bewegungsgesetz auch *als ein Limesaxiom* deuten: Darin wird für die tatsächlichen Bewegungen von Körpern, die alle unter der Einwirkung von Kräften stehen und nach abnehmenden Kräften in einer Reihe geordnet werden, *eine Grenzbewegung postuliert*, die bei Wegfall aller äußeren Kräfte eintreten würde. Diese Interpretation könnte übrigens als zusätzliches Motiv dafür dienen, das erste Axiom nicht als *empirische* Hypothese, sondern als ein *theoretisches* Prinzip zu deuten.

Doch diese Zwischenbetrachtung hat uns vom eigentlichen Thema wieder etwas weggeführt. Unser entscheidendes Resultat besteht in der Erkenntnis, daß die Theorie von NEWTON als ganze zwar sicherlich einen Tatsachengehalt besitzt, daß man es aber auf Grund freier Wahl stets so einrichten kann, daß entweder dieser Tatsachengehalt teilweise im ersten Bewegungsgesetz zur Geltung kommt oder von dort *an eine andere Stelle transformiert* wird.

NEWTON hätte, um den *empirischen Gehalt* seiner Theorie zu demonstrieren, u. a. vermutlich darauf hingewiesen, daß mit seiner Theorie die Planetenbewegungen erklärt werden können (Ableitung der Keplerschen Gesetze). Und er hätte weiter betont, daß die theoretisch abgeleiteten Umlaufbahnen mit den tatsächlich beobachteten Umlaufbahnen übereinstimmen — oder: weitgehend übereinstimmen, wie wir heute vorsichtigerweise sagen müssen — und daß dies eine *empirische Bestätigung* seiner Theorie darstelle. Möglicherweise wäre er noch einen Schritt weiter gegangen und hätte gesagt, daß diese bestätigenden Befunde auch das erste Axiom empirisch bestätigen.

Die beiden ersten Schritte dieser fingierten Argumentation NEWTONs könnten wir akzeptieren; den dritten Schritt hingegen nicht. Denn wie wir gesehen haben, hängt es von einer Reihe anderer Überlegungen und Entscheidungen ab, ob das erste Axiom als Tatsachenhypothese oder als Konvention zu interpretieren ist, und damit auch, ob es einer empirischen Bestätigung überhaupt fähig bzw. bedürftig ist oder nicht.

Mancher Leser wird den berechtigten Eindruck gewonnen haben, daß die Begründung der hier vertretenen These noch nicht beendet ist. Es sollte doch die folgende Behauptung in bezug auf das Axiom (I) erhärtet werden: „Wenn man nicht von vornherein die Deutung (*D*) akzeptiert, nach welcher dieses Gesetz eine Tatsachenbehauptung ist, sondern eine andere Interpretation, nach welcher dieses Gesetz eine bloße Konvention zu sein scheint, so *verlagert* sich der Tatsachengehalt nur an eine *andere* Stelle." Dem könnte man entgegenhalten: Diese Behauptung ist nur in bezug auf die Deutungsversuche (*B*) und (*C*) begründet worden. Bei diesen zwei Deutungen tritt die Notwendigkeit einer *empirischen Hypothesenbildung* in dem Augenblick in Erscheinung, wo man von dem für die Definition der Zeitgleichheit (Längengleichheit) benötigten, aber willkürlich ausgewählten Körper zu einem anderen übergeht und von diesem behauptet, daß er *dieselben* Maße liefern wird wie der ausgewählte Körper (vgl. die obigen Bemerkungen zur „Standard-NEWTON-Uhr" k_0).

Wie aber steht es mit der Deutung (*A*)? Wenn die Zeit- und Längenmetrik bereits anderweitig eingeführt ist, hat dann nicht die Deutung (*A*) notwendig einen reinen Konventionalismus in bezug auf das Axiom (I) im Gefolge, *ohne daß man genötigt wäre, an anderer Stelle eine Tatsachenhypothese einzuführen*? Die geradlinige und gleichförmige Bewegung ist dann das Kriterium für die Abwesenheit von Kräften; und das ist auch alles.

Dazu ist zu sagen: Dies *wäre* alles, wenn es keine anderen Kriterien für das Vorliegen von Kräften gäbe. Tatsächlich verfügt man jedoch über andere derartige Kriterien, etwa zur Bestimmung sogenannter statischer Kräfte. Der Sachverhalt sei an dem Unterschied zwischen *Gewicht, schwerer Masse* und *träger Masse* illustriert. Dieses Beispiel hat insofern eine über den gegenwärtigen Kontext hinausgehende Bedeutung, als es zugleich eine der logischen Grundlagen der allgemeinen Relativitätstheorie beleuchtet.

NEWTON hatte als erster erkannt, daß die Schwere oder das Gewicht eines Körpers nicht nur von diesem Körper selbst abhängt, sondern daneben auch von der Entfernung, in welcher sich der Körper von einer ihn anziehenden Masse befindet. Betrachten wir etwa einen Körper *k*, welcher irgendwo auf der Erdoberfläche auf eine Federwaage gelegt wird. Die Masse $M(k)$ dieses Körpers wird auf die Unterlage einen verschiedenen *Druck* ausüben, je nachdem, wie weit die Waage vom Erdmittelpunkt entfernt ist. Diese Tatsache drückt sich in der folgenden Formel aus:

(a) $G(k, t) = M(k) \cdot \mathfrak{g}$.

Hier ist das Gewicht *G* von *k* zur Zeit *t*, d. h. der auf die Unterlage ausgeübte Druck, in eine von der Erdmasse herrührende Feldstärke $\mathfrak{g}$ und einen orts- sowie zeitinvarianten Proportionalitätsfaktor $M(k)$, eben die schwere Masse des Körpers *k*, aufgespalten worden.

Die Formel (a) hat eine völlig analoge Struktur wie eine für die Elektrostatik geltende Gleichung:

(b) $K(k, t) = e(k) \cdot \mathfrak{E}$,

wonach die auf einen Körper *k* wirkenden Anziehungskraft das Produkt aus einer vom angezogenen Körper unabhängigen Feldstärke $\mathfrak{E}$ und einem Proportionalitätsfaktor $e(k)$ bildet, der nur vom Körper selbst abhängt und als *elektrische Ladung* des Körpers bezeichnet wird. Die elektrische Ladung entspricht hier der Masse in der Gleichung (a). Deshalb hatte auch H. WEYL vorgeschlagen, den Proportionalitätsfaktor $M(k)$ in (*a*) als *Gravitationsladung des Körpers k* zu bezeichnen[9]. Diese Gravitationsladung ist genau das, was man auch die *schwere Masse* des Körpers nennt.

Anmerkung: In den Formeln (a) und (b) wurde die übliche „Wald- und Wiesensymbolik" der Physik benützt. Diese ist natürlich vollkommen unexakt. Eine präzise Darstellung würde etwa so aussehen: An die Stelle von „$\mathfrak{g}$" und „$\mathfrak{E}$" hätte eine

---

[9] H. WEYL, Raum-Zeit-Materie, S. 192.

dreistellige Funktion $s(F, x, t)$ zu treten, welche *die Stärke des Feldes F am Ort x zur Zeit t* beschreibt. *Die Kraft, welche ein Feld F auf einen Körper k zur Zeit t ausübt,* wäre durch eine dreistellige Funktion $K(F, k, t)$ zu charakterisieren. Die auf das Feld F bezogene Ladung eines Körpers k zur Zeit t ist durch eine zweistellige Funktion $l_F(k, t)$ darzustellen. An die Stelle der Ausdrücke (a) und (b) hätten dann die beiden folgenden zu treten:

(a*) $K(\mathfrak{g}, k, t) = l_{\mathfrak{g}}(k, t) \times s(\mathfrak{g}, X(k, t), t)$,

(b*) $K(\mathfrak{E}, k, t) = l_{\mathfrak{E}}(k, t) \times s(\mathfrak{E}, X(k, t), t)$.

Hier zeigt sich deutlicher als vorher die vollkommene Parallele zwischen den beiden Formulierungen. Als Ort x in $s(F, x, t)$ muß der Ort des Körpers k zur Zeit t — also $X(k, t)$ in unserer früheren Symbolik — genommen werden. Die Stärke des Feldes an diesem so bezeichneten Ort wird dadurch zu einer Funktionenfunktion (letztes Glied der beiden Formeln).

Betrachten wir nun den Fall, daß derselbe Körper k nicht auf eine Federwaage, sondern auf ein kleines, auf einer ebenen Unterlage stehendes Wägelchen gelegt wird, welches man durch Losschnellen einer gespannten Feder in Bewegung setzt[10]. Die durch die losgeschnellte Feder auf den Körper ausgeübte Kraft F ruft eine bestimmte Beschleunigung $\mathfrak{b}$ des Wägelchens hervor, durch welche die Geschwindigkeit bestimmt ist, mit der das Wägelchen nach dem Stoß geradlinig auf der ebenen Unterlage weiterrollt. Die Reibung der Räder des Wägelchens möge so gering sein, daß man sie vernachlässigen kann. Es gilt die Formel:

(c) $F(k, t) = M^\star(k) \cdot \mathfrak{b}$.

Der hier auftretende Propotionalitätsfaktor $M^\star(k)$ wird als die *träge Masse* von k bezeichnet.

Es hat sich nun herausgestellt, daß die beiden Proportionalitätsfaktoren $M(k)$ und $M^\star(k)$ in (a) und (c) identisch sind, d. h. daß die Allbehauptung gilt:

(d) $\wedge k (M(k) = M^\star(k))$,

wortsprachlich formuliert: *Die schwere Masse und die träge Masse eines Körpers sind stets miteinander identisch.* Daß es sich hierbei um eine Tatsachenbehauptung und keineswegs um eine analytische Wahrheit handelt, wird ersichtlich, wenn man das Verfahren zur Prüfung von (d) betrachtet und diejenigen Erfahrungen beschreibt, die (d) falsifizieren würden: Man untersucht eine Reihe von Gegenständen aus verschiedenstem Material, ferner von verschiedenstem Herkunftsort und verschiedenem Volumen und macht mit ihnen die beiden oben beschriebenen Experimente. Es zeigt sich, daß alle derartigen Objekte, welche beim ersten Experiment dieselbe Federspannung an der Waage erzeugen, beim zweiten Versuch zunächst dieselbe Beschleunigung und schließlich dieselbe Endgeschwindigkeit erhalten.

In der vorrelativistischen Physik mußte die Gültigkeit von (d) als ein rätselhaftes, weil mit den Mitteln dieser Physik unerklärliches Faktum hingenommen werden. Die allgemeine Relativitätstheorie ist u. a. dadurch ausgezeichnet, daß in ihr die Gültigkeit von (d) *logisch* folgt. Dies bedeutet natürlich nicht, daß der Satz

---

[10] Dieses anschauliche Beispiel stammt von REICHENBACH, [Raum-Zeit], S. 259.

von der Gleichheit von schwerer und träger Masse jetzt zu einer logischen Wahrheit würde, sondern nur, daß experimentelle Gegenbeispiele gegen (d) — die nach dem eben skizzierten Verfahren ja prinzipiell gefunden werden könnten — Falsifikationsinstanzen der allgemeinen Relativitätstheorie wären.

Im gegenwärtigen Zusammenhang müssen wir unser Augenmerk aber nicht darauf richten, daß die beiden Proportionalitätsfaktoren in (a) und (c) gleich sind, sondern auf die Tatsache, daß es, wie die Gewichtsbestimmung zeigt, noch andere Methoden zur Messung der Anwesenheit von Kräften gibt. Im Beispiel mit der Federwaage wird die Kräftemessung sogar auf eine Längenmessung reduziert; denn die Federspannung wird ja ihrerseits durch die Bestimmung der *Ausdehnung* der Feder gemessen. Das hier geschilderte Verfahren bildet natürlich nicht die einzige Methode zur Bestimmung sog. statischer Kräfte.

Damit ist aber bereits gezeigt, daß eine rein konventionalistische Deutung des ersten Axioms im Sinne der Interpretation (*A*) nicht möglich ist, *ohne an anderer Stelle eine empirisch nachprüfbare Behauptung aufstellen zu müssen.*

Anmerkung. NAGEL schwächt a. a. O., S. 189, Argumente von der Art des hier vorgebrachten nachträglich wieder ab, indem er darauf hinweist, daß derartige anderweitige Messungen nur in sehr beschränktem Maße möglich sind. Es ist nicht verständlich, was damit eigentlich gesagt werden soll. Denn vom logischen Standpunkt aus ist es ja völlig hinreichend zu zeigen, daß es *irgendwelche Situationen* gibt, in denen Kraftmessungen unabhängig vom ersten Axiom möglich werden, um die Behauptung zurückzuweisen, das erste Axiom könne ohne anderweitigen empirischen Ersatz rein konventionalistisch gedeutet werden.

1.d Auch für das zweite Bewegungsaxiom werde ein geeignetes Bezugssystem vorausgesetzt. Der zentrale Begriff dieses Axioms ist der Begriff der *Kraft*. Man darf wohl mit Recht vermuten, daß NEWTON mit diesem Ausdruck teilweise anthropomorphe Vorstellungen verbunden hat. Wendungen, in denen er von der „Tätigkeit von Kräften", von „lebendigen Kräften" etc. spricht, stützen diese Vermutung. Erst im vorigen Jahrhundert ist es geglückt, anthropomorphe Assoziationen, die sich mit diesem Begriff ebenso wie mit weiteren Begriffen, z. B. den Begriffen „Arbeit", „träge Masse", „Energie", verbinden, aus dem Denken der Naturwissenschaftler auszurotten (wenn auch nicht aus dem Denken der Naturphilosophen).

Anmerkung. Von den Subjektivisten unter den Wahrscheinlichkeitstheoretikern, welche selbst den Begriff der statistischen Wahrscheinlichkeit nach dem Vorgehen DE FINNETTs als einen subjektiven oder personalen Begriff gedeutet wissen wollen, sind gelegentlich Bemerkungen von der Art zu hören, daß wir nur auf dem Wege der *Überredung* dazu gelangt seien, so etwas wie einen objektiven Wahrscheinlichkeitsbegriff zu konzipieren. Dies könnte man im Prinzip zugeben. Nur müßte man hinzufügen, daß damit über die Zulässigkeit dieser Überredung noch gar nichts ausgesagt ist. Es ist nämlich dieselbe Form von „Überredung", durch die wir dazu gebracht worden sind, den physikalischen Begriffen der Kraft und der Energie keine anthropomorphe Deutung mehr zu geben, sondern sie als objektiv meßbare Größen zu interpretieren. Auch der Hinweis darauf, daß die empiristischen Definitionsversuche des statistischen Wahrscheinlichkeitsbegriffs durch v. Mises und Reichenbach versagten, besagt nichts weiter. Um bei der Analogie zu bleiben: Auch die Begriffe der Kraft und der Energie können nicht „empiristisch definiert" werden, wenn darunter die Angabe sowohl notwendiger als auch hinreichender Bedingungen in einer Beobachtungssprache verstanden wird. Vielmehr handelt es sich um theoretische Größen von der in späteren Kapiteln näher beschriebenen Art, die durch sogenannte Korrespondenzregeln mit der Welt der Erfahrung nur in lückenhafter Weise verknüpft sind. Auch den Begriff der „objektiven" oder besser: der statistischen Wahrscheinlichkeit kann man als eine theoretische Größe konzipieren, für die keine empirische Definition, sondern bloß eine indirekte und partielle Deutung gegeben werden kann. Eine solche „Deutung auf Umwegen" kann z. B. mit Hilfe von Regeln erfolgen, die besagen, wie Hypothesen über statistische Wahrscheinlichkeiten zu stützen und zu erschüttern sind.[11]

Wir müssen uns jedenfalls von vornherein darauf beschränken, nur *nicht*-anthropomorphe Deutungen in Betracht zu ziehen. Dann entsteht aber sofort eine Schwierigkeit. Newton selbst hat nämlich keine anderen Verfahren zur Messung von Kräften angegeben als die Feststellung von Impulsänderungen, also die Messung der Beschleunigungen jener Körper, auf welche die Kräfte wirken. Berücksichtigt man dies und bedenkt man weiter, daß im zweiten Axiom nichts weiter als die Proportionalität von Impulsänderung und wirkender Kraft behauptet wird, so scheint das Axiom auf die folgende triviale Tautologie hinauszulaufen: „Die Änderung des Impulses eines Körpers ist proportional der Änderung des Impulses dieses Körpers". In der Tat wurde von Physikern die Ansicht vertreten, daß wir nur die Wahl zwischen zwei Alternativen hätten: *einer anthropomorphen Deutung des Kraftbegriffs oder einer Interpretation des zweiten Axioms als einer Tautologie.* Da die erste Möglichkeit auszuschließen ist, bleibt nur die zweite übrig. Dies ist nun keineswegs so absurd, wie es auf den ersten Blick erscheinen mag. Es wurde auch von jenen Physikern nicht als Absurdität empfunden. Vielmehr sollte damit bloß gesagt werden, daß das zweite Axiom *nur als Konvention* deutbar ist, nämlich als eine Nominaldefinition, durch welche der Begriff der Kraft auf die beiden Begriffe der Masse sowie der Beschleunigung zurückgeführt wird[12]. Vom wissenschaftstheoretischen

---

[11] Der modernste und wohl interessanteste unter diesen Deutungsversuchen ist der von J. Hacking in [Statistical Inference].

[12] Nagel scheint der Meinung zu sein, daß die Anschreibung des zweiten Axioms als einer Identität, nämlich „$F = m \cdot a$", bereits die Deutung als einer analytischen Wahrheit *erzwinge*. Er sagt nämlich, daß diese Formulierung "suggests that what is being asserted is an *identity*, and therefore that the formula expresses an analytical truth" (a. a. O., S. 187). Der mit "and therefore" beginnende Teil ist aber nicht richtig; denn eine Identitätsbehauptung kann, wie jede andere, entweder eine analytische oder eine synthetische Aussage darstellen. Ein Beispiel für eine synthetische Identitätsfeststellung bildet das in der Bedeutungslehre berühmt gewordene Fregesche Beispiel: „der Abendstern = der Morgenstern". Daraus, daß eine Aussage die formale Struktur einer Identitätsfeststellung hat, kann über den analytischen oder synthetischen Charakter der Aussage überhaupt nichts gefolgert werden.

Standpunkt hätte dies immerhin den Vorteil, daß von den beiden theoretischen Begriffen „Kraft" und „Masse" einer auf den anderen reduziert worden wäre. Es muß dann allerdings zwecks Vermeidung einer Zirkularität vorausgesetzt werden, daß der Begriff der Masse unabhängig von diesem Axiom eingeführt worden ist[13].

Die Deutung des zweiten Axioms als einer Definition der Kraft hat die scheinbar merkwürdige Konsequenz, daß auch das erste Bewegungsaxiom als Festsetzung, und zwar im Sinn (A) von 1.c, interpretiert werden muß. Wenn nämlich die Kraft *definiert* ist als Masse mal Beschleunigung, dann kann es kein anderes Kriterium der Abwesenheit von Wirkkräften geben, als die Gleichförmigkeit einer Bewegung. Diese Konsequenz ist deshalb etwas überraschend, weil man auf Grund unserer These von der variablen Interpretationsmöglichkeit erwarten würde, daß eine bestimmte Beantwortung der Frage „Festsetzung oder Erfahrungstatsache?" für *ein* Axiom eine *andersartige* Beantwortung für die übrigen Axiome zur Folge haben würde, daß also z. B. der Tatsachengehalt vom ersten Axiom auf das zweite „verschoben" werden könnte oder umgekehrt vom zweiten auf das erste. Die eben angestellte kurze Überlegung zeigt, daß dies eine zu einfache Vorstellung wäre. Vielmehr kann die Deutung eines Axioms als Konvention durchaus zur Folge haben, daß auch ein anderes als Konvention von bestimmter Art aufzufassen ist. Der logische Grund für diesen Sachverhalt soll am Ende dieses Abschnittes angegeben werden.

Ganz unabhängig davon wieder, wie NEWTON selbst über die Sache dachte, kann man die Frage stellen, ob es nicht doch eine Möglichkeit gibt, das zweite Axiom als eine Tatsachenbehauptung zu interpretieren. Diese Möglichkeit besteht sicherlich. Die oben erwähnte Alternative: „entweder anthropomorphe Deutung des Kraftbegriffs oder Deutung des zweiten Axioms als einer Nominaldefinition der Kraft" ist nämlich falsch. Es wird dabei die stillschweigende Voraussetzung gemacht, daß es keine Methoden gibt, Kräfte zu messen, die vom zweiten Axiom unabhängig sind. Ohne auf die schwierige Frage nach dem Vorhandensein solcher direkter oder indirekter Methoden einzugehen, können wir jedenfalls die Wenn-Dann-Feststellung treffen: *Wenn es solche Methoden gibt, dann kann das zweite Bewegungsgesetz (und damit auch das erste Axiom) als Tatsachenbehauptung interpretiert werden*[14]. Es *kann* so gedeutet werden, *muß* jedoch auch in diesem Fall nicht unbedingt so gedeutet werden. Vielmehr könnte man diese anderen (hier

---

[13] Es möge nicht übersehen werden, daß mit dieser definitorischen Deutung der Anthropomorphismus aus dem Kraftbegriff *nicht* eo ipso eliminiert ist. Die träge Masse wurde nämlich lange Zeit hindurch ihrerseits definiert als *der Widerstand*, den ein Körper einer Änderung seiner Lage entgegensetzt. Und dieser Begriff des Widerstandes wurde dabei durchaus in einem subjektiv-anthropomorphen Sinn verstanden.

[14] *Daß* es derartige andere Methoden gibt, ist gegen Ende von 1.c gezeigt worden.

nur fiktiv angesetzten) Methoden *zusammen* mit dem zweiten Axiom als Mittel zur partiellen Charakterisierung des Kraftbegriffs auffassen. Insgesamt würden wir allerdings ein System von Aussagen mit *empirischen* Konsequenzen erhalten (ähnlich wie dies bei CARNAPs Methode der Reduktionssätze der Fall ist; vgl. dazu die Diskussion in IV, 1).

Wie NAGEL hervorhebt, läßt sich die Frage, *in welcher Weise* das Axiom empirisch zu deuten ist, überhaupt erst dann sinnvoll diskutieren, wenn man explizit angibt, auf welche speziellen Arten von Funktionen die im Axiom nur allgemein charakterisierte Kraftfunktion F zu beschränken ist. Die Natur einer derartigen Funktion wird im allgemeinen abhängen[15]:

(1) von bestimmten *Konstanten* (entweder universellen Konstanten oder speziellen Konstanten, die für das betrachtete physikalische System charakteristisch sind);

(2) von den relativen *räumlichen Abständen* zwischen den untersuchten physikalischen Systemen;

(3) von gewissen *zeitlichen Abständen;*

(4) von den *relativen Geschwindigkeiten* der fraglichen Systeme;

(5) von einer allgemeinen *Form* der Funktion, die sich etwa folgendermaßen beschreiben läßt: der numerische Funktionswert nimmt bei Zunahme der relativen räumlichen Entfernungen ab;

(6) von einer *Einfachheitsüberlegung*, die von dem Prinzip geleitet wird, daß die Kraftfunktion *eine möglichst einfache Gestalt* haben soll.

Vor allem der Punkt (6) ist für uns von Wichtigkeit. Er zeigt, daß hier ebenfalls Einfachheitsbetrachtungen eine große Rolle spielen, wobei der Einfachheitsbegriff nicht formal präzisiert ist, sondern in intuitiver Unbestimmtheit verharrt. Wie NAGEL mit Recht betont, *sind Einfachheitsüberlegungen unerläßlich dafür, eine Barriere gegen eine Tautologisierung des zweiten Axioms zu errichten.* Wenn man nämlich der mathematischen Komplexität der Struktur, welche die Kraftfunktion besitzen soll, keine Einschränkungen auferlegt, so läßt sich stets eine Kraftfunktion konstruieren, deren numerische Werte den Impulsänderungen eines Körpers gleichen. Erst durch die Einfachheitsforderung wird die Klasse der rein logisch möglichen Kraftfunktionen auf eine engere Klasse K reduziert. Wird diese von Physikern nicht ausdrücklich formulierte, tatsächlich jedoch stets hinzugedachte Forderung explizit gemacht, so müßte nach dem Vorschlag NAGELs das zweite Newtonsche Axiom in der folgenden Weise wiedergegeben werden:

Axiom (2): „Für jede Impulsänderung eines Körpers mit der Masse m existiert eine Kraft F, so daß $F \varepsilon K$ und $F = m \cdot a$" (wobei a wieder die Beschleunigung des Körpers ist).

---

[15] Es werden die Faktoren aufgezählt, von denen die Gestalt der Funktion abhängen *kann*. Selbstverständlich braucht sie nicht von *allen* diesen angeführten Faktoren abzuhängen.

In der präzisen Symbolsprache von 1.b hätte die Formulierung so zu lauten:

(II) $\wedge k \wedge s \wedge t\,[s = M(k) \cdot \ddot{X}(k, t) \rightarrow \vee f(f \,\varepsilon\, K \wedge f(k, t) = s)]$

(oder noch kürzer: $\wedge k \wedge t \vee f\,[f \,\varepsilon\, K \wedge f(k, t) = M(k) \cdot \ddot{X}(k, t)])$.

Erst nach Bestimmung des genauen Umfanges von K erhält dieses Axiom eine genaue Bedeutung. In dieser Fassung ist das Axiom dann nicht nur nicht verifizierbar, sondern *auch nicht widerlegbar*. Man erkennt dies, wenn man bedenkt, daß es eine kombinierte Existenz- und Allaussage darstellt und daß sowohl das „für jede" als das „es existiert" sich auf einen unendlichen Bereich bezieht (letzteres wegen der Unendlichkeit von K). Nun ist zwar die Behauptung, daß derartige komplexe Aussagen empirisch sinnlos seien — wie dies von empiristischen Philosophen behauptet worden ist —, unhaltbar[16]. Aber diese Nichtverifizierbarkeit wie Nichtfalsifizierbarkeit hat doch verständlicherweise zu einer Deutung von der Art der in 1.d unter (3) erwähnten Interpretationsversuche geführt, nämlich *als einer methodologischen Regel, welche dem Physiker rät, wonach er zu suchen habe, wenn er die Bewegungen von Körpern analysiert.*

Falls der Physiker in einem konkreten Fall das nicht findet, was die Regel ihm zu finden verspricht, so braucht er sie dennoch nicht preiszugeben: Hat ihre Befolgung bisher *stets* zum Erfolg geführt, so kann er zumindest hoffen, daß dies auch in Zukunft so sein werde. Ja selbst, wenn er mit dieser Regel nur bisweilen Erfolg hatte, kann er sich weiter auf sie stützen, etwa auf Grund einer Überlegung von der Art, *daß eine Regel, deren Befolgung bisweilen von Erfolg gekrönt ist, noch immer besser ist als eine, die niemals zum Erfolg führt.* Wenn allerdings diejenigen, welche eine Regel befolgen, in bestimmten Bereichen immer Mißerfolge haben, so wird dies schließlich den Effekt haben, die Regel preiszugeben. Das war auch tatsächlich das Schicksal der zweiten lex motus. Womit sich denn zeigt, *daß selbst bei dieser scheinbar etwas ausgefallenen Deutung als einer methodologischen Regel dem zweiten Axiom der empirische Gehalt nicht abzusprechen ist.* Denn was empirisch gehaltleer ist, kann auch nicht *auf Grund bestimmter Erfahrungen* preisgegeben werden.

Die eben erwähnte Deutung ist aber nicht die einzig mögliche. Zu einer anderen Deutung gelangt man, wenn man die Frage stellt: Welche speziellen mechanischen Probleme können mittels dieses Axioms gelöst werden? Die unmittelbare Antwort darauf müßte lauten: *Überhaupt keine.* Um zu derartigen Lösungen zu gelangen, müssen stets *Kraftfunktionen von ganz bestimmter Struktur* gewählt werden, in denen gewisse Funktionen, welche andere Größen repräsentieren, sowie Größenkonstante in bestimmter Weise miteinander verknüpft sind. Ein einfaches Illustrationsbeispiel bildet das ebenfalls auf Newton zurückgehende *Gravitationsprinzip.* Danach ist die zeitliche Impulsänderung von zwei betrachteten Körpern proportional dem

---

[16] Vgl. dazu die Eröterungen des folgendes Kapitels.

Produkt ihrer Masse und umgekehrt proportional dem Quadrat ihres Abstandes. Sind m und M die Massen zweier Körper, $\mathfrak{r}$ die (vektoriell geschriebene) Koordinate des ersten Körpers und $\mathfrak{r}$ ihr wechselseitiger Abstand, so gilt also die Differentialgleichung der Bewegung:

$$(g) \quad m \cdot \ddot{\mathfrak{r}} = \varrho \cdot \frac{m \cdot M}{\mathfrak{r}^2},$$

wobei ϱ ein konstanter Proportionalitätsfaktor (die Gravitationskonstante) ist. (Auch diese Formel wäre wieder in die frühere präzisere Symbolik zu übersetzen; wir verzichten darauf, da es sich nur um ein Illustrationsbeispiel handelt und der Leser die Umformulierung leicht selbst vornehmen kann.)

Diese Differentialgleichung ist in der Allinterpretation zu verstehen: Sie gilt für *beliebige* Körper. Ist M_1 dagegen z. B. die Masse der Sonne und m_1 die eines Planeten, so erhalten wir durch Einsetzung von „M_1" für „M" und von „m_1" für „m" in (g) auf der rechten Seite *den Namen einer speziellen Kraftfunktion*. Der Ausdruck „Kraft" oder ein synonymer kommt darin nicht mehr vor, ebensowenig wie in der universellen Aussage (g).

Unter dem gegenwärtigen Gesichtspunkt könnte man das zweite Axiom als *ein abstraktes Schema zur Erzeugung bestimmter Differentialgleichungen* ansehen. Die Gleichung (g) ist ein Spezialfall, der unter dieses Schema fällt. Die Beibehaltung des Wortes „Kraft" bei der Formulierung dieses Schemas ist zweckmäßig, da es einen Sammelnamen für die sehr verschiedenen Kraftfunktionen bildet, die bei den einzelnen mechanischen Problemen auftreten. Es ist aber zu bemerken, daß dieses Wort *nichts weiter* darstellt als einen solchen Sammelnamen.

1.e Der zentrale Begriff des zweiten Axioms ist der Begriff der *Kraft*. Die Problematik dieses Axioms ist daher unmittelbar verknüpft mit der Problematik des Kraftbegriffs. Sucht man hierfür im dritten Axiom nach einer wissenschaftstheoretischen Parallele, so stößt man auf die Problematik des Begriffs der *Masse*. Dies kann man sich am besten dadurch verdeutlichen, daß man zunächst versucht, auch das dritte Axiom als eine *empirische* Aussage bzw. genauer: als eine *Tatsachenhypothese* zu deuten. Sicherlich lag eine derartige Interpretation in der Absicht NEWTONs. Er führte nämlich verschiedene — teils von ihm selbst, teils von anderen durchgeführte — *Experimente* an, durch welche die Behauptung erhärtet werden sollte, *daß bei der Einwirkung eines Körpers auf einen anderen die Impulsänderung des ersten wertmäßig gleich ist der Impulsänderung des zweiten, jedoch entgegengesetztes Vorzeichen hat.*

Da der Begriff des Impulses, ebenso wie der Begriff der Impulsänderung, den Massenbegriff voraussetzt, müßte eine derartige experimentelle Bestätigung zugleich *ein Verfahren zur Messung der Masse eines Körpers* enthalten. Unter der Annahme, daß ein solches Verfahren zur Verfügung stünde, könnte man die Deutung des dritten Axioms als einer Tatsachenhypothese akzeptieren, und die Schilderung derartiger Experimente wäre durchaus sinnvoll. In Analogie zum vorigen Axiom können wir also zunächst nur eine Konditionalaussage formulieren: *Wenn es mindestens eine unabhängige Methode zur Massenbestimmung gibt, dann ist das dritte Bewegungsgesetz als Tatsachenaussage interpretierbar.*

NEWTON selbst war auch der Meinung, daß es eine Methode zur Bestimmung der Masse eines Körpers gibt, die nicht ihrerseits vom dritten Axiom Gebrauch macht. Leider werden jedoch seine Überlegungen an dieser Stelle ganz unklar. Er setzt nämlich die Masse eines Körpers *definitorisch* gleich mit dem Produkt aus der Dichte und dem Volumen dieses Körpers. Während ein unabhängiges Maß zur Bestimmung des Volumens existiert, konnte NEWTON kein Verfahren angeben, mit dessen Hilfe man *ohne vorherige Bestimmung der Masse* die Dichte eines Körpers zu bestimmen vermöchte. Tatsächlich wird ja in der Physik gewöhnlich umgekehrt die sogenannte *mittlere Dichte* eines Körpers oder Körperteiles als der Quotient aus der Masse und dem Volumen des Körpers bzw. des Körperteils definiert und die *Dichte an einem Raumpunkt* als der Grenzwert einer solchen Quotientenfolge oder, anders ausgedrückt: als der Differentialquotient der Massenfunktion an diesem Punkt. (Die letztere Redeweise beruht allerdings auf einer gedanklichen Idealisierung, die wegen der atomaren Struktur der Materie einen stark fiktiven Charakter hat; vgl. dazu auch IV, 3.) NAGEL betrachtet daher NEWTONs Gedanken über die Masse als vollkommen wertlos[17].

Ähnlich negativ dürfte E. MACH über NEWTONs Charakterisierung der Masse gedacht haben. MACH hatte daher versucht, auch das dritte Axiom im Widerspruch zu NEWTONs eigener Intention *als eine neuerliche Festsetzung zu deuten, die zu einer Massendefinition führt.* Die Machschen Überlegungen sind allerdings etwas komplizierter als die sozusagen „geradlinigen" Betrachtungen, welche im Fall des zweiten Axioms zu einer konventionellen Deutung führten.

Der intuitive Grundgedanke ist der folgende: Es seien k_1 und k_2 zwei Körper. Die Gesamtheit der Kräfte, die zur Zeit t auf k_1 einwirken, sollen von k_2 herrühren; und umgekehrt werden auf k_2 nur von k_1 Kräfte ausgeübt. Die Beschleunigung, welche k_1 erfährt, ist dann ebenfalls nur durch k_2 induziert; sie möge $a_{k_2 k_1}$ genannt werden. Analog ist $a_{k_1 k_2}$ die Beschleunigung von k_2, die durch k_1 hervorgerufen wurde. Das Verhältnis der Massen $M(k_1)$ und $M(k_2)$, also $M(k_1)/M(k_2)$ ist dann gleich dem mit negativem Vorzeichen genommenen Verhältnis von $a_{k_1 k_2}$ zu $a_{k_2 k_1}$; oder anders ausgedrückt:

$$M(k_1) \cdot a_{k_2 k_1} = - M(k_2) \cdot a_{k_1 k_2}.$$

---

[17] Dies erscheint mir allerdings als eine zu weit gehende Behauptung. Denn daraus, daß NEWTON selbst nicht in der Lage war, ein vom Massenbegriff unabhängiges Kriterium der Dichte zu liefern, folgt ja nicht, daß es kein derartiges Kriterium geben kann. Wird aber ein solches gefunden, dann hören NEWTONs Überlegungen sofort auf, wertlos zu sein.

Zur formalen Präzisierung dieses Machschen Gedankens knüpfen wir zweckmäßigerweise an den gegen Ende von 1.b eingeführten Symbolismus an[18]. Zunächst bedenken wir, daß wegen der gemachten Voraussetzung $a_{k_1 k_1}$ die *Gesamt*beschleunigung des Körpers k_1 ist und ebenso $a_{k_1 k_2}$ die *Gesamt*beschleunigung des Körpers k_2. Wir können daher die erstere durch $\ddot{X}(k_1, t)$ und die letztere durch $\ddot{X}(k_2, t)$ wiedergeben. Zweitens müssen wir uns von der Verwendung der Funktion $M(x)$ befreien. Eine derartige Verwendung wäre ja nur dann statthaft, wenn uns der Begriff der Masse bereits zur Verfügung stünde. MACH ging es dagegen gerade darum, das dritte Axiom so umzudeuten, daß es sich für eine Massendefinition eignet. Wir müssen daher das Massenverhältnis von k_1 und k_2 zur Zeit t durch den *dreistelligen* Relationsausdruck „$MV(k_1, k_2, t)$" wiedergeben. Die Formalisierung des dritten Bewegungsgesetzes in der Machschen Deutung würde daher so lauten:

$$(\mathrm{III}_M) \quad \wedge \, k_1, k_2, t \left[\Big(SF(k_1, t) = F(k_2, k_1, t) \wedge SF(k_2, t) = F(k_1, k_2, t) \Big) \right.$$
$$\left. \rightarrow MV(k_1, k_2, t) = -\frac{\ddot{X}(k_2, t)}{\ddot{X}(k_1, t)} \right].$$

MACHS Vorgehen kann jetzt weiter folgendermaßen rekonstruiert werden: Die eben angeschriebene Aussage wird als eine bedingte Definition des Begriffs des Massenverhältnisses zweier Körper angesehen, in dessen Definiens nur mehr der empirische Begriff der Beschleunigung benützt wird. Ferner wird einem *ausgewählten Standardkörper k_2'* zum Zeitpunkt t die Masse 1 zugeordnet. Die dreistellige Relation MV wird dadurch zu einer zweistelligen Funktion, die in Anwendung auf einen beliebigen Körper k dessen Masse zur Zeit t liefert. Die Masse von k zu t ist also zu definieren durch

$$M(k, t) =_{Df} MV(k, k_2', t)$$

Man beachte, daß der Massenbegriff hierbei noch ein auf die Zeit relativierter Begriff ist. Immerhin ist jetzt dieser Begriff auf definitorischem Wege eingeführt worden. Das Ergebnis der Machschen Überlegungen ließe sich daher so formulieren: Ebenso wie das zweite Bewegungsgesetz als eine *Nominaldefinition des Begriffs der Kraft* aufgefaßt werden kann, läßt sich das dritte Bewegungsgesetz als eine *Nominaldefinition des Begriffs der Masse* deuten.

Zu dieser konventionalistischen Umdeutung des dritten Axioms macht NAGEL eine Reihe von kritischen Bemerkungen, in denen er nicht die Deutung als solche angreift, sondern nachdrücklich darauf aufmerksam macht, daß bei dieser Interpretation stillschweigend eine Reihe von *empirischen Annahmen* gemacht wird, die durch experimentelle Befunde zu stützen sind:

(1) Um eine einstellige Massenfunktion $M(x)$ zu gewinnen, muß man annehmen, daß das Massenverhältnis zwischen zwei Körpern zeitinvariant

---

[18] Die von NAGEL verwendete Symbolik (a. a. O., S. 193 ff.) ist undeutlich.

ist, daß es also insbesondere unabhängig ist von der relativen Lage der Körper zueinander sowie auch unabhängig von den relativen Geschwindigkeiten der Körper. Es wird also die Gültigkeit des folgenden Prinzips vorausgesetzt:

$$\bigwedge k_1 . k_2, t_1, t_2 \, [MV(k_1, k_2, t_1) = MV(k_1, k_2, t_2)]$$

(Prinzip der *Konstanz des Massenverhältnisses*).

(2) Es wird weiter vorausgesetzt, daß das Massenverhältnis stets nur zu positiven Zahlen führt:

$$\bigwedge k_1, k_2, t \, [MV(k_1, k_2, t) > 0]$$

(Prinzip der *Positivität des Massenverhältnisses*).

(3) Die dritte empirisch-hypothetische Annahme formulieren wir nur wortsprachlich, da es sich um einen einfachen Sachverhalt handelt, dessen Formalisierung zusätzliche prädikatenlogische Hilfsmittel erfordern machen würde: Es wird vorausgesetzt, daß die als Massen bezeichneten Größen davon unabhängig sind, welche übrigen Eigenschaften die betreffenden Körper besitzen, also z. B. unabhängig von der Temperatur, von elektromagnetischen und sonstigen physikalisch-chemischen Merkmalen. Man könnte vom Prinzip der *Eigenschaftsinvarianz des Massenverhältnisses* sprechen.

(4) Es wird weiter angenommen, daß es sich bei der Masse um eine *extensive Größe* in dem in I präzisierten Sinn handelt, d. h. daß das folgende *Prinzip der Additivität des Massenverhältnisses* gilt:

$$\bigwedge k_1, k_2, k_3, t \, [MV(k_1 \bigcirc k_2, k_3, t) = MV(k_1, k_3, t) + MV(k_2, k_3, t)] \,.$$

(5) Schließlich muß man, um die *Konsistenz* der Zuordnung von Massenverhältnissen zu den Körperpaaren k_1, k_2 sowie k_1, k_3 und k_2, k_3 zu erreichen, die Gültigkeit eines *Prinzips der Transitivität des Massenverhältnisses* annehmen:

$$\bigwedge k_1, k_2, k_3, t \, [MV(k_1, k_2, t) \cdot MV(k_2, k_3, t) = MV(k_1, k_3, t)]$$

Auch für das dritte Bewegungsgesetz bewahrheitet sich also unsere These, daß eine konventionalistische Umdeutung dieses Prinzips nur möglich ist, wenn die Gültigkeit verschiedener anderer empirischer oder theoretischer *Tatsachenhypothesen* vorausgesetzt wird. Damit beschließen wir die wissenschaftstheoretische Diskussion der drei Newtonschen Axiome.

Um im Leser keine Mißverständnisse hervorzurufen, seien drei Schlußbemerkungen angefügt:

(1) Wir haben unsere Diskussionen auf die drei Bewegungsgesetze beschränkt. Es wäre nun falsch, die Theorie der Mechanik mit der Konjunktion dieser drei „Axiome" gleichzusetzen. Wie insbesondere im Zusammenhang mit der Erörterung des zweiten Axioms deutlich zutage trat, müssen noch spezielle Annahmen über die Kraftfunktion gemacht werden, um überhaupt eine gehaltvolle Theorie zu gewinnen.

(2) Noch aus einem weiteren Grund ist der hier diskutierte Teil der Newtonschen Theorie lückenhaft. Da deren Schlüsselbegriffe keine empirisch definier-
baren Größen, sondern *theoretische Konstruktionen* darstellen, ist die Theorie —
durch welche zusätzliche theoretische Annahmen von der in Punkt (1) erwähnten
Art sie auch ergänzt werden mag — nichts weiter als ein uninterpretierter Kalkül. Um sie zu einer *empirischen* Theorie zu machen, muß sie noch mit eigenen
Zuordnungs- oder *Korrespondenzregeln* ausgestattet werden, welche den abstrakten
Begriffen der Kraft, des Massenpunktes, der Augenblicksbeschleunigung usw.
ihren rein mathematischen Charakter nehmen und sie mit dem Blut der empirischen
Realität ausfüllen. Über die Natur solcher Regeln, die einen unerläßlichen Bestandteil der interpretierten Theorie bilden, wird in späteren Teilen dieses Buches noch
ausführlich zu sprechen sein.

(3) Schließlich muß noch ein in 1.d gegebenes Versprechen eingelöst werden.
Es wurde dort auf eine auf den ersten Blick überraschende Tatsache aufmerksam
gemacht, daß nämlich die Deutung des zweiten Axioms als einer Definition die
konventionalistische Interpretation des ersten Axioms im Gefolge haben muß.
Worauf beruht dies? Die Antwort ist höchst einfach. Wir haben an keiner Stelle
vorausgesetzt, daß die drei Axiome NEWTONs voneinander unabhängig sind. Tatsächlich liegt *keine* solche Unabhängigkeit vor. *Vielmehr ist das erste Newtonsche
Axiom eine logische Konsequenz des zweiten*, wie man durch Integration leicht erkennt.
Merkwürdigerweise wird diese Tatsache in naturphilosophischen Arbeiten meist
nicht erwähnt (auch bei E. NAGEL findet sich kein diesbezüglicher Hinweis). Für
die oben angestellten wissenschaftstheoretischen Diskussionen erwies es sich als
zweckmäßig, diese Tatsache zu vernachlässigen und so zu tun, „als ob" eine Unabhängigkeit bestünde.

2. Die kombinierte Raum-Zeit-Metrik

2.a Einführung der Bewegung. Aufgabe der Theorie der Begriffsformen
ist es, die Einführung einzelner metrischer Begriffe zu analysieren. Zwei der
wichtigsten dieser Begriffe waren die quantitativen Begriffe der Länge und
der Zeitdauer. Die Philosophie der Raum-Zeit-Lehre setzt an der Stelle ein,
wo die isolierte Betrachtung dieser beiden Begriffe rückgängig gemacht
wird und die *kombinierte* Raum-Zeit-Metrik den Gegenstand der Untersuchung bildet.

Daß bei einer solchen Untersuchung völlig neue wissenschaftstheoretische Probleme zutage treten, ist erst mit der Entstehung der Relativitätstheorie deutlich geworden. Strenggenommen muß auch hier wieder eine
Unterscheidung gemacht werden, je nachdem, ob die Raum-Zeit-Mannig-
faltigkeit gravitationsfrei oder gravitationserfüllt ist. Die spezielle Relativitätstheorie bezieht sich auf den ersten Fall, die allgemeine Relativitätstheorie
auf den allgemeineren zweiten Fall, der den ersten als Grenzfall einschließt.
In diesem Abschnitt beschränken wir uns auf die wissenschaftstheoretischen Aspekte des einfacheren ersten Falles. Der zweite kompliziertere Fall
soll im nächsten Abschnitt diskutiert werden, aber nur soweit, daß dabei
die Rolle rationaler Einfachheitsprinzipien bei der Theorienbildung deutlich wird. Darüber hinausgehende Analysen würden weit in das Gebiet der

Naturphilosophie hineinführen, mit deren Einzelheiten wir uns hier nicht beschäftigen können.

Alle zu erörtertenden Probleme treten nur dadurch auf, daß man neben ruhenden physikalischen Systemen auch solche zu betrachten hat, die sich *in verschiedenen Bewegungszuständen* befinden.

Historische Anmerkung. Wie im vorangehenden Abschnitt erwähnt worden ist, hatte die Theorie NEWTONs, ganz im Widerspruch zu seinen metaphysischen Vorstellungen, in dem Sinn eine Relativierung der mechanischen Gesetze im Gefolge, *daß sich die verschiedenen Inertialsysteme als vollkommen gleichberechtigt erweisen:* Falls zunächst jenes Koordinatensystem vorgegeben wird, welches mit dem absoluten Raum verkoppelt ist, so kann man zu einem beliebigen anderen Koordinatensystem übergehen, das sich relativ zum ersten gleichförmig bewegt. Die Transformation, angewendet auf die mechanischen Naturgesetze, liefert wieder Gesetze von völlig gleichartiger Gestalt. Die Auszeichnung des ersten Systems war also willkürlich. In bezug auf seinen naturwissenschaftlichen Gehalt reduziert sich der Begriff des absoluten Raumes auf die unendliche Gesamtheit der Inertialsysteme. Diese Relativierung wäre sogar eine *totale*, wenn man NEWTONs Glauben hinzunimmt, daß sich die ganze Physik auf die Mechanik zurückführen lasse. Insbesondere würde sie sich ganz automatisch auf die Lichtvorgänge erstrecken; denn nach NEWTON ist ein Lichtvorgang mechanisch, nämlich als Teilchenemission, zu deuten.

Erst nachdem alle Hoffnungen, die Elektrizitätslehre auf die Mechanik zurückzuführen zu können, begraben waren und die Wellentheorie des Lichtes entwickelt wurde, schien es wieder zur Auszeichnung eines ganz bestimmten Systems zu kommen. In der Mechanik sind nämlich die Inertialsysteme durch die Galilei-Transformation miteinander verknüpft. Die Anwendung dieser Transformation auf die Grundgleichungen der Elektrizitätslehre liefert jedoch Formeln von anderer Gestalt. Es mußte daher der Eindruck entstehen, als nähmen die Grundgleichungen der Elektrizitätslehre und damit die Gesetze der Optik nur in *einem* Inertialsystem die korrekte Form an. Erst von diesem Ausgangspunkt wird die Aufgabenstellung der speziellen Relativitätstheorie verständlich, nämlich für die Optik die analoge Relativierung durchzuführen wie für die Mechanik. Hätte sich die Theorie als haltbar erwiesen, nach welcher der Lichtvorgang in der Emission von Teilchen besteht, so wäre diese zusätzliche Aufgabe hinfällig geworden. Mit der Theorie NEWTONs wäre bereits alles geleistet gewesen. EINSTEINs Entdeckung bestand darin, daß auch die Grundgleichungen der Elektrizitätslehre in *jedem* Inertialsystem die korrekte Form erhalten, daß der Übergang zwischen diesen Systemen aber nicht, wie in der Mechanik, durch die Galilei-Transformation bewerkstelligt wird, sondern daß auf die Größen und Gleichungen die Lorentz-Transformation angewendet werden muß, um die richtigen Werte zu gewinnen.

Häufig wird der Sachverhalt nun so geschildert, daß durch die Wellentheorie des Lichtes (mit dem Äther als dem Medium der Wellenbewegung) eines der *Newtonschen* Inertialsysteme als das im Äther ruhende durch die Lichtbewegung ausgezeichnet wird[19]. Hierin steckt jedoch ein *logischer Fehler:* Wenn nämlich die Theorie des Elektromagnetismus nicht auf die Mechanik zurückgeführt werden kann, so ist es keineswegs selbstverständlich, daß das im Sinn der erstgenannten Theorie ausgezeichnete System (= jenes, in welchem die Maxwellschen Gleichungen ihre Normalform erhalten) überhaupt mit einem der

---

[19] So z. B. REICHENBACH [Raum-Zeit], S. 178. Auf Grund der folgenden Überlegungen ist der dort ausgeführte Gedankengang anfechtbar.

Inertialsysteme NEWTONs zusammenfällt. Der Ausdruck „Inertialsystem" ist also *zweideutig* geworden. Diese Zweideutigkeit wird durch die spezielle Relativitätstheorie keineswegs aufgehoben. Es wird ja lediglich das ausgezeichnete System *im elektromagnetischen Sinn* zu einer Klasse von Inertialsystemen erweitert, welche sich zu dem ursprünglich scheinbar ausgezeichneten System *analog* verhält, wie die Klasse der Newtonschen Inertialsysteme zu dem durch den absoluten Raum scheinbar ausgezeichneten System. *Diese beiden Klassen brauchen nicht zusammenzufallen, sondern können disjunkt sein!* Das gilt zumindest solange, als es nicht gelingt, Mechanik und Optik zu einer umfassenderen Theorie zu vereinigen. Wenn man daher im Rahmen der Äthertheorie des Lichtes behauptet, daß das eine optisch ausgezeichnete System *zur Klasse der Newtonschen Inertialsysteme gehört* und innerhalb der speziellen Relativitätstheorie die Behauptung aufstellt, *die beiden Klassen von Inertialsystemen seien miteinander identisch,* so ist dies eine zusätzliche — übrigens während der Dauer der Trennung der beiden Theorien prinzipiell unerklärliche — *empirische Hypothese,* die nicht aus den Theorien folgt.

Unabhängig von der erwähnten Zweideutigkeit ist der Ausdruck „Inertialsystem" noch in einer anderen Hinsicht doppeldeutig. Man kann diesen Begriff nämlich erstens so definieren, daß man darunter die abstrakte Totalität der Systeme versteht, in denen die Grundgesetze (z. B. der Mechanik oder der Elektrizitätslehre) die korrekte Form annehmen. In diesem Fall ist noch nichts über den relativen Bewegungszustand dieser Systeme zueinander ausgesagt, ja nicht einmal etwas darüber, ob es nur ein einziges derartiges System oder unendlich viele solche Systeme gibt. Die Aussage, daß sich die Inertialsysteme relativ zueinander geradlinig-gleichförmig bewegen, ist dann eine *empirische Behauptung.* Man kann aber zweitens diesen relativen Bewegungszustand als Definiens von „Inertialsystem" wählen, sofern man ein bestimmtes System angegeben hat, in welchem die Gesetze die korrekte Form annehmen. Was im ersten Fall empirische Behauptung war, wird jetzt zur Definition. Der erste Weg ist vorzuziehen. Es hätte sich ja die aristotelische Vermutung bewahrheiten können, daß nicht die geradlinige, sondern die kreisförmige Bewegung vor allen übrigen Bewegungsformen ausgezeichnet ist.

Wie REICHENBACH mit Recht betont, sind bei der Berücksichtigung von Bewegungen zwei vollkommen verschiedene Fälle zu unterscheiden. Dazu gehen wir aus vom Begriff der *Ruhlänge* einer Strecke[20]. Vorausgesetzt wird zunächst nur, daß eine Längenmetrik im Sinn von I,6 eingeführt worden ist. Die dort gegebene Längendefinition ist nur sinnvoll, wenn man außerdem annimmt, daß sich der verwendete Maßstab relativ zur Strecke *in Ruhe* befindet. Es ist zwar richtig, daß man den Maßstab bewegt, wenn er bei Vornahme der Längenmessung sukzessive auf der Strecke abgetragen wird. Aber *diese* Bewegung kann man unberücksichtigt lassen, da der Maßstab jedesmal, wenn er seine metrische Funktion ausübt, relativ zur Strecke ruht. (Deshalb ist auch bloß eine topologische Anschauung erforderlich, um die Messung durchführen zu können, dagegen keine darüber hinausgehende geometrische oder metrische Anschauung.)

2.b Die beiden Prinzipien des kinematischen Längenvergleichs. Wir gehen jetzt über zum Fall zweier verschiedener physikalischer Systeme, die

---

[20] Vgl. REICHENBACH, a. a. O., S. 179 ff. Die Ausführungen REICHENBACHs finde ich allerdings z. T. irreführend, so daß ich eine etwas andersartige Darstellung wähle.

mit den beiden Koordinatensystemen K_1 und K_2 fest verankert sind. K_1 und K_2 mögen sich relativ zueinander in Bewegung befinden (die Art der Bewegung spielt keine Rolle). Der Einheitsmaßstab s befinde sich zunächst im ersten System K_1. Die in K_1 gemessenen Strecken erhalten auf Grund der (als bereits durchgeführt vorausgesetzten) Längenmetrik eine bestimmte *Ruhlänge* relativ zu s[21]. Nun werde s in das zweite System K_2 transportiert. Besitzt s noch dieselbe Länge wie vorher? Diese Frage ergibt keinen Sinn. Man kann nur *festsetzen*, daß s in K_2 dieselbe Länge besitzen soll wie in K_1 und daher auch in K_2 wieder als Einheitsmaßstab verwendet werden kann.

Diese Festsetzung werde *die erste Regel des kinematischen Längenvergleiches* genannt. Die Behauptung, daß s auch nach dem Transport zu denselben Ergebnissen führen werde, ist jedoch keine Festsetzung mehr, sondern eine *empirisch nachprüfbare* Hypothese. Der Sinn dieser Behauptung ist der folgende: „Wenn außer s noch die gemessenen Strecken von K_1 nach K_2 befördert werden, so werden die Meßresultate in K_2 genau dieselben sein wie in K_1". Ob dem tatsächlich so ist oder nicht, darüber kann nur die Erfahrung befinden! Man beachte, daß hierbei ausschließlich Ruhlängen zueinander in Beziehung gesetzt werden. Es wurde lediglich festgesetzt, daß s nach Beförderung in K_2 *innerhalb von K_2* dieselbe Ruhlänge haben solle wie in K_1. Dagegen wurde noch nichts darüber ausgesagt, welche Länge sich für s nach Beförderung in K_2 ergibt, *wenn man diese Länge in K_1 mißt*, bzw. umgekehrt: welche Länge sich für s in K_1 bei Messung innerhalb von K_2 ergibt. Wir wissen noch nicht einmal, was derartige Messungen *bedeuten* sollen. Dazu ist *ein weiterer Beschluß* erforderlich, der zur zweiten Regel führt.

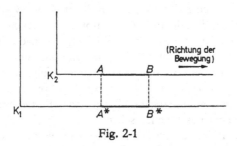

Fig. 2-1

Jetzt machen wir eine weitere Annahme. Wir wählen K_1 als das ruhende System aus und beschließen, alle Messungen in diesem System vorzunehmen. Dann bewegt sich das System K_2 relativ zu K_1. Für eine bestimmte, in K_2 ruhende Strecke habe sich als Ruhlänge der Wert $1 = \overline{AB}$ ergeben (A sei der Anfangspunkt, B der Endpunkt dieser Strecke). Es soll die Frage beantwortet werden: *Welche Länge besitzt diese Strecke, wenn sie in K_1 gemessen wird?*

---

[21] An dieser Stelle sind alle Qualifikationen hinzuzufügen, die wir in I gegeben haben, insbesondere auch was die Frage der Zuordnung irrationaler Zahlenwerte betrifft.

Die naheliegendste Bestimmung ist die folgende: Man projiziert zu einem bestimmten Zeitpunkt t die Endpunkte A und B der Strecke s auf K_1. Der Abstand zwischen den Projektionspunkten $A^\star$ und $B^\star$, die in K_1 liegen, wird ebenfalls in K_1 gemessen. Diese *in K_1 ermittelte Ruhlänge* soll gleich sein der in K_1 gemessenen bewegten Strecke $\overline{AB}$ (vgl. Fig. 2-1). Man beachte genau, daß nach dieser Bedeutungserklärung überhaupt nicht die ursprüngliche Länge, sondern nur *deren Projektion* auf das per definitionem ruhende Koordinatensystem K_1 gemessen wird.

Abermals hat es keinen Sinn zu fragen, ob diese Bestimmung *richtig* sei. Vielmehr handelt es sich wieder um eine Festsetzung, welche *die zweite Regel des kinematischen Längenvergleichs* genannt werden soll. In der vorrelativistischen Physik hatte man die Notwendigkeit für eine derartige Regel nicht erkannt. Dies beruht darauf, daß man mit Selbstverständlichkeit und doch irrtümlich annahm, die mit Hilfe dieser zweiten Regel bestimmte Länge von $\overline{A^\star B^\star}$ werde stets mit der Ruhlänge identisch sein. Was man dabei vollkommen übersah, war die Tatsache, daß man für diese Bestimmung den *Begriff der Gleichzeitigkeit von räumlich entfernten Ereignissen* benötigt und daß dieser Begriff nicht eindeutig festlegt. Daß man an dieser Stelle eine weitere Festsetzung treffen muß, ist bereits in I,5.d gezeigt worden. Diese Festsetzung überträgt sich jetzt aber auf die zweite Regel; denn danach ist ja die Länge einer bewegten Strecke identisch mit dem Abstand zwischen *gleichzeitigen* Lagen der Endpunkte dieser Strecke.

In der obigen Fassung kam dies nur verklausuliert zum Ausdruck: Der Zeitpunkt t soll ja sowohl den Zeitpunkt bedeuten, zu dem A auf K_1 projiziert wird, als auch den Zeitpunkt, zu dem B auf K_1 projiziert wird. Es wird also stillschweigend die Identität von Zeitpunkten räumlich entfernter Ereignisse behauptet, was erst einen Sinn ergibt, nachdem eine solche Gleichzeitigkeit festgelegt wurde. Wie wir von I,5.d her wissen, kann diese Festlegung auf unendlich verschiedene Weisen erfolgen. (Eine Eindeutigkeit wäre nur erzielbar, wenn es keine obere Grenze für die Geschwindigkeit von Signalübertragungen gäbe.) Solange die Festlegung nicht erfolgt, ist die zweite Regel des kinematischen Längenvergleichs unendlich vieldeutig. Die Relativität auf die Gleichzeitigkeitsdefinition wird explizit gemacht, wenn man die zweite Regel des kinematischen Längenvergleichs so formuliert wie REICHENBACH. Danach ist *die Länge einer* (relativ auf das vorgegebene System K_1) *bewegten Strecke gleich dem Abstand gleichzeitiger Lagen ihrer Endpunkte*. (Der Leser überlege sich als Aufgabe, wie eine Änderung der Gleichzeitigkeitsdefinition den Begriff der Länge bewegter Strecken ändert.)

Je langsamer sich K_2 relativ zu K_1 bewegt, in desto geringerem Maße wird sich eine Änderung der vierten Regel der Zeitmetrik bei der Längenbestimmung der bewegten Strecke auswirken. Je größer diese Relativ-

geschwindigkeit ist, desto stärker werden die Projektionen $A^\star B^\star$ von AB
bei einer Änderung der Gleichzeitigkeitsdefinition räumlich entfernter Ereignisse in bezug auf ihre Länge schwanken. Die Länge einer bewegten Strecke
ist also nicht nur von der Gleichzeitigkeitsdefinition, sondern auch von der
Geschwindigkeit — gemessen in dem nach Festsetzung ruhenden System —
abhängig.

Zum Unterschied von I,6, wo die Länge der geraden Kante eines Körpers als eine einstellige Funktion eingeführt worden ist, führt die kombinierte Raum-Zeit-Betrachtung dazu, diesen Begriff als *dreistellige* Funktion
zu konstruieren. Mit v für die Geschwindigkeit und gl für die Gleichzeitigkeitsdefinition schreiben wir also statt $l(x)$ vielmehr: $l(x, v, gl)$ (wortsprachlich: „die Länge des sich mit der Geschwindigkeit v bewegenden x bei
vorausgesetzter Gleichzeitigkeitsdefinition gl"). Es gilt: $l(x, 0, gl) =$
$l(x, 0, gl^\star)$ für beliebige Gleichzeitigkeitsdefinitionen gl und $gl^\star$ mit $gl \neq gl^\star$.
Anders ausgedrückt: Ist die Geschwindigkeit 0, so verschwindet der Ein-
fluß der Gleichzeitigkeitsdefinition auf die Längenmetrik.

Übrigens wird hier zugleich ein weiterer Fehler der klassischen Kine-
matik offenkundig. Selbst wenn sich nämlich wegen des Vorliegens beliebig
großer Signalgeschwindigkeiten eine absolute Gleichzeitigkeit definieren
ließe, würde es eine *empirische Hypothese* bilden zu behaupten, daß die Ruhlänge einer bewegten Strecke mit der Länge von deren Projektion stets zu-
sammenfalle. In der speziellen Relativitätstheorie gilt jedenfalls eine analoge
Behauptung *nicht*. Darin ist vielmehr die Länge der Projektion stets *kürzer*
als die Ruhlänge (es ist dies das Analogon zur Einsteinschen Uhrenverzö-
gerung für die Längenmetrik). Diese Tatsache ist keine logische Folgerung
der bestimmten Wahl $d = 1/2$ in (a) von I,5.d innerhalb der speziellen Relativitätstheorie, sondern eine Folgerung *dieser Theorie* selbst. Damit bildet
diese empirische Hypothese, wonach die Länge eines bewegten Stabes[22]
stets kürzer ist als die eines ruhenden, einen potentiellen Angriffspunkt
gegen die Relativitätstheorie; denn mit der Falsifikation der Hypothese wäre
auch die Relativitätstheorie widerlegt.

Die Abhängigkeit der Länge von der Geschwindigkeit sowie von der
Gleichzeitigkeitsregel hat eine Reihe von Konsequenzen. Die beiden wichtigsten darunter seien erwähnt[23]. Die erste betrifft *die räumliche Konstellation
der über den Raum verteilten Materie*. Der Einfachheit halber stelle man sich
ein System umherschwirrender Massenpunkte vor. Jeder Massenpunkt hat
zu einem bestimmten Zeitpunkt einen genau bestimmten Ort. Da hier wieder
von *einem* Zeitpunkt für Teilchen an verschiedenen Orten die Rede ist, erkennt man sofort, daß eine Relativität auf eine Gleichzeitigkeitsdefinition
vorliegen muß. Ändert man die Gleichzeitigkeitsregel, so wird man für

---

[22] Genauer natürlich: die Länge der oben geschilderten *Projektion* des bewegten Stabes.

[23] Für Einzelheiten vgl. Reichenbach, a. a. O., S. 187—192.

gewisse dieser Massenteilchen einen *anderen* Ort erhalten. Die Verteilung der Materie über den physikalischen Raum *zu einer bestimmten Zeit* ist somit ebenfalls nichts Absolutes, sondern bildet den Wert einer Funktion, deren Argumente die innerhalb der Zulässigkeitsgrenzen möglichen Gleichzeitigkeitsdefinitionen bilden. Die zweite Konsequenz beinhaltet die Aussage, daß die *räumliche Gestalt* eines ausgedehnten bewegten Objektes von der Gleichzeitigkeitsregel abhängt. Dies ergibt sich unmittelbar aus der ersten Konsequenz, wenn man zusätzlich bedenkt, daß man für die Ermittlung dieser Gestalt *gleichzeitige* Projektionen der einzelnen Punkte dieses Körpers zu betrachten hat.

2.c Reichenbachs Lichtgeometrie. Wie REICHENBACH gezeigt hat, kann für gravitationsfreie Räume allein mit Hilfe von Lichtsignalen eine Raum-Zeit-Metrik vollständig aufgebaut werden. Seine Gedanken seien hier kurz skizziert[24]. Neben verschiedenen zu beschreibenden Festsetzungen werden auch *gedankliche Idealisierungen* benützt, von denen wir die wichtigste gleich erwähnen: Die in einem Punkt stattfindenden Ereignisse können in der Ordnung der Zeitfolge umkehrbar eindeutig den reellen Zahlen zugeordnet werden. (Diese Annahme wird bei REICHENBACH nicht axiomatisch gefordert. Vielmehr ist sie bei ihm eine logische Folgerung dreier Axiome: des Ordnungsaxioms, des Zusammenhangs- und des Mächtigkeitsaxioms. Die gedankliche Idealisierung ist in den beiden letzteren ausgedrückt. Das Ordnungsaxiom dient nur der Einführung einer Zeittopologie an einem Punkt mit Hilfe von Signalzügen.) Der Begriff der Gleichzeitigkeit von Ereignissen an ein und demselben Raumpunkt wird als unproblematisch vorausgesetzt.

Gegeben sei eine beliebig große Gesamtheit M_0 von Massenpunkten, die im Raum regellos umherschwirren. Von diesen Punkten können in der im folgenden beschriebenen Weise Lichtsignale ausgesandt werden[25]. Aus der Gesamtheit dieser Punkte wird ein ganz bestimmter Punkt P ausgewählt. Die wichtigsten Schritte von REICHENBACHS Gedankenausgang sollen größerer Übersichtlichkeit halber durchnumeriert werden (wobei wir uns aber nicht an die von ihm gegebene Darstellung halten).

(1) Es wird angenommen, daß in P eine *topologische* Zeitordnung verfügbar ist. Ein fiktiver Beobachter in P weiß also, was „früher als" bzw. „später als" in P bedeutet. REICHENBACH meinte, in seiner Kausaltheorie der Zeitordnung diese Begriffe hinreichend geklärt zu haben. Seine Methode ist zwar aus dem früher angedeuteten Grund (vgl. I,5) anfechtbar. Doch soll das Problem der rein topologischen Zeitordnung nicht zur Diskussion

---

[24] Die detaillierte Darstellung findet sich im ersten Teil von [Axiomatik]. Eine knappere intuitive Version findet man in [Raum-Zeit], S. 192ff.

[25] Um sich die Sache zu veranschaulichen, kann der Leser annehmen, daß auf den Massenpunkten winzige Kobolde sitzen, welche die Aussendung von Lichtstrahlen und Beobachtungen gemäß den folgenden Vorschriften vornehmen.

gestellt werden, da es hier nur um den Aufbau einer *Metrik* geht, für den wir voraussetzen können, daß eine topologische Zeitordnung an einem Punkt verfügbar ist.

(2) Weiter wird vorausgesetzt, daß für P eine Zeitmetrik zur Verfügung steht, durch welche die Bedeutung der Rede von aufeinanderfolgenden *gleich langen* Zeitstrecken eindeutig festgelegt ist. Es spielt hierfür keine Rolle, ob die Zeitmetrik durch primäre Metrisierung mit Hilfe von periodischen Prozessen oder durch abgeleitete Metrisierung — wie z. B. mittels einer Sanduhr oder der Newton-Uhr, wodurch die Zeit auf die Länge zurückgeführt wird — konstruiert worden ist.

(3) Aus der Klasse M_0 der gegebenen Massenpunkte wird jetzt eine Teilklasse M_1 ausgesondert. (Eine überstrichene Folge von Symbolen, die Punkte bezeichnen, soll von jetzt ab die *Zeitdauer* darstellen, die ein Lichtsignal benötigt, um vom Punkt, den das erste Symbol bezeichnet, zu dem durch das letzte Symbol bezeichneten Punkt zu gelangen. Wenn also z. B. in A ein Lichtsignal abgeht, sodann in B reflektiert wird und schließlich wieder in A eintrifft, so wird die Dauer dieses Vorganges durch $\overline{ABA}$ bezeichnet.) M_1 soll aus der Klasse derjenigen Massenpunkte X von M_0 bestehen, für welche gilt, daß $\overline{PXP}$ stets (für alle t) denselben Wert liefert. Ein Punkt X wird also genau dann als Element von M_1 aufgefaßt, wenn die Zeitstrecken, die das Licht braucht, um von P nach X und von da nach Reflexion wieder zurück zu P zu gelangen, konstant sind. M_1 heißt *das auf P bezogene Teilsystem* der Massenpunkte.

Es ist eine *empirische Hypothese*, daß es ein solches auf P bezogenes System überhaupt gibt. Daß es den Ausgangspunkt für die folgenden Betrachtungen bildet, ist Sache der *Konvention*.

Anmerkung. Wegen der Relativität auf einen Punkt P gibt es nicht nur *ein* derartiges System M_1, sondern beliebig viele, je nachdem, was für ein Punkt aus M_0 gewählt wird. Wir hätten also eigentlich von Systemen M_1, M_1', M_1'', ... zu sprechen. Da im folgenden nur engere und engere *Teilklassen* ausgewählt werden, überträgt sich dieser Sachverhalt auf die weiter unten gegebenen Beschreibungen: Strenggenommen müßte auch dort von System*folgen* M_2, M_2', M_2'', ... gesprochen werden; Analoges gilt für M_3 und M_4. (Als Numerierungsindex wäre eigentlich eine *reelle* Zahlvariable zu wählen. Der Leser lasse sich durch die Vortäuschung einer Abzählbarkeit nicht verwirren. Da in Wahrheit gar keine Abzählbarkeit vorliegt, muß bei jedem Übergang zu einem neuen „Beispielsystem" mit höherem Index das Auswahlaxiom angewendet werden.)

(4) Im nächsten Schritt wird die (vorläufig nur „punktuelle") Zeitmetrik von *P auf sämtliche Punkte* des auf P bezogenen Systems M_1 *übertragen.* Dazu wird in gleichen Zeitabständen von P ein Lichtsignal abgesandt. Für jeden Punkt X von M_1 werden jetzt auch die zeitlichen Abstände zwischen

den Ereignissen, die im Eintreffen der Lichtsignale in X bestehen, als *zeitlich gleich lang* bezeichnet. Man beachte, daß die Voraussetzung dieser Konvention zulässig ist, da ja für den Punkt P eine Zeitmetrik als bereits verfügbar vorausgesetzt wurde.

(5) Es wird nun ein weiteres Teilsystem M_1 von M_1 (also $M_2 \subset M_1 \subset M_0$) durch die Forderung ausgezeichnet, daß M_2 für *jeden* Punkt X von M_2 ein auf X bezogenes System sein soll. Gemeint ist damit genauer folgendes: Für jeden Punkt X von M_2 werde die im Sinn der Konvention (4) von P übertragene Zeitmetrik zugrundegelegt. Wir greifen einen beliebigen solchen Punkt A heraus. Dann muß für alle Punkte Y von M_2 gelten, daß $\overline{AYA}$ stets denselben Wert liefert. (Ein Punktsystem von der Art des Systems M_2 nennt REICHENBACH ein *stationäres* räumliches Koordinatensystem.)

Abermals spielen hier Festsetzung und Hypothese zusammen. Die Behauptung, daß es überhaupt ein derartiges System M_2 gibt, ist ebenso wie in (3) eine *empirische Hypothese*. Die Auszeichnung gerade *dieses* Systems ist hingegen eine *willkürliche Festsetzung*.

(6) Eine noch engere Auswahl wird durch die Forderung getroffen, daß das *Umlaufprinzip* gelten soll. Darin wird verlangt, daß für einen beliebigen geschlossenen Dreiecksweg $\overline{ABCA}$ stets gelten soll: $\overline{ABCA} = \overline{ACBA}$; d. h. also daß zwei Lichtsignale, die zum selben Zeitpunkt von A aus in entgegengesetzter Richtung um einen geschlossenen Dreiecksweg geschickt werden, auch zum selben Zeitpunkt wieder nach A zurückkehren. Die Klasse der Massenpunkte von M_2, welche dieses Prinzip erfüllen, werde M_3 genannt. (REICHENBACH nennt ein derartiges System ein *statisches* räumliches Koordinatensystem.)

Zum dritten Mal wird eine Tatsachenbehauptung mit einer Festsetzung verknüpft. Diesmal ist es die *empirische Hypothese*, daß M_3 existiert, verbunden mit dem *Beschluß*, dieses System M_3 auszuzeichnen.

(7) Das nächste ist das *Prinzip des Uhrensynchronismus*. Wenn zur Zeit t_1 in A ein Lichtsignal weggeschickt und in B reflektiert wird, so daß es zur Zeit t_3 nach A zurückkehrt, so soll für den Zeitpunkt t_2 des Eintreffens in B gelten:

(1) $t_2 = \dfrac{t_1 + t_3}{2}$ *(Einsteins Gleichzeitigkeitsdefinition)*.

Die eben vorgenommene Wahl von t_2 ist im Prinzip eine *willkürliche Festsetzung*. Diese Konvention erweist sich aber als äußerst zweckmäßig. An dieser Stelle zeigt sich besonders deutlich die Wirksamkeit eines *rationalen Einfachheitsprinzips*. Der Vorteil der Wahl besteht nämlich vor allem darin, daß der so definierte Synchronismus nachweislich *symmetrisch und transitiv* ist[26]. Dies bedeutet:

---

[26] Für den Beweis vgl. REICHENBACH, [Axiomatik], S. 34f.

(a) (Symmetrie). Stellt man in einem ersten Schritt von A aus eine Uhr in B nach der Vorschrift (1) ein und in einem zweiten Schritt von B aus dieselbe Uhr von A nach (1) ein, so wird eine Übereinstimmung erzielt (kurz: Ist die Uhr in B mit der Uhr von A gemäß (1) synchron, so ist auch die Uhr von A mit der Uhr von B gemäß (1) synchron).

(b) (Transitivität). Stellt man von A aus eine Uhr in B und dann in C, beide gemäß Prinzip (1), ein, so entsteht Übereinstimmung zwischen den beiden Uhren in B und C, wenn man sie direkt gemäß der Vorschrift (1) untereinander vergleicht.

(8) Auf der Grundlage der bisherigen Bestimmungen läßt sich eine *Raummetrik* konstruieren. Dies ist ein neues und sehr beachtliches Resultat. Gewöhnlich werden Längenmetrik und Zeitmetrik unabhängig voneinander durch primäre Metrisierungen eingeführt (vgl. I,5 und 6). Wir haben andererseits angedeutet, daß es prinzipiell möglich ist, die Zeitmessung durch abgeleitete Metrisierung auf die Längenmetrik zurückzuführen. Jetzt stoßen wir auf den umgekehrten Sachverhalt: *Die Raummetrik wird auf die Zeitmetrik zurückgeführt*[27].

An drei wichtigen räumlichen Begriffen sei dies erläutert. Der Einführung dieser drei Begriffe schicken wir einen Hilfsbegriff, einen Erfahrungssatz sowie eine Korrespondenzregel voraus. Es seien P_1 und P_2 zwei Punkte. Wir denken uns alle realisierbaren Signale zu einer Zeit t_1 in P_1 abgesandt. Gibt es dann für die Ankunftszeiten in P_2 eine zeitliche untere Grenze t_2, so wird ein entsprechendes Signal, für welches diese Zeit gilt, ein *Erstsignal* genannt. Der Erfahrungssatz lautet: *Lichtsignale sind Erstsignale*. (Der Satz von der Existenz von Erstsignalen wird bei REICHENBACH nicht unmittelbar postuliert, sondern als Folgerung der drei bereits erwähnten Axiome sowie von vier weiteren Axiomen, den Axiomen des Zeitvergleichs, gewonnen.) Die konventionelle Korrespondenzregel, deren wissenschaftstheoretische Bedeutung im folgenden Abschnitt in einem anderen Zusammenhang erörtert werden soll, hat den folgenden Wortlaut: *Die Lichtstrahlen sind gerade Linien*.

Es wird nun gesagt, daß ein Punkt Y *zwischen* A und B liegt, wenn $\overline{AYB}$ = $\overline{AB}$ (das Überstreichen soll wieder eine Abkürzung für die Kennzeichnung einer Zeitdauer sein, die ein Lichtsignal oder ein anderes Erstsignal benötigt). Eine *Gerade* durch die Punkte A und B ist die Klasse jener A und B enthaltenden Punkte, welche untereinander die Zwischenrelation erfüllen. Für zwei Raumstrecken AB und AC soll gelten: $AB = AC$ (wortsprachlich: diese Raumstrecken sollen *kongruent* genannt werden) genau dann, wenn

---

[27] REICHENBACHs Behauptung, daß damit bewiesen sei, *daß die Zeit das gegenüber dem Raum logisch Primäre darstelle* ([Raum-Zeit], S. 196), geht allerdings zu weit. Denn es besteht ja keine zwingende Notwendigkeit, die Raummessung auf die Zeitmessung zurückzuführen. Nur wenn dies gälte, wäre REICHENBACHs These haltbar.

$\overline{ABA} = \overline{ACA}$ (d. h. also: wenn die Zeitstrecke, die ein Lichtsignal braucht, um von A nach B zu gelangen und nach Reflexion in B wieder nach A zurückkehren, identisch ist mit der Zeitstrecke, die ein Lichtsignal für den Weg ACA benötigt). Die Messung der Länge einer beliebigen Strecke kann jetzt in einfacher Weise erfolgen: Die *Länge der Strecke XY* soll gleich sein $k \cdot \overline{XY}$, wobei k eine willkürliche Konstante darstellt.

Der dritte Schritt ist hier der entscheidende: Mit der Kongruenzdefinition ist die Längenmetrik festgelegt. Insbesondere hat man dann keine freie Wahl mehr, um über die Natur der Geometrie zu entscheiden. Welche Geometrie auf Grund von Vermessungen herauskommt, ist jetzt vielmehr ein *empirisches Faktum.* Da alle wesentlichen Begriffe, die für die Gewinnung dieser Geometrie benötigt wurden, mit Hilfe von Lichtsignalen definiert worden sind, *ist damit die Reichenbachsche Bezeichnung „Lichtgeometrie" nachträglich gerechtfertigt.* (Man bedenke auch, daß es keine Auswahl eines starren Einheitsmaßstabes gegeben hat!)

Die skizzierten Definitionen könnten den Eindruck erwecken, daß wenigstens bei der Einführung der räumlichen Metrik alles nur auf Festsetzungen hinausläuft. Abermals wäre dieser Eindruck irrig. Die obige Definition der Zwischenrelation z. B. ist nur dann mathematisch adäquat, wenn die folgende *Tatsachenbehauptung* zutrifft: Falls für zwei Punkte X und Y sowohl $\overline{AXB} = \overline{AB}$ als auch $\overline{AYB} = \overline{AB}$ gilt, so gilt entweder $\overline{AXY} = \overline{AY}$ oder $\overline{AYX} = \overline{AX}$.

(9) Eine weitere *empirische Hypothese* lautet: Aus der Klasse M_3 kann eine weitere Teilklasse M_4 so ausgewählt werden, daß die Lichtgeometrie *euklidisch* wird. Ein empirisches Faktum bedeutet dies deshalb, weil der Begriff der Streckengleichheit in (8) nicht unter Benützung einer Geometrie, sondern *unabhängig* von ihr definiert worden ist. Die Wahl werde vollzogen und das neue System M_4 genannt.

(10) In einem letzten Schritt sollen *die Analoga zu den Newtonschen Inertialsystemen* gewonnen werden. (Der Grund für die Verwendung des Wortes „Analogon" wird sofort angegeben.) Hierfür ist zunächst daran zu erinnern, daß die bisher eingeführten Punktklassen M_1 bis M_4 jeweils nur *Beispielsklassen* aus unendlichen Gesamtheiten von Punktklassen $M_1^{(i)}$ bis $M_4^{(i)}$ bildeten. Die Klasse der Inertialsysteme bezeichnen wir als $M_5^{(i)}$ [28]. Sie sollen durch eine weitere Einengung gewonnen werden, d. h. es soll gelten $M_5^{(i)} \subset M_4^{(i)}$. Ist aber eine solche zusätzliche Einengung überhaupt nötig? Die Antwort ist bejahend. Der Grund dafür kann nur angedeutet werden: Die Systeme, welche zu $M_4^{(i)}$ gehören, sind untereinander nicht

---

[28] An den Inertialsystemen kann sich der Leser am besten verdeutlichen, warum wir scharf zwischen zwei Unendlichkeiten unterscheiden müssen: Einerseits wird jedes einzelne derartige System als eine unendliche Punktklasse konstruiert; andererseits gibt es eine (nicht abzählbare) Gesamtheit solcher Systeme. Das letztere wird gerade durch den oberen Index ausgedrückt.

alle durch lineare Transformationen miteinander verbunden. Auch die sogenannten *Ähnlichkeitstransformationen* — welche in mathematischer Sprechweise Kugelverwandtschaften erzeugen — führen nicht aus dieser Klasse heraus. Die Inertialsysteme im Newtonschen Sinn sind dagegen alle durch lineare Transformationen ineinander überführbar. Der Begriff des Inertialsystems muß somit in der Weise eingeführt werden, daß die genannten nichtlinearen Transformationen keine zwei derartigen Systeme verbinden.

Würde es sich hier nur um eine *mathematische* und nicht um eine *physikalische* Aufgabe handeln, so wäre die Einengung leicht zu bewerkstelligen. Die nichtlinearen Transformationen, die Kugeln wieder in Kugeln verwandeln, besitzen *Singularitäten*: Sie führen einen endlichen Punkt ins Unendliche und umgekehrt. Man kann diese Transformationen daher durch die Festsetzung eliminieren, *daß die* auf den angedeuteten Prinzipien beruhende *euklidische Lichtgeometrie singularitätenfrei gelten soll.*

Die auf diese Weise gewonnenen Interialsysteme $M_5^{(t)}$ sind jetzt nur mehr durch die sogenannten Lorentz-Transformationen miteinander verknüpft. Damit sind wir zu den *Analoga* zu den Newtonschen Inertialsystemen gelangt. Nennen wir die Klasse der Newtonschen Inertialsysteme J. Es ist dann noch keineswegs gezeigt worden, daß diese beiden Klassen identisch sind, sondern bloß, daß sie miteinander *isomorph* sind. Ihre Identität muß als weitere Hypothese formuliert werden. Der Grund dafür ist mit dem identisch, der in der Anmerkung von Abschn. 1 angeführt worden ist: Da die in REICHENBACHs Lichtgeometrie benützten Verfahren rein optischer Natur sind, darf nicht a priori vorausgesetzt werden, daß auf diese Weise eine Klasse gewonnen wird, welche J als Teilklasse enthält. (Nicht einmal dies ist selbstverständlich, daß gilt: $J \subset M_1^{(t)}$.) Wir können die Hypothese in doppelter Form aussprechen, entweder in der Gestalt:

(a) Die Klassen $M_4^{(t)}$ enthalten als Teilklassen die Newtonschen Inertialsysteme,

oder in der Gestalt:

(b) Die Klassen $M_5^{(t)}$ und J sind miteinander identisch.

Reichenbach erwähnt diese Hypothese nicht. Er nimmt irrtümlich an, es handle sich um eine Selbstverständlichkeit. Dies ist ein interessantes Beispiel dafür, wie die Doppeldeutigkeit eines in der Physik gebräuchlichen Ausdrucks eine logische Notwendigkeit vortäuschen kann, wo nichts weiter vorliegt als ein empirisches Faktum[29].

---

[29] Vgl. etwa die folgenden Äußerungen in [Raum-Zeit], S. 199: „... die Klasse S″ ist noch allgemeiner und enthält außer J noch andere Systeme". Was REICHENBACH die Klasse S″ nennt, ist dasselbe wie unsere Klasse $M_1^{(t)}$; und J ist

Nun ist aber weiter zu bedenken, daß es sich *nicht* um eine rein mathematische Aufgabe handelt. Der obige Vorschlag zur Auswahl von $M_5^{(i)}$ erscheint REICHENBACH daher als inpraktikabel, da das auf der Existenz von Singularitäten basierende Kriterium *empirisch nicht entscneidbar* ist. Der wissenschaftstheoretische Grund dafür ist genau derselbe, der die empirische Nichtverifizierbarkeit von unbeschränkten Allsätzen und die Nichfalsifizierbarkeit von unbeschränkten Existenzaussagen impliziert: Um eine empirische Hypothese von der Gestalt „alle P sind Q" (z. B. „alle elektrischen Ladungen sind ganzzahlige Vielfache der elektrischen Elementarladung e") empirisch zu verifizieren, müßten wir die ganze Raum-Zeit-Welt durchlaufen und dürften erst *nach erfolgter Durchforschung* dieses Universums behaupten, daß alle darin beobachteten Objekte mit dem Merkmal P auch das Merkmal Q besitzen. Und um eine empirische Hypothese von der Gestalt „es gibt Objekte R mit der Eigenschaft S" (z. B. „es gibt rote Raben") empirisch zu widerlegen, müßten wir ebenfalls das All *in seiner totalen raum-zeitlichen Erstreckung* durchforschen, um von der negativen Feststellung, daß wir darin keine R's mit der Eigenschaft S (keine roten Raben) *gefunden* hätten, zu der negativen Existenzfeststellung übergehen zu können, daß es im Weltall keine R's mit der Eigenschaft S *gibt*. Beide Annahmen sind natürlich fiktiv: Eine Durchforschung des gesamten Universums ist ausgeschlossen.

Die Analogie zum vorliegenden Fall ist die folgende: Ein Beobachter kann stets *nur ein endliches Stück* seines Koordinatensystems K durchforschen, nicht hingegen das gesamte System K. Findet er in dem untersuchten endlichen Stück keine Singularitäten, so weiß er immer noch nicht, ob es in K keine solchen gibt (ob also tatsächlich bereits ein System aus $M_5^{(i)}$ vorliegt) oder ob es sie zwar gibt, er auf sie aber nicht gestoßen ist, da sie außerhalb des von ihm beobachteten endlichen Teilbereichs liegen (so daß es sich also um ein System innerhalb von $M_4^{(i)}$, jedoch außerhalb von $M_5^{(i)}$ handelt).

Um zu einer empirisch adäquaten Auszeichnung zu gelangen, muß nach REICHENBACH an dieser Stelle der Boden der Lichtgeometrie verlassen werden. Man muß dasjenige heranziehen, was REICHENBACH „*materielle Gebilde*" nennt, entweder „in natürlicher Weise" gewählte *starre Körper* oder

---

auch bei ihm die Klasse der Newtonschen Inertialsysteme. Weiter unten auf derselben Seite heißt es: „ . . . wir erhalten eine allgemeinere Klasse S″ von Systemen, unter denen sich jedoch auch die Inertialsysteme als Unterklasse befinden". Woher aber weiß REICHENBACH, daß diese Teilklassenrelation überhaupt besteht? Die Antwort kann nur lauten: *Man kann dies überhaupt nicht wissen, sondern nur als empirische Hypothese vermuten.* Wenn die Gesetze der Mechanik unabhängig sind von denen der Elektrodynamik, so kann kein noch so ausgeklügeltes optisches Verfahren, wie etwa dasjenige REICHENBACHs, garantieren, daß eine durch dieses Verfahren gewonnene Klasse die Newtonschen Inertialsysteme enthält.

„natürliche Uhren"[30]. Am Beispiel des ersten Begriffs läßt sich die Leistung für die gewünschte Einschränkung am besten veranschaulichen. Die Forderung, daß die Punkte eines zu $M_5^{(f)}$ gehörenden Systems zueinander *in relativer Ruhe* befindlich sind, wird durch die Forderung gewährleistet, daß man diese Punkte mittels starrer Stäbe miteinander verbinden kann. Diejenigen Koordinatensysteme, deren Raumachsen sich in ständiger Dehnung befinden, werden dadurch eliminiert. Offenbar kann dieses Verfahren nur funktionieren, wenn die Gültigkeit der obigen Hypothese in der Gestalt (a) oder (b) vorausgesetzt wird.

Kritisch wäre zu dieser Überlegung REICHENBACHs nur folgendes zu bemerken: Auch bei der Heranziehung materieller Gebilde bleibt die Aussage, daß ein vorgegebenes System K ein Inertialsystem ist, *eine prinzipiell hypothetische Aussage*, da man ja nicht sämtliche Punkte durch starre Stäbe miteinander verbinden kann. Vom streng wissenschaftstheoretischen Standpunkt aus wird also durch die Heranziehung starrer Stäbe (oder natürlicher Uhren) im Grunde nicht mehr geleistet als durch die Forderung der Freiheit von Singularitäten.

(11) Angenommen, die Klasse $M_5^{(f)}$ wird durch das in (10) als mathematisch bezeichnete Verfahren (die Forderung der Singularitätenfreiheit) ausgezeichnet. Die Punkte des Systems werden als *zueinander ruhend* bezeichnet, die zugehörige Zeit als *gleichförmig*. J sei wieder das durch materielle Gebilde ausgezeichnete System. REICHENBACHs sogenannte Körperaxiome ([Axiomatik], S. 68ff., Axiom VI bis Axiom X) lassen sich dann zu der einen bündigen Behauptung zusammenfassen, *daß sich die materiellen Gebilde nicht auf die klassische, sondern auf die skizzierte relativistische Lichtgeometrie einstellen*[31]. Auch diese Behauptung ist natürlich keine Apriori-Wahrheit, sondern eine *empirische Hypothese*, in der man geradezu den Kern der speziellen Relativitätstheorie erblicken kann.

Damit möge die kurze Schilderung der kombinierten Raum-Zeit-Metrik beendet werden. Sie dürfte viererlei deutlich gemacht haben: Erstens daß auch hier *Festsetzung*, *Erfahrung* und *Hypothese* stets zusammenwirken

---

[30] Für eine derartige als natürlich zu bezeichnende Wahl vgl. die Ausführungen in I, 5 und I, 6. Die bei REICHENBACH in [Axiomatik], S. 67, Definition 18 und Definition 19, gegebenen Charakterisierungen der natürlichen Uhren sowie der starren Stäbe sind dagegen aus folgenden Gründen unbefriedigend: (1) die dort ausgesprochene *bloße Forderung der Periodizität* für die Wahl natürlicher Uhren würde jene paradoxen Fälle nicht ausschließen, die in I, 5 zur Sprache kamen; (2) dadurch, daß er nur *feste* Körper als starr zuläßt, muß für die Starrheitsdefinition der chemische Begriff des Aggregatzustandes benützt werden; (3) für beide Definitionen muß von dem nicht unproblematischen Begriff des *abgeschlossenen Systems* Gebrauch gemacht werden.

[31] In mehr mathematisch-formaler Sprechweise kann diese Behauptung so formuliert werden: Die einzelnen Systeme von $M_5^{(f)}$ bzw. von J sind nicht durch die klassischen Galilei-Transformationen, sondern durch die Lorentz-Transformationen miteinander verknüpft.

müssen. Zweitens daß von *gedanklichen Idealisierungen* Gebrauch gemacht wird. Drittens daß Begriffs- und Theorienbildung ein *festgefügtes Ganzes* bilden, welches sich aber trotzdem *nicht* einer Detailanalyse in seine Komponenten entzieht. Viertens daß an entscheidenden Stellen — wie die Einsteinsche Gleichzeitigkeitsdefinition zeigt — *rationale Einfachheitsüberlegungen* den Ausschlag bei der Wahl einer definitorischen Festsetzung geben.

3. Die wissenschaftstheoretische Stellung der allgemeinen Relativitätstheorie

3.a Das Einfachheitsprinzip von Poincaré. In Abschn. 1 haben wir eine stillschweigende Voraussetzung der Newtonschen Mechanik explizit angeführt: *die Annahme der Gültigkeit der euklidischen Geometrie*. Zu NEWTONS Zeit stand diese Annahme überhaupt nicht zur Diskussion, da die Möglichkeit einer nichteuklidischen Geometrie noch nicht ins theoretische Blickfeld getreten war. Nach der Schaffung nichteuklidischer Geometrien konnte diese Frage jedoch prinzipiell aufgeworfen werden. Daß sie *de facto* lange Zeit hindurch trotzdem nicht erörtert worden ist, hat wohl hauptsächlich eine psychologische Wurzel: Diese geometrischen Theorien wurden als eine rein begriffliche Spielerei betrachtet; und eine Vermutung von der Art, daß es besser wäre, wenn der Physiker als angewandte Geometrie ein solches geometrisches System wählen würde, wäre als phantastisch und absurd abgetan worden[32].

Erst um die Wende dieses Jahrhunderts hat der bedeutende französische Mathematiker, Physiker und Philosoph H. POINCARÉ diese Frage ernsthaft diskutiert und eine Antwort gegeben, die man als *eine nachträgliche wissenschaftstheoretische Rechtfertigung von* NEWTONS *Wahl* auffassen könnte.

Die *euklidische Geometrie* ist dadurch charakterisiert, daß es zu jeder in einer Ebene *E* liegenden Geraden *G* und zu jedem in *E*, aber außerhalb von *G* liegenden Punkt *P* genau eine Gerade *G'* in *E* gibt, welche durch *P* geht, jedoch keinen mit *G* gemeinsamen Punkt besitzt. Eine solche Gerade *G'* wird auch eine zu *G parallele Gerade* genannt. EUKLIDS *Parallelenpostulat*, das wir soeben formuliert haben, kann daher auch folgendermaßen wiedergegeben werden: Wenn sich in einer Ebene eine beliebige Gerade und ein beliebiger, nicht auf dieser Geraden liegender Punkt befindet, so gibt es genau eine Parallele zu jener Geraden, welche durch den fraglichen Punkt hindurchgeht. In den *Riemannschen Geometrien* gibt es dagegen zu einer gegebenen Geraden und einem Punkt außerhalb dieser Geraden *überhaupt*

---

[32] Eine Ausnahme bildete der Mathematiker K. F. GAUSS, der aber seine Gedanken darüber nur in persönlichen Briefen mitteilte und sie nicht zu veröffentlichen wagte.

keine Parallele. In den *Lobatschewskischen Geometrien* gibt es *unendlich viele* Parallelen.

Ein gewisses (aber keineswegs vollständig adäquates) anschauliches zweidimensionales Analogon zu den Riemannschen Geometrien bildet die Geometrie auf der Kugel, wobei den Geraden die sogenannten Großkreise entsprechen[33]. Den Lobatschewskischen Geometrien korrespondiert im zweidimensionalen Fall die Geometrie auf der Sattelfläche[34]. Die drei Klassen von Geometrien lassen sich durch einen analytisch-technischen Begriff voneinander unterscheiden: das sogenannte *Krümmungsmaß k*. Für die euklidische Geometrie ist $k = 0$ (Krümmungsmaß 0); für die Lobatschewskischen Geometrien ist $k < 0$ (negatives Krümmungsmaß); für die Riemannschen Geometrien ist $k > 0$ (positives Krümmungsmaß). In allen Fällen bildet k einen *konstanten* Wert. Bei der euklidischen Geometrie ist der bestimmte Artikel gerechtfertigt: es gibt *nur eine* Geometrie vom Krümmungsmaß 0. In den anderen beiden Fällen haben wir dagegen den Plural verwendet: Es gibt *unendlich viele verschiedene* Lobatschewskische Geometrien, nämlich je eine für die unendlich vielen verschiedenen Wahlen von $k < 0$; analog gibt es *unendlich viele verschiedene* Riemannsche Geometrien, nämlich je eine für die unendlich vielen verschiedenen Wahlen von $k > 0$[35].

Anmerkung. Zum Begriff des Krümmungsmaßes möge eine kurze inhaltliche Erläuterung beigefügt werden. Gegeben sei eine beliebige Kurve *L* in einer euklidischen Ebene. Für jeden Punkt *x* von *L* läßt sich *die Krümmung von L am Punkt x* definieren. (Wegen dieser Relativität auf einen vorgegebenen Punkt nennt man eine derartige Eigenschaft auch eine Punkteigenschaft der Kurve.) Dazu sind Hilfsmittel der Analysis erforderlich. Man kann den leitenden Grundgedanken aber rein intuitiv, wenn natürlich auch ungenau, folgendermaßen charakterisieren: Wir approximieren die gegebene Kurve am Punkt *x* durch einen Kreis *K*. Diese Approximation bedeutet, daß „im Infinitesimalen" die Kreislinie in *x* mit der gegebenen Kurve zusammenfällt. Damit haben wir den *Krümmungsradius r* von *L* in *x* ermittelt. Das Reziproke dieses Radius, also der Wert 1/*r*, wird als *Krümmungsmaß der Kurve L am Ort x* bezeichnet. Dieses Krümmungsmaß ist also eine Funktion des Ortes, da im allgemeinen Fall eine Kurve kein konstantes Krümmungsmaß haben wird. Je mehr sich jedoch die Kurve einer Geraden nähert, desto kleiner wird ihr Krümmungsmaß an ihren Punkten, da der Radius des approximierenden Kreises größer und größer (das Reziproke also kleiner und kleiner) wird. Im Grenzfall der Geraden wird der Krümmungsradius unendlich groß; das Krümmungsmaß erhält daher den Wert Null.

Um dieses Verfahren so zu verallgemeinern, daß es nicht nur auf Kurven, sondern auch auf Flächen anwendbar wird, benötigt man noch den Begriff der geodätischen Kurve (oder kurz: der Geodätischen). Auch dieser Begriff wird mit Hilfe

---

[33] Ein Großkreis wird dadurch gewonnen, daß man die Kugel mit einer Ebene zum Schnitt bringt, welche durch den Mittelpunkt der Kugel hindurchgeht.

[34] Für eine instruktive inhaltliche Charakterisierung dieser Geometrien sowie anschauliche Modelle vgl. Carnap, [Physics], Kap. 13 und 14.

[35] Der Ausdruck „Riemannsche Geometrie" ist allerdings doppeldeutig. Wir kommen auf diesen Punkt noch zurück.

von Begriffen der Analysis definiert. Wenn man auf geraden oder beliebig gekrümmten Kurven Punkte herausgreift, so kann man mit den Methoden der Differentialgeometrie zwischen solchen Punkten *Entfernungen* definieren. In einer euklidischen Ebene liefert die durch zwei vorgegebene Punkte hindurchgehende und durch diese eindeutig bestimmte Gerade *die einzige kürzeste Verbindung* zwischen den beiden Punkten. In Analogie dazu kann man auf gekrümmten Flächen durch zwei vorgegebene Punkte Linien ziehen, welche die in dem differentialgeometrisch definierten Sinn kürzeste Verbindung zwischen den Punkten liefern. Kurven, für welche gilt, daß für zwei beliebige auf ihnen gelegene Punkte diese Kurve eine kürzeste Verbindung liefert, heißen *geodätische Kurven*. Die Geodätischen bilden das Analogon zu den Geraden in einer euklidischen Ebene. Es gilt *nicht* mehr generell, daß es zwischen zwei vorgegebenen Punkten *genau eine* Geodätische gibt, welche durch diese beiden Punkte hindurchgeht. Auf der Kugeloberfläche z. B. sind die Analoga zu den Geraden, also die geodätischen Kurven, mit den Großkreisen identisch. Wählen wir nun zwei diametral entgegengesetzte Punkte auf der Fläche (z. B. in anschaulicher Sprechweise: den Nordpol und den Südpol), so gehen durch diese zwei Punkte sogar unendlich viele Großkreise hindurch.

Jetzt kann man den Begriff des Krümmungsmaßes einer Fläche an einem Punkt x einführen. Dazu werden zwei *ausgezeichnete* geodätische Kurven ausgewählt, die durch x hindurchgehen. Die eine dieser Kurven besitzt gegenüber allen anderen durch x hindurchgehenden Geodätischen eine *Maximalkrümmung*, die andere eine *Minimalkrümmung*. (Die Richtungen dieser beiden Kurven werden auch Hauptrichtungen genannt.) Falls die Krümmungsradien dieser beiden Geodätischen in x die Beträge R und r haben, wird das Produkt $\frac{1}{R} \times \frac{1}{r}$ als *Krümmungsmaß der Fläche in x* bezeichnet. Fallen die Radien auf verschiedenen Seiten der Fläche, so wird kraft Festsetzung eine dieser Richtungen als die positive, die andere als die negative ausgezeichnet. Das Produkt ist dann negativ. Für eine Kugeloberfläche, das zweidimensionale Analogon zur Riemannschen Geometrie, erhält man an allen Stellen ein positives Krümmungsmaß; für eine Sattelfläche, das zweidimensionale Analogon zur Lobatschewskischen Geometrie, ist das Krümmungsmaß stets negativ. Für die euklidische Ebene ist es wieder allenthalben gleich Null.

Diese Überlegungen lassen sich rein mathematisch auf den mehrdimensionalen Fall übertragen. Der euklidische Raum ist stets dadurch ausgezeichnet, daß er ein konstantes Krümmungsmaß 0 hat, die Lobatschewski-Räume haben ein konstantes Krümmungsmaß < 0 und die Riemannschen Räume ein konstantes Krümmungsmaß > 0.

Es ist wichtig, daß sich der Leser bei der Verwendung der Worte „Krümmung" bzw. „Krümmungsmaß" von allen anschaulichen Vorstellungen befreit und nicht vergißt, daß es sich dabei um einen *rein mathematischen Begriff* handelt, der nur wegen seiner formalen Analogie zum ein- und zweidimensionalen Fall so bezeichnet wird.

Bei dieser Klassifikation nach dem Krümmungsmaß k ist die euklidische Geometrie *eindeutig* als diejenige Geometrie ausgezeichnet, deren Krümmungsmaß den Wert 0 besitzt. Dieses ausgezeichnete Krümmungsmaß gab POINCARÉ nun die Möglichkeit, eine *bejahende Antwort* auf die Frage: „Sollen wir der euklidischen Geometrie für physikalische Beschreibungszwecke den Vorzug geben?" so zu begründen: *Die euklidische Geometrie erweist sich gegenüber allen anderen Geometrien als die einfachste.* POINCARÉ war überzeugt, daß die Physiker auch in aller Zukunft dieser einfachsten Geometrie den Vorzug geben würden. Sein Einfachheitsprinzip hat außerdem den großen Vorteil, daß es nicht mit Vagheit und subjektiver Auslegung behaftet ist. In I mußten wir ja mehrfach betonen, daß die intuitiven Einfachheitsüberlegungen, auf Grund deren einer Wahl der Vorzug gegenüber einer anderen gegeben wird, gewöhnlich nicht formal präzisiert sind. In der vorliegenden Situation hingegen, so hätte POINCARÉ argumentieren können, liegt einer jener seltenen und glücklichen Fälle vor, in denen wir nicht mit einem weiter nicht präzisierbaren Einfachheitsbegriff zu operieren brauchen, sondern in denen wir über *ein streng objektives Einfachheitskriterium* verfügen. Das Krümmungsmaß 0 ist eben objektiv gegenüber allen negativen und positiven Krümmungswerten als das einfachste ausgezeichnet.

Im Ergebnis trifft sich POINCARÉ mit der Auffassung der synthetischen Aprioristen, die ebenfalls den euklidischen Raum auszeichnen. Es ist aber wichtig zu sehen, daß es sich hierbei nur um eine rein zufällige Übereinstimmung *im Ergebnis* handelt, daß hingegen *die Begründung* eine völlig andere ist. Und die Begründung, nicht das zufällige Resultat, ist das Interessante. KANT war davon überzeugt, daß wir über eine *reine* oder *apriorische Raumanschauung* verfügen, auf Grund deren wir die Axiome und Lehrsätze der euklidischen Geometrie als wahr *einsehen*[36]. Außerdem aber war für KANT die Geometrie eine *synthetische* Wissenschaft, deren Sätze die tatsächlichen geometrischen Strukturen der Welt beschreiben. Er machte keinen Unterschied zwischen mathematischer und physikalischer oder angewandter Geometrie bzw. genauer: Er vertrat die Auffassung, daß die Axiome und Lehrsätze der euklidischen Geometrie trotz ihrer Erfahrungsunabhängigkeit (Apriorität) von allem gelten, wovon wir durch die sinnliche Erfahrung Kenntnis erlangen. Oder nochmals anders ausgedrückt: Die *in der Physik* vorkommenden geometrischen Eigenschaften und Bezie-

---

[36] Die eben aufgestellte historische Behauptung über KANT wird gelegentlich mit dem Hinweis darauf bestritten, daß zu KANTs Zeit eine nichteuklidische Geometrie ja noch gar nicht bekannt war und *daß man daher Kant auch nicht die Ablehnung einer ihm gar nicht bekannten Theorie unterschieben könne.* Nun ist aber nach KANT u. a. der folgende Satz eine synthetische Aussage a priori: „Die Gerade ist die kürzeste Verbindung zwischen zwei Punkten". *Dieser Satz allein zeigt bereits unwiderruflich, daß für Kant die Geometrie mit euklidischer Geometrie identisch ist.* In nichteuklidischen Geometrien fällt das Analogon zur euklidischen Geraden *nicht* mit der kürzesten Verbindung zusammen. Da KANT den erwähnten Satz jedoch für ein *evidentes* Prinzip hielt, kann man mit Recht behaupten: Er hat an eine nichteuklidische Geometrie nicht nur de facto nicht gedacht, sondern *er hätte eine solche Geometrie, falls er sie gekannt hätte, ablehnen müssen.* Denn nichts, was einer evidenten Wahrheit widerspricht, kann mit berechtigtem Wahrheitsanspruch auftreten.

hungen müssen den Axiomen und Lehrsätzen der *euklidischen* Geometrie genügen[37].

Anmerkung. CARNAP vertritt die Auffassung[38], die Wurzel von KANTs Fehler bestehe in der Tatsache, daß KANT nicht an die Existenz zweier verschiedener Arten von Geometrien erkannt habe: einer *mathematischen* Geometrie, die eine analytische Wissenschaft darstelle, und einer *physikalischen* Geometrie, die zwar synthetisch, aber eben nicht a priori, sondern empirisch sei. Die Notwendigkeit für diese Unterscheidung ist in unübertrefflicher Bündigkeit und Klarheit von A. EINSTEIN ausgesprochen worden. Danach gilt: *Soweit die Theoreme der Geometrie von der Wirklichkeit handeln, sind sie nicht sicher; und soweit sie sicher sind, handeln sie nicht von der Wirklichkeit*[39]. In Kantischer Sprechweise: *Soweit geometrische Lehrsätze synthetische Aussagen beinhalten, sind sie nicht a priori gültig; und soweit sie Sätze a priori sind, handeln sie nicht von der Realität.*

CARNAPs Behauptung, daß es sich hierbei um die *einzige* Wurzel von KANTs Irrtum handle, ist vielleicht zu stark. Man kann mindestens zwei Momente anführen, die zugleich so etwas wie eine nachträgliche Entschuldigung, wenn auch nicht Rechtfertigung, von KANTs Position beinhalten: Erstens *war die damalige Axiomatik der Geometrie unzulänglich.* Erst D. HILBERT ist 1891 der einwandfreie Aufbau der euklidischen Geometrie geglückt. Die von EUKLID und seinen Nachfolgern vorgeschlagenen Ableitungen von richtigen Lehrsätzen der euklidischen Geometrie beruhten dagegen häufig auf *Fehlschlüssen.* Wenn jemand sich daher *zu* KANTs *Zeit* anschickte, die Beweise der Geometer daraufhin zu untersuchen, ob sie durch rein logische Schlüsse zustande gekommen seien, so mußte er zu einem negativen Resultat gelangen. Damit aber lag der Gedanke nahe, daß man sich in diesen Argumentationen außer auf formal-logische Deduktionen *auf anschauliche Gegebenheiten* stützen müsse, um *korrekte* Argumente zu gewinnen.

Zweitens aber *war auch die damalige Logik unzulänglich.* Erst im vorigen Jahrhundert entdeckte BOOLE, daß man mathematische Argumente nicht mit den Hilfsmitteln der aristotelischen Syllogistik rechtfertigen könne. Dies gilt insbesondere von allen mathematischen Argumenten, in denen Schlüsse über Relationen be-

---

[37] Vor allem aus KANTs einschlägigen Ausführungen in den Prolegomena kann man einen Beweisversuch für die These herauslesen, *daß die gültigen Sätze der reinen und angewandten Geometrie zusammenfallen müssen.* Ohne daß wir an dieser Stelle auf KANTs Begründungsversuch eingehen können, sei doch erwähnt, daß KANTs *entscheidender Fehler* im Schluß von der *prinzipiellen Unvorstellbarkeit* der nicht-euklidischen Geometrien auf die grundsätzliche *Nichtbeobachtbarkeit nicht-euklidischer Sachverhalte* bestand. REICHENBACH bestreitet in [Raum-Zeit], §§ 9—11, bereits die These von der Unvorstellbarkeit nichteuklidischer Geometrien. Aber selbst wenn diese These KANTs richtig wäre, würde seine Begründung auf einem Fehlschluß beruhen. Denn um nichteuklidische Strukturen mit Hilfe von Meßinstrumenten beobachten zu können, müssen wir nur über eine *primitive topologische Anschauung* verfügen, wie man dies nennen könnte: Wir müssen imstande sein, das Vorliegen oder Nichtvorliegen von Koinzidenzen zu beurteilen. Ob wir uns hingegen eine anschauliche Vorstellung von der durch solche Meßergebnisse gewonnenen metrischen Struktur machen können, spielt für die Frage, ob wir diese Ergebnisse akzeptieren sollen, überhaupt keine Rolle.

[38] [Physics], S. 181.

[39] *Geometrie und Erfahrung.* EINSTEINs Äußerung bezieht sich auf die Mathematik schlechthin. Sie lautet wörtlich: „Insofern sich die Lehrsätze der Mathematik auf die Wirklichkeit beziehen, sind sie nicht sicher; und insofern sie sicher sind, beziehen sie sich nicht auf die Wirklichkeit" (S. 3 f.).

nützt werden; denn die Syllogistik enthält überhaupt keine Theorie der Relations-
schlüsse. Solche Schlüsse spielen aber gerade in geometrischen Beweisen eine
wesentliche Rolle, da einige der wichtigsten Begriffe der euklidischen Geometrie
Relationsbegriffe sind (z. B. „liegt zwischen", „liegt auf"). Man kann daher sagen:
*Selbst wenn die euklidische Geometrie bereits zu Kants Zeit einwandfrei aufgebaut gewesen
wäre, hätte die aristotelische Syllogistik nicht ausgereicht, um die Ableitungen aus den
Axiomen Euklids zu rechtfertigen.* Für Kant war jedoch die formale Logik mit der
aristotelischen Syllogistik identisch. Kant vertrat nicht die Auffassung, daß die
Logik eine noch entwicklungsfähige Wissenschaft bilde, sondern daß sie durch
ihren Entdecker Aristoteles *bereits vollendet* worden sei. Diese beiden Tatsachen
— erstens Kants Irrtum über die Syllogistik und zweitens die unbestreitbare Unzulänglichkeit dieser Theorie für die korrekte Wiedergabe geometrischer Beweise
— mußten Kants irrtümliche Ansicht über den *nichtlogischen Charakter der geometrischen* (allgemein: der mathematischen) *Beweise* bestärken. Denn wenn geometrische Beweise keine rein logischen Beweise sind, so liegt es wieder nahe anzunehmen, daß sich diese Beweise auf „Konstruktionen in der reinen Anschauung"
stützen müssen.

Immerhin ist die Nichtunterscheidung zwischen reiner und angewandter
Geometrie für Kants Auszeichnung der euklidischen Geometrie als der
einzig „wahren" Geometrie mit verantwortlich zu machen. Ganz anders
bei Poincaré. Er war *in dieser Hinsicht* ein Konventionalist. Ferner unterschied Poincaré, zum Unterschied von Kant, scharf zwischen *reiner
Geometrie* und *angewandter* oder *physikalischer Geometrie.*

Zur Klärung von Poincarés Position ist es zweckmäßig, von der
(auch von Poincaré selbst beschriebenen) *möglichen Situation* auszuge-
hen, die wir *in der üblichen Sprechweise* folgendermaßen ausdrücken würden:

(*A*)   „Die Experimentalphysiker haben entdeckt, daß der uns umge-
           bende Raum kein euklidischer Raum ist".

Wie könnte man zu einer solchen Feststellung gelangen? Etwa durch
das folgende Verfahren: Es sei geglückt, ein „kosmisches Dreieck" zwischen weit entfernten Fixsternen oder sogar Galaxien zu konstruieren und
die Winkelsumme des Dreiecks mit großer Präzision zu messen; das öfters
wiederholte Meßergebnis weiche deutlich von der Winkelsumme 180° in der
einen Richtung ab, so daß sich als Summe ein Wert > 180° oder ein Wert
< 180° ergibt.

Poincaré zeigt zunächst, daß diese Deutung keineswegs die einzig mögliche ist. Um die Geometrie überhaupt zu einer angewandten Wissenschaft
machen zu können, mußten den geometrischen Grundbegriffen bestimmte
Klassen von *realen Objekten* zugeordnet werden. Die Regeln, durch die eine
solche Zuordnung erfolgt, würde man heute Korrespondenzregeln nennen.
So wäre z. B. bei der Messung, welche zu dem geschilderten Resultat führte,
die folgende Korrespondenzregel verwendet worden: „Das Licht bewegt
sich auf geraden Linien". Das obige Meßergebnis könnte man daher auch
zum Anlaß nehmen, diese Korrespondenzregel preiszugeben, dafür jedoch
an der euklidischen Geometrie festzuhalten. Falls ein solcher Beschluß

gefaßt worden wäre, würde man auf Grund *genau derselben* Meßergebnisse sagen:

(B) „Die Experimentalphysiker haben entdeckt, daß sich das Licht nicht auf geraden Bahnen bewegt".

POINCARÉ war *in dem Sinn* ein Konventionalist, daß er sagte, daß erstens (A) und (B) nur *zwei verschiedene Sprechweisen* darstellen, um denselben Sachverhalt zu beschreiben, und daß es zweitens nur *von einem Beschluß* abhänge, ob man die Sprechweise (A) oder die Sprechweise (B) vorziehen wolle. POINCARÉ war sich außerdem darüber im klaren, daß man bei beiden Wahlen gewisse Konsequenzen in Kauf zu nehmen hätte: Im ersten Fall müßten wir die euklidische Geometrie preisgeben; im zweiten Fall müßten wir die Gesetze der Optik ändern.

Dies zeigt bereits, daß POINCARÉ nicht *nur* Konventionalist war. Er war daneben auch *Empirist*, und zwar sogar in einem doppelten Sinn. Zunächst wird durch den in dem Beispiel vorausgesetzten empirischen Befund die Klasse der uns zur Wahl vorliegenden Alternativmöglichkeiten eingeengt. Wir haben ja nach vollzogener Messung *nicht* mehr die Möglichkeit, sowohl an der euklidischen Geometrie als auch an den bisher akzeptierten Naturgesetzen festzuhalten. Neue Meßresultate können uns also nach POINCARÉ durchaus zwingen, bestimmte Theorien preiszugeben, die in einer Kombination von angewandter Geometrie und Naturgesetzen bestehen.

Außerdem ist folgendes zu beachten: POINCARÉ vertrat die These, daß der Physiker stets eine Geometrie wählen werde, *bevor* er ein Verfahren der Längenmessung angebe. Warum dies nach seiner Auffassung so ist, soll im nächsten Absatz verdeutlicht werden. Für den Augenblick wollen wir es einfach hinnehmen. Hat der Physiker die von ihm bevorzugte Geometrie gewählt, so kann er *im nachhinein* seine Meßmethoden stets so einrichten, daß sie zu der vorher gewählten Geometrie führen. Auf jeden Fall aber gilt nach POINCARÉ: Sobald eine Meßmethode gewählt wurde, ist es ein *empirisches Resultat*, wenn man feststellt, daß der physikalische Raum diese ganz bestimmte, euklidische oder nichteuklidische, metrische Struktur habe[40].

Schließlich aber war POINCARÉ auch noch in einem genau angebbaren Sinn ein *Rationalist*. Dieser Rationalismus fand seinen Niederschlag in dem eingangs geschilderten Einfachheitsprinzip. Auf Grund dieses Prinzips dürften wir die prima facie gleichwertigen Beschreibungen (A) und (B) doch wieder nicht mehr gleichsetzen, *sondern müßten der Beschreibung (B) den Vorzug geben*, da nur sie an der objektiv als einfachster ausgezeichneten (euklidischen) Geometrie festhält. Trotzdem wird damit der Konventionalismus in dem oben beschriebenen Sinn nicht etwa nachträglich wieder

---

[40] Auf diesen Sachverhalt, dessen Nichtbeachtung zu Fehldeutungen von POINCARÉs Position geführt hat, weist CARNAP in [Physics], S. 160, hin.

preisgegeben. Um dies zu verdeutlichen, führen wir einen neuen Hilfsbegriff ein. Zwei Theorien T und T' mögen *empirisch äquivalent* heißen, wenn die beiden Klassen von Beobachtungsaussagen (d. h. von Sätzen der Beobachtungssprache), die aus diesen Theorien gefolgert werden können, miteinander identisch sind[41]. Die empirische Äquivalenz zweier Theorien besagt nicht nur, daß die Theorien *alle bisher tatsächlich gemachten Beobachtungen* in derselben Weise zu erklären vermögen, sondern daß sie auch stets genau *dieselben Prognosen* liefern, ja daß sie selbst in bezug auf bloß mögliche, aber niemals realisierte Beobachtungen ununterscheidbar sind. Wenn wir dies auf die Beschreibungen (A) und (B) anwenden, so ergibt sich: Der neue empirische Befund schließt, wie wir gesehen haben, gewisse Klassen von Theorien aus. Er ist aber sowohl verträglich mit einer Theorie T_1, innerhalb welcher (A) eine zutreffende Feststellung beinhaltet, als auch verträglich mit einer Theorie T_2, innerhalb welcher (B) eine zutreffende Feststellung bildet. *Diese beiden Theorien T_1 und T_2 sind empirisch äquivalent*[42]. Ungeachtet dieser empirischen Äquivalenz aber wäre die Theorie T_2 auf Grund des Poincaréschen Einfachheitsprinzips der ersten Theorie vorzuziehen.

Wir haben nun alles Material beisammen, um den fundamentalen Unterschied in den Auffassungen KANTs und POINCARÉs zu erkennen: POINCARÉ unterscheidet mit Recht scharf zwischen reiner und physikalischer Geometrie; KANT tut dies nicht. Vom rein logischen Standpunkt sind für POINCARÉ nichteuklidische Geometrien mit der euklidischen Geometrie gleichberechtigt, und zwar gleichberechtigt nicht nur als mathematische Theorien, sondern als angewandte Wissenschaften. Ferner gibt es für POINCARÉ stets zahllose empirisch äquivalente Theorien, die teils mit euklidischen, teils mit nichteuklidischen geometrischen Beschreibungsmethoden arbeiten. Beides hätte KANT, wäre er mit den nichteuklidischen Geometrien konfrontiert worden, nicht anerkennen können. Trotz all dieser Divergenzen treffen sich KANT und POINCARÉ im Resultat: *Beide immunisieren die angewandte euklidische Geometrie gegen mögliche empirische Widerlegung.* Dies ist aber, wie wir nun erkennen, ein reiner Zufall. POINCARÉ behauptete nicht wie KANT, daß die euklidische Geometrie *die einzig wahre* Geometrie sei. Vielmehr meinte er, daß sie *wegen ihrer objektiv nachweisbaren Einfachheit* für

---

[41] Für eine genauere Präzisierung des Begriffs der Beobachtungssprache vgl. die folgenden Kapitel. Man beachte, daß der Begriff der empirischen Äquivalenz ein weiterer Begriff ist als der der *faktischen* Äquivalenz, wonach die Klassen der aus T und T' ableitbaren synthetischen Aussagen miteinander identisch sind. Wir fordern hier *nicht*, daß auch die in der theoretischen Sprache auftretenden Prinzipien in beiden Theorien dieselben sind, ja nicht einmal, daß sie beide dieselben theoretischen Begriffe verwenden!

[42] Wenn man wollte, könnte man an dieser Stelle von einer empiristischen Deutung des Leibnizschen Prinzips der Identität des Ununterscheidbaren (principium identitatis indiscernibilium) sprechen.

physikalische Beschreibungszwecke *stets vorzuziehen* sei. Die Immunisierung gegen potentielle Falsifikation erfolgt bei KANT durch die Berufung auf anschauliche Evidenz, bei POINCARÉ durch Berufung auf ein für rational sinnvoll gehaltenes Einfachheitsprinzip.

3.b Das Einfachheitsprinzip von Einstein in der Fassung von Reichenbach. Es war eine Ironie der Geschichte, daß wenige Jahre, nachdem POINCARÉ seine erkenntnistheoretische Position verkündet hatte, A. EINSTEIN eine Theorie entwickelte, nach welcher der Raum eine stark nichteuklidische Struktur besitzt. Dies zeigt zunächst nur, daß EINSTEIN sich offenbar von einem ganz anderen methodischen Prinzip leiten ließ als dem Prinzip POINCARÉs. EINSTEIN hat ein solches anderes Prinzip stillschweigend benützt, ohne es explizit zu formulieren. Erst REICHENBACH förderte es ans Tageslicht und gab ihm eine explizite Formulierung. Die folgende Diskussion soll dazu beitragen, die Natur dieses Prinzips, das ebenfalls ein *Einfachheitsprinzip* ist, klären zu helfen. Zugleich wird es sich als lehrreich erweisen, POINCARÉs Fehler aufzudecken. Es war kein *logischer Fehler*, den er beging. Man könnte ihn eher einen *wissenschaftstheoretischen Fehler* nennen, da er in der Nichtbeachtung eines wichtigen Aspektes bei der Theorienbildung bestand.

Als methodischen Ansatzpunkt wählen wir eine Fiktion, nämlich die Fiktion, daß EINSTEIN seine allgemeine Relativitätstheorie *nicht* unter Benutzung nichteuklidischer Geometrien formuliert hätte. Wir versuchen, seine Theorie schematisch der vorher allgemein akzeptierten klassischen Theorie gegenüberzustellen.

Die klassische Physik bestand aus der euklidischen physikalischen Geometrie G_e sowie gewissen physikalischen Gesetzen P_k. Man könnte die klassische Theorie daher durch $G_e + P_k$ symbolisieren. Wir wollen dies noch etwas genauer ausdrücken. Unter den Gesetzen der klassischen Physik richten wir unser Augenmerk auf die klassischen Gesetze der Mechanik M_k und die klassischen Gesetze der Optik O_k. Die klassische Theorie T_k kann daher folgendermaßen symbolisch abgekürzt werden: $G_e + M_k + O_k$.

Die allgemeine Relativitätstheorie von EINSTEIN T_r ist mit der klassischen Theorie *nicht* empirisch äquivalent: Sie liefert Prognosen, die von jenen abweichen, die man mittels T_k gewinnt; außerdem gestattet sie Erklärungen von Phänomenen, welche man mit Hilfe von T_k nicht erklären kann (z. B. die Perihelbewegung des Planeten Merkur). Die angekündigte *Fiktion*, von der wir jetzt ausgehen wollen, besteht in der Annahme, *daß* EINSTEIN *sich von* POINCARÉs *Einfachheitsprinzip hätte leiten lassen*.

Nach diesem Prinzip sind die übrigen physikalischen Gesetzmäßigkeiten stets der Geometrie unterzuordnen. In einem ersten Schritt muß also weiterhin als physikalische Geometrie die euklidische Geometrie G_e gewählt werden. Da aber, wie bereits erwähnt, die Gesamttheorie T_r von der klassischen Gesamttheorie T_k dem Gehalt nach abweicht, muß eine Änderung an anderer Stelle vorgenommen werden. Welche der beiden genannten Komponenten soll modifiziert werden? Die Antwort lautet: Man muß *beide* Komponenten ändern.

Nach der klassischen Physik bewegen sich Lichtstrahlen immer auf geraden Linien. Nach der allgemeinen Relativitätstheorie *in der euklidischen Sprechweise* wird das Licht hingegen in der Nähe schwerer Massen abgelenkt. Daraus folgt, daß die Gesetze der Optik O_k durch neue Gesetze O^* zu ersetzen sind. (Wir schreiben nicht O_r, weil sich EINSTEIN ja tatsächlich *nicht* dieser hier fiktiv angesetzten euklidischen Sprechweise bediente und daher auch keine derartige Änderung der Naturgesetze vornahm.)

Ebenso müssen die Gesetze der Mechanik M_k geändert werden. Dies zeigt sich am andersartigen Verhalten starrer Stäbe in der Nähe von Massen. Es sei ein Körper mit der Masse m gegeben. φ sei der Winkel, den ein Stab s mit der radialen Richtung bezüglich des Körpers einschließt. Falls die Länge von s in einem gravitationsfreien Raum den Wert l_0 hat, erhält sie jetzt den Wert: $l_0\left(1 - C \cdot \dfrac{m}{r} \cdot \cos^2 \varphi\right)$. Dabei haben m und φ die eben angegebenen Bedeutungen; r ist der Abstand des Stabes vom Massenzentrum m und C ist eine Konstante, die von der Substanz des Körpers unabhängig ist, also eine sog. *universelle* Konstante. Wenn sich der Stab in der radialen Richtung befindet, so daß $\varphi = 0$ ist, wird $\cos^2\varphi = 1$; der innerhalb der Klammer abzuziehende Betrag erhält seinen Maximalwert. Steht der Stab senkrecht zur radialen Richtung, ist also $\varphi = \pi/2$, so wird $\cos^2 \varphi = 0$ und das negative Zusatzglied verschwindet. In der radialen Richtung erfolgt also bei gegebenem Abstand r die maximale Kontraktion eines starren Stabes; in der dazu senkrechten Lage findet dagegen überhaupt keine Zusammenziehung statt.

In I,6.b ist die Korrekturformel für die Längenmetrik diskutiert worden, in welcher die Temperatur berücksichtigt wurde. Die Länge l bestimmte sich nach der Formel: $l = l_0 [1 + \beta (T - T_0)]$. Jetzt muß noch die eben geschilderte Komplikation in die Längendefinition mit einbezogen werden, so daß wir die kompliziertere Korrekturformel erhalten:

$$l = l_0 [1 + \beta (T - T_0)] \left[1 - C \cdot \frac{m}{r} \cdot \cos^2 \varphi\right].$$

Man beachte *die verschiedene logische Natur* der beiden darin vorkommenden Konstanten β und C. Der Wärmeausdehnungskoeffizient β ist strenggenommen überhaupt keine Konstante, sondern eine Funktion, die für verschiedene Substanzen verschiedene Werte annimmt. Die universelle Konstante C hingegen liefert stets ein und denselben Wert, unabhängig davon, um was für eine Substanz es sich handelt.

Damit ist deutlich geworden, daß auch die Mechanik komplizierter wird. Es muß ein *neues Naturgesetz* angenommen werden, wonach sich starre

Stäbe in der Nähe schwerer Massen zusammenzuziehen, wobei die Kontraktion nicht nur von der Masse und der Entfernung, sondern auch noch von der Lage des Stabes relativ zur radialen Richtung abhängt. In Analogie zur oben verwendeten Symbolik für die optische Theorie soll die neue mechanische Theorie M^* heißen.

Wir können nunmehr die erste Fassung der allgemeinen Relativitätstheorie T_r in unserer Symbolik wiedergeben. Wir nennen sie die P-Fassung dieser Theorie. Dies ist eine Kurzformel für den längeren Ausdruck „Formulierung der allgemeinen Relativitätstheorie bei Befolgung des Poincaré-schen Einfachheitsprinzips". Wir gelangen so zu:

(P) T_r in der P-Fassung: $G_e + M^* + O^*$.

Der Preis, den man bei dieser Formulierung der Theorie dafür bezahlen muß, an der euklidischen Geometrie festhalten zu können, besteht in nichts Geringerem als darin, daß man *eine Komplikation aller übrigen physikalischen Gesetze* in Kauf nehmen muß. Lohnt sich dieser Preis? EINSTEINs fundamentale Einsicht bestand in der Erkenntnis, daß sich der Preis *nicht* lohnt. Es erscheint als viel sinnvoller, eine Komplikation in der Geometrie in Kauf zu nehmen und dafür die physikalischen Gesetze unverändert zu lassen. Während POINCARÉ trotz völlig andersartiger Begründung wenigstens im Ergebnis mit KANTs Auffassung übereinstimmt, *weicht EINSTEIN somit gerade im Ergebnis von diesen beiden Denkern ab.*

POINCARÉs Fehler bestand darin, daß er den geometrischen Aspekt der Physik unberechtigt überbetonte und auf die übrigen physikalischen Gesetze nur einen Seitenblick warf. Dadurch verlor er das Augenmaß für eine adäquate Beurteilung des Verhältnisses von geometrischen und nichtgeometrischen physikalischen Gesetzen. EINSTEIN erkannte demgegenüber, daß es auf *die Einfachheit des Gesamtsystems* ankommt und daß man daher a priori überhaupt nichts darüber aussagen kann, ob man die Physik der Geometrie unterordnen solle oder umgekehrt die Geometrie den übrigen physikalischen Gesetzmäßigkeiten. Es wäre zwar rein logisch denkbar, daß die einfachste physikalische Geometrie jene ist, welche auch die einfachsten anderen physikalischen Gesetze im Gefolge hat. *Tatsächlich besteht jedoch keine solche prästabilierte Harmonie zwischen euklidischer Geometrie und Naturgesetzen.* In gewissen Fällen mag das Einfachheitsprinzip von POINCARÉ zu adäquaten Theorienbildungen führen. In anderen Fällen wiederum mag es grundlose Komplikationen im Gefolge haben, weshalb ein Festhalten an diesem Prinzip nicht Ausdruck einer rationalen Einstellung, sondern grundloser Borniertheit wäre. Gerade ein solcher Fall ist bei der allgemeinen Relativitätstheorie gegeben. Die Formulierung von T_r in einer von (P) abweichenden Fassung, die sich nicht mehr auf G_e stützt, erscheint als zweckmäßiger, da auf diese Weise eine Vereinfachung in der Formulierung der Gesamttheorie T_r erzielt wird. Daß durch diese Vereinfachung auch ein ästhetisches Bedürfnis erfüllt wird, sei nur nebenbei erwähnt. Die von EINSTEIN gewählte Fassung der Theorie T_r bezeichnen wir als deren E-Fassung. Schematisch kann man diese Darstellung folgendermaßen wiedergeben: An die Stelle der euklidischen physikalischen Geometrie G_e tritt eine nichteuklidische Geometrie G_n. Die Gesetze der Mechanik und Optik bleiben jedoch genau dieselben wie in der vorrelativistischen Theorie. Wir können sie also wieder durch M_k und O_k abkürzen. Damit erhalten wir:

(E) T_r *in der E-Fassung:* $G_n + M_k + O_k$.

Keine dieser beiden Fassungen ist mit der klassischen Theorie T_k, also mit $G_e + M_k + O_k$, empirisch äquivalent. *Dagegen besteht eine empirische Äquivalenz zwischen T_r in der P-Fassung und T_r in der E-Fassung.* Dies rechtfertigt es, von zwei verschiedenen Darstellungsweisen einer und derselben Theorie zu reden oder davon, daß hier ein und dieselbe Theorie *in zwei verschiedenen Sprachen* formuliert sei: in (P) in der euklidischen Sprache und in (E) in der nichteuklidischen Sprache. Wenn man diese Charakterisierung zugrundelegt, so unterscheiden sich die beiden Einfachheitsprinzipien nicht mehr dadurch, daß sie zu einer *Auswahl zwischen verschiedenen Theorien* führen, sondern dadurch, daß sie *eine Entscheidung zwischen verschiedenen sprachlichen Darstellungen empirisch äquivalenter Theorien* gestatten. Der letztere Zusatz erscheint als notwendig. Denn die eben gegebene Charakterisierung ist etwas unvorsichtig: Von ein- und derselben Theorie sollte man nur bei *logischer* bzw. *analytischer* Äquivalenz sprechen. Im vorliegenden Fall wird dagegen nur verlangt, daß die schwächere Relation der *empirischen Äquivalenz* vorliegt. (Analytische Äquivalenz besteht zwischen (P) und (E) sicherlich nicht, da nicht einmal die beiden theoretischen Begriffssysteme miteinander identisch sind; verschiedene Grundbegriffe der nichteuklidischen Geometrie z. B. kommen in der euklidischen Sprache überhaupt nicht vor.)

Es müssen jetzt noch einige Erklärungen zur Verdeutlichung gegeben werden. Zunächst soll mittels eines auf REICHENBACH zurückgehenden Modells die Möglichkeit aufgezeigt werden, Prinzipien der physikalischen Geometrie und andere physikalische Gesetzmäßigkeiten wechselseitig auszutauschen[43]. Das Modell verdeutlicht zugleich, daß das Programm von POINCARÉ immerhin prinzipiell durchführbar ist.

Aus Gründen der Anschaulichkeit wird ein zweidimensionales Modell gewählt. Dabei wird eine auf GAUSS zurückgehende Entdeckung benützt, wonach die Form einer gekrümmten Fläche durch die geometrischen Strukturen *innerhalb dieser Fläche* bestimmt ist, also für die Charakterisierung die-

---

[43] REICHENBACH, [Raum-Zeit], S. 19 ff. In der späteren Interpretation weichen wir von derjenigen REICHENBACHs etwas ab.

ser Form keine Bezugnahme auf den dreidimensionalen Raum erforderlich ist, in den diese Fläche eingebettet ist. Gewöhnlich allerdings benützen wir eine solche Charakterisierung der Krümmung „von außen". Das Gaußsche Verfahren läßt sich am einfachsten am Beispiel einer Kugelfläche erläutern: Wenn wir die Kugel mit einer Ebene zur Berührung bringen, so berühren sich die beiden Flächen genau in einem Punkt. An allen anderen Punkten werden die Abstände zwischen Kugel und Ebene immer größer. Die Krümmung der Kugelfläche wird hier *von außen* festgestellt. Wir müssen ja in die dritte Dimension gehen, um die zunehmenden Abstände zwischen Ebene und Kugel zu ermitteln. Wie GAUSS erkannte, braucht man diesen Ausflug ins Dreidimensionale gar nicht vorzunehmen. Man kann die Krümmung der Kugelfläche erkennen, ohne Messungen von außerhalb hinzuzunehmen, also auf Grund einer rein zweidimensionalen Betrachtung. Nehmen wir an, daß auf der Kugel sehr kleine Wesen herumkrabbeln, welche durch eine praktische „Feldmessung" die Gestalt der Fläche bestimmen möchten, auf der sie leben. Sie könnten z. B. einen großen Kreis ziehen und das Verhältnis von Umfang und Durchmesser dieses Kreises bestimmen. Würden sie auf einer Ebene leben, so müßten sie dabei (in den Grenzen der Meßgenauigkeit) die Zahl π erhalten. Da sie auf einer Kugel leben, wird dieser Wert kleiner sein. Denn der Wert π würde sich ergeben, wenn man den Durchmesser auf einer Ebene wählte, welche den Kreis aus der Kugel herausschneidet, so daß dieser „ebene Durchmesser" die Kugel schräg durchbohrt. Der im Bogen verlaufende Kreisdurchmesser auf der herausgeschnittenen Kugelkappe, welcher *tatsächlich gemessen* wurde, ist dagegen länger, das Verhältnis des Kreisumfanges zu ihm also kleiner als π.

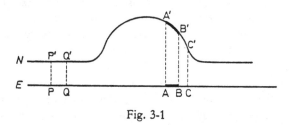

Fig. 3-1

Nach dieser vorbereitenden Bemerkung gehen wir zum Reichenbachschen Modell über. Gegeben seien zwei Flächen N und E (vgl. die Fig. 3-1). Das Material der oberen Fläche N ist Glas. Die Fläche besteht aus einer großen Halbkugel, welche am Rand ohne Knick in eine ebene Glasplatte ausläuft (diese Ebene verläuft nach allen Richtungen ins Unendliche; für praktische Zwecke genügt es, die Ebene als sehr groß anzunehmen). Auf der Fläche befinden sich Menschen, welche durch die von GAUSS geschilderten Verfahren die Form dieser Fläche mittels geometrischer Messungen auf der Fläche ermitteln[44]. Nach einiger Zeit hätten sie die Form der Fläche auf Grund von Messungen erkannt. Insbesondere würden sie also erfahren, daß im Zweidimensionalen die geometrische Struktur in der Mitte nicht mehr euklidisch ist: Wo sich die Halbkugel befindet, würde die sphärische Geometrie, ein Spezialfall der Riemannschen Geometrie, gelten, auf dem stetigen Übergang zur Ebene dann für ein begrenztes Stück die Lobatschewskische Geometrie, und erst auf der Ebene selbst die euklidische Geometrie.

Die Fläche E unterhalb von N ist demgegenüber durchgehend eine Ebene. Sie sei ebenfalls von Wesen bevölkert, welche diese Tatsache auf Grund von Messungen feststellen. Eine weitere Annahme lautet: Auf die aus Glas bestehende Fläche N fallen senkrecht von oben Lichtstrahlen ein, welche bis zu E gelangen und durch Parallelprojektion von allen Gegenständen in N ein scharfes Schattenbild in E erzeugen. Das gilt insbesondere für die starren Maßstäbe, welche die N-Menschen während ihrer Messungen herumtransportieren. Diese N-Menschen würden, falls sie durch das Glas nach unten blicken, erkennen, daß die Schattenbilder in den mittleren Gebieten von E *Verzerrungen* erleiden. Die beiden Strecken $A'B'$ und $B'C'$ würden von den N-Menschen als gleich groß beurteilt; die zugehörigen Projektionen AB und BC hingegen würden sie als verschieden lang bezeichnen.

Zu demselben Resultat bezüglich der Längen von AB und BC würden auch die E-Menschen gelangen, sofern sie dieselbe Längenmetrik gewählt haben wie die N-Menschen und in der E-Welt dieselben Naturgesetze gelten wie in der N-Welt. Nun nehmen wir aber weiter an, daß auf der Ebene E zusätzlich *eine rätselhafte Kraft* wirkt, welche die in E transportierten Maßstäbe so verzerrt, daß sie stets dieselbe Größe haben wie die von N nach unten projizierten Schattenbilder der Maßstäbe in N. Diese Kraft wirke nicht bloß auf die Maßstäbe, sondern in gleicher Weise auf *alle* Objekte in E: auf sämtliche physischen Gegenstände, insbesondere auf alle Meßinstrumente, ja sogar auf Menschen und Tiere. REICHENBACH nennt eine solche Kraft eine *universelle Kraft*[45]. Es wäre wegen der sich fast unver-

---

[44] Um sich von dem Verdacht zu befreien, daß bei der Ermittlung der Flächenform doch entweder eine dreidimensionale Anschauung oder ein von der dritten Dimension Gebrauch machendes Meßverfahren eine Rolle spiele, kann man die Fiktion hinzufügen, daß auf den Flächen N und E nicht Menschen herumklettern, sondern vollkommen flache, zweidimensionale Wesen, vernunftbegabte „Beltramische Wanzen", die über kein Vermögen zur Vorstellung einer dritten Dimension verfügen. Auch diese würden durch Anwendung des Gaußschen Verfahrens die geometrische Struktur von N ermitteln können.

[45] Diese Benennung erfolgt zwecks Unterscheidung von den sogenannten *differentiellen* Kräften. Diese Kräfte, wie z. B. die Wärme, wirken *unterschiedlich* auf Objekte von verschiedenem Material und lassen sich daher direkt nachweisen. Universelle Kräfte dagegen wirken auf Objekte aller Arten von Material gleich und können somit nicht in dieser Weise festgestellt werden.

meidlich beim Kraftbegriff einstellenden anthropomorphen Assoziationen besser, von *universellen Effekten* zu reden, die durch ein *Naturgesetz* zu erklären sind. Dieses Gesetz würde genau beschreiben, wie sich die Objekte in den mittleren Gebieten von E verzerren.

Der entscheidende Punkt ist der, *daß jetzt die Meßresultate, zu denen die E-Menschen auf ihrer Fläche gelangen, mit den Meßresultaten der N-Menschen auf deren Fläche vollkommen übereinstimmen.* Wie werden also die E-Menschen reagieren? Dies kann man nicht a priori sagen. *Eine* Reaktion wäre die, daß sie zu genau demselben Resultat gelangen wie die N-Menschen, nämlich zu der Auffassung, daß ihre Fläche nicht vollkommen eben, sondern in der Mitte halbkugelförmig nach oben ausgebeult ist. Es könnte aber auch sein, daß sie die im vorigen Absatz geschilderte Konsequenz ziehen und behaupten, sie befänden sich zwar auf einer Ebene, es gelte aber daneben ein merkwürdiges Naturgesetz, welches die Verzerrungen aller Gegenstände in den mittleren Gebieten regiere. Zugleich sehen wir jetzt, daß wir *wegen der Übereinstimmung in den Meßdaten* die Rolle der E-Menschen und der N-Menschen auch vertauschen könnten. Es wäre genauso gut möglich, daß die N-Menschen behaupteten, sie wohnten auf einer Ebene, daß aber auf Grund eines seltsamen Naturgesetzes in den mittleren Gebieten alle Gegenstände verzerrt würden; und daß die E-Menschen, wie bereits geschildert, für ihre Fläche im mittleren Gebiet eine Abweichung von der euklidischen Struktur annähmen.

Dieses Ergebnis läßt sich für drei Erkenntnisse auswerten, denen wir uns nun zuwenden:

(I) Es ist damit gezeigt, daß POINCARÉs Ansicht in einer Hinsicht zutrifft. Es ist tatsächlich eine Sache des *Beschlusses*, N oder E für eine Ebene zu erklären und die Naturgesetze geeignet zu modifizieren. Wenn *wir* zunächst davon ausgingen, daß N eine in der Mitte gekrümmte Fläche und E eine Ebene sei, so stützten wir uns dabei auf eine dreidimensionale Anschauung; denn die Fig. 3-1 bildet ja *dreidimensionale* Querschnitte durch die beiden Flächen ab. Von dieser Anschauung aber müssen wir abstrahieren, wenn wir uns in die Lage der auf N und E lebenden Wesen versetzen wollen, die mittels zweidimensionaler Untersuchungen allein die Geometrie ihrer Fläche bestimmen. Die Befreiung von dieser durch die Fig. 3-1 nahegelegten Suggestion entfernt zugleich das psychologische Hindernis, das sich einem in den Weg stellt, wenn man die prinzipielle Gleichwertigkeit der beiden Beschreibungsformen verstehen will. POINCARÉs *These, daß es eine Sache der Konvention sei, welche Beschreibungsform man wählen wolle, ist daher unanfechtbar. Ebenso unangreifbar ist seine Behauptung, daß man es stets so einrichten kann, daß die gewünschte Geometrie, z. B. die euklidische, herauskommt.*

(II) Zugleich liefert uns dieses zweidimensionale Modell *eine Veranschaulichung für die beiden unterschiedlichen wissenschaftstheoretischen Positionen von* POINCARÉ *und von* EINSTEIN. Gehen wir davon aus, daß die N-Menschen sowie die E-Menschen jene geometrische Struktur annehmen, welche durch das anschauliche Bild der Fig. 3-1 nahegelegt wird und welches wir auch zunächst beschrieben haben. *Die E-Menschen wären dann jene, welche das Poincarésche Einfachheitsprinzip befolgen, die N-Menschen jene, welche die Haltung* Einsteins *einnehmen.*

Die E-Menschen wollen den Glauben an die Gültigkeit der euklidischen Geometrie nicht fallen lassen (oder soll man besser sagen: sie sind nicht bereit, ihr Vorurteil zugunsten der euklidischen Geometrie preiszugeben?). Es bleibt ihnen daher nichts anderes übrig, als *seltsame Naturgesetze* einzuführen, mit deren Hilfe man die beschriebenen universellen Effekte erklären kann. Es spielt dabei keine Rolle, *aus welchem Motiv* sie an der euklidischen Geometrie festhalten wollen, also etwa aus den Gründen, welche die Vertreter des synthetischen Apriorismus anführen, oder aus dem Grund, den Poincaré anführt. Falls wir zusätzlich annehmen, daß das Motiv für den Entschluß der E-Menschen in der Annahme des Poincaréschen Einfachheitsprinzips liegt, so bildet die E-Welt *ein zweidimensionales Modell für die Wirksamkeit des Poincaréschen Prinzips*, und zwar bei Zugrundelegung von Beobachtungen von der Art, die zur allgemeinen Relativitätstheorie führten. Die Wirksamkeit dieses Prinzip zeigt sich an dem, was wir früher schlagwortartig die Unterordnung der Physik unter die Geometrie nannten.

Die N-Menschen nehmen demgegenüber eine *liberalere* Haltung ein. Für sie hat die physikalische Geometrie keine Vorrangstellung gegenüber anderen Naturgesetzen. Auf Grund ihrer Meßergebnisse sind sie daher bereit, die Annahme fallenzulassen, daß sie auf einer durchgängig euklidischen Ebene leben, und die Hypothese von der partiell nichteuklidischen Struktur ihrer Fläche zu akzeptieren. Durch diese Bereitschaft entgehen sie der Notwendigkeit, die bisher geltenden Naturgesetze modifizieren oder neue Gesetze hinzufügen zu müssen. Ihr leitendes Prinzip ist: Dasjenige *Gesamtsystem* soll gewählt werden, welches *das einfachste* ist; demgegenüber ist keinem Teilsystem, sei es auch so umfassend wie die Geometrie, ein Vorrang einzuräumen. Dies ist das Analogon zum methodischen Prinzip Einsteins: Die Geometrie ist der Physik unterzuordnen und nicht umgekehrt.

(III) An früherer Stelle wurde gesagt, daß Reichenbach das methodische Prinzip Einsteins explizit zu formulieren versuchte. Bisher war stets nur von der Einfachheit des Gesamtsystems die Rede. Dies ist eine vage Charakterisierung. Reichenbachs *Formulierung der Regel*, die der Poincaréschen Regel entgegenzusetzen ist, lautet in präziserer Fassung: *Eine physikalische Theorie ist stets so zu formulieren, daß darin keine universellen Kräfte vorkommen.* In unserer Sprechweise ausgedrückt: *Bei der Aufstellung einer Theorie soll es stets vermieden werden, daß Naturgesetze eingeführt werden müssen, um universelle Effekte zu erklären.*

Gegen diese Regel verstoßen die *E*-Menschen im obigen Bild, da sie an der Regel von POINCARÉ festhalten. Der Konflikt zwischen den beiden Regeln wird von ihnen zugunsten des Poincaréschen Prinzips beseitigt und es wird ein entsprechendes Gesetz eingeführt. Die *N*-Menschen hingegen befolgen die Reichenbach-Regel. Sie führen keine neuen Kräfte oder Gesetze ein, sondern modifizieren die Geometrie.

Der analoge Unterschied wie der zwischen den Interpretationen der *E*-Menschen und der *N*-Menschen besteht zwischen den beiden Formulierungen der allgemeinen Relativitätstheorie T_r: (P) und (E). An einem früheren Beispiel soll verdeutlicht werden, wie sich hier die Regel in der Reichenbachschen Fassung auswirkt.

Weiter oben ist erwähnt worden, daß die in I,6.b eingeführte Korrekturformel für die Längenmetrik innerhalb der allgemeinen Relativitätstheorie *in der P-Fassung* eine wesentliche Komplikation erfährt, da sie noch mit dem Faktor $\left(1 - C\,\dfrac{m}{r}\cos^2\varphi\right)$ multipliziert werden muß. Die darin vorkommende universelle Konstante C zeigt einen universellen Effekt an (in REICHENBACHs Ausdrucksweise: eine universelle Kraft). Denn diese Konstante gilt für jedes Gravitationsfeld sowie für jeden Körper, gleichgültig, aus welchem Material er besteht. Es handelt sich also um eine Art von Effekt, die nach REICHENBACH vermieden werden soll. Tatsächlich *wird* sie vermieden, wenn man zu T_r *in der E-Fassung* übergeht. Hier gilt wieder die ursprüngliche einfache Korrekturformel für die Länge: $l = l_0\,[1 + \beta\,(T - T_0)]$. Dies ist einfach Ausdruck dessen, daß in der *E*-Fassung von T_r keine Notwendigkeit mehr besteht, davon zu sprechen, daß sich Körper in Gravitationsfeldern ausdehnen oder zusammenziehen, wie dies in der *P*-Fassung geschieht. *Die universelle Kraft, welche man Gravitation nennt, ist hier durch Einführung einer geeigneten (variablen) Metrik wegtransformiert.* Dies entspricht in unserem zweidimensionalen Bild dem Vorgehen der *N*-Menschen, welche die Verzerrungen von Körpern in den mittleren Gebieten ihrer Fläche nicht wie die *E*-Menschen durch Einführung einer universellen Kraft (eines Naturgesetzes zur Erklärung universeller Effekte) deuten, sondern durch Annahme einer nichteuklidischen Flächenmetrik[46].

Das Einfachheitsprinzip von POINCARÉ hatte einen technischen Vorteil: Es war *in quantitativ präzisierter Sprache* abgefaßt. Es soll danach ja stets Räumen mit dem Krümmungsmaß 0 der Vorzug gegeben werden. Das von

---

[46] In wortsprachlichen Darstellungen der allgemeinen Relativitätstheorie wird häufig einerseits betont, daß der Raum nach EINSTEINs Theorie einen nichteuklidischen Charakter habe, andererseits davon gesprochen, daß sich nach dieser Theorie Körper in Gravitationsfeldern zusammenziehen. Dies führt unweigerlich zu einer Verwirrung; denn es zeigt, daß der Autor, ohne den Leser zu warnen, zwischen den Sprechweisen der *E*-Darstellung und der *P*-Darstellung hin- und herspringt. Selbst REICHENBACHs vorzügliches Buch ist in den letzten Teilen von dieser linguistischen Konfusion nicht ganz frei.

EINSTEIN befolgte Einfachheitsprinzip schien demgegenüber mit einer unbehebbaren *Vagheit* behaftet zu sein. Denn wenn gefordert wird, daß es im Zweifelsfall nicht auf die Einfachheit von Teiltheorien, sondern auf die Einfachheit des Gesamtsystems ankomme, so stellt sich sofort die Frage: *Auf Grund von welchen Kriterien beurteilen wir denn, ob eine Theorie T_1 einfacher ist als eine andere Theorie T_2?* Die Reichenbachsche Fassung des Einsteinschen Einfachheitsprinzips gibt zwar keine Antwort in quantitativer Sprache, *verleiht jedoch diesem Prinzip mit der Forderung nach Elimination universeller Kräfte für alle theoretischen wie praktischen Zwecke hinreichende Klarheit.*

Gehen wir nochmals auf das Bild von Fig. 3-1 zurück. Wir beschränken uns auf die obere Fläche und denken uns einerseits die kugelförmige Aufwölbung stark abgeflacht, andererseits den „sattelförmigen" Übergang zur Ebene viel allmählicher vollzogen, so daß die Ebene selbst in unendliche Ferne rückt. Dann haben wir ein ungefähres zweidimensionales Bild von den metrischen Verhältnissen in der Umgebung einer schweren Masse gewonnen (natürlich nach der *E-Fassung* von T_r). Im mittleren Gebiet können wir uns etwa die Masse der Sonne konzentriert denken. Innerhalb der Sonne hat der Raum eine konstante positive Krümmung, ist also ein Riemannscher Raum im früheren Sinn. Außerhalb der Masse ist die Krümmung negativ, aber nicht konstant, da sich ein allmählicher, wenn auch sehr langsamer Übergang in die Ebene vollzieht[47]. Wir haben es also mit einer stetigen Folge von LOBATSCHEWSKI-Geometrien zu tun, deren negatives Krümmungsmaß immer kleiner wird und gegen den Grenzwert 0 geht.

Damit ist etwas explizit ausgesprochen worden, wovon wir bereits seit längerem impliziten Gebrauch machten. Bei der in 3.a gegebenen Klassifikation der Geometrien handelte es sich um Geometrien von *konstanter* Krümmung. Jetzt haben wir es hingegen mit Geometrien zu tun, deren Krümmung nicht konstant ist, sondern variiert. Im allgemeinen Fall kann sich die metrische Struktur sogar von Punkt zu Punkt ändern. Von einer derartigen wenigstens partiell variablen Metrik haben wir schon bei der Beschreibung der Erlebnisse der N-Menschen Gebrauch gemacht. Dort handelte es sich um eine Flächenmetrik. Gehen wir zum dreidimensionalen (oder beliebig n-dimensionalen) Fall über, so haben wir es mit der allgemeinen Riemannschen Geometrie zu tun. *Der Ausdruck „Riemannsche Geometrie" ist also doppeldeutig:* man kann darunter die geometrische Struktur eines Raumes von konstanter positiver Krümmung verstehen; es kann damit aber auch eine Geometrie gemeint sein, die kein konstantes Krümmungsmaß besitzt. Mit einer solchen *allgemeinen* Riemannschen Geometrie wird in der Theorie T_r in der *E-Fassung* gearbeitet. (Das „n" in „G_n" in der *E-Fassung*, welches für „nichteuklidisch" steht, soll auf diesen *allge-*

---

[47] Vgl. dazu auch das anschauliche Bild in 16—1 bei CARNAP, [Physics], Kap. 16, S. 155.

meineren Fall hinweisen.) Die mathematisch-technischen Hilfsmittel zur Behandlung allgemeiner Riemannscher Räume sind gerade noch rechtzeitig um die Jahrhundertwende durch die damals entstehende Differentialgeometrie zur Verfügung gestellt worden. Ohne diese Hilfsmittel hätte EINSTEIN seine Theorie nicht formulieren können.

Anmerkungen. Es sollen hier wenigstens einige Andeutungen über die analytische Behandlung allgemeiner Riemannscher Räume gemacht werden, da einige Aspekte dieser Methode für sich von großem logischen Interesse sind[48]. Gehen wir davon aus, daß wir es mit einer zweidimensionalen euklidischen Ebene zu tun haben, in welcher ein rechtwinkliges Koordinatensystem mit einer x- und einer y-Achse angebracht ist. Dieses Koordinatensystem erfüllt eine doppelte Aufgabe. Die erste Aufgabe besteht darin, daß die Punkte der Ebene umkehrbar eindeutig auf reelle Zahlenpaare abgebildet werden. Wir bezeichnen dies als die *Benennungs-* oder *Numerierungsfunktion.* Statt bestimmten Punkten die Namen „Hans", „Peter" usw. zu geben, erhalten sie als Namen die zugeordneten Zahlenpaare, z. B. $\langle 2,5 \rangle$, $\langle 3,1 \rangle$ usw. Auf eine tieferliegende Bedeutung dieser ersten Aufgabe kommen wir weiter unten zu sprechen. Die zweite Aufgabe besteht in der *metrischen Funktion.* Dadurch wird der Abstand zwischen zwei beliebigen Punkten durch deren Koordinatenwerte nach dem Pythagoräischen Lehrsatz bestimmt. Haben die Punkte die Koordinaten $\langle x_1, y_1 \rangle$ und $\langle x_2, y_2 \rangle$, so ergibt sich somit als Wert des Abstandes a zwischen ihnen:

$$a = + \sqrt{(x_2 - x_1)^2 + (y_2 - y_1)^2}.$$

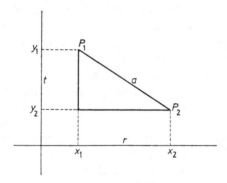

Fig. 3-2

Die Rechtwinkligkeit der Koordinaten ist nicht wesentlich. Angenommen, wir hätten schiefwinklige Koordinaten benützt. Wenn wir die Abkürzungen $r = x_2 - x_1$ und $t = y_2 - y_1$ einführen, dann können wir den Abstand nach dem erwei-

---

[48] Für eine ausführlichere Schilderung vgl. REICHENBACH, [Raum-Zeit], § 39. Die dort ausgesprochene optimistische Auffassung von REICHENBACH, daß man diese Dinge auch jemandem voll verständlich machen könne, der mit den einschlägigen mathematischen Begriffen nicht vertraut ist, teile ich allerdings nicht.

terten Pythagoräischen Lehrsatz bestimmen, sofern uns der Winkel ψ zwischen
r und t bekannt ist, nämlich:

(1) $a = + \sqrt{r^2 + t^2 - 2rt \cos \psi}.$

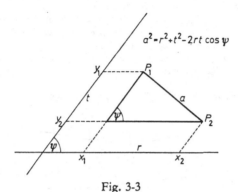

Fig. 3-3

Jetzt betrachten wir einen noch viel allgemeineren Fall. Wir nehmen an, die
Ebene sei von einem Netz krummer Linien durchzogen, die in irgendeiner ganz
beliebigen Folge numeriert sind. Zu einem derartigen Netz kann man etwa in
folgender Weise gelangen: Den Ausgangspunkt bilde ein rechtwinkliges Koordinatensystem, wobei sowohl zur x-Achse als auch zur y-Achse für die ganze Ebene
in sehr engen Abständen Parallelen gezogen werden (so daß die Ebene ähnlich aussieht wie ein nach allen Seiten verlängertes Millimeterpapier). In einem zweiten
Schritt denken wir uns diese Geraden in beliebiger Weise gekrümmt, wobei nur
die *eine* Bedingung erfüllt werden muß, daß zwei Linien, die ursprünglich parallel
waren, sich auch jetzt nicht berühren dürfen. Dagegen wird keine konstante
Krümmung verlangt: Zwei beliebige nebeneinander verlaufende Linien können
an gewissen Stellen sehr nahe beieinander liegen, an anderen Stellen weit aus-
einanderlaufen. Nun kommt der entscheidende Abstraktionsschritt: *Wir belassen
dem so zustande gekommenen Koordinatensystem nur mehr die erste Aufgabe, sprechen ihm
dagegen die zweite Aufgabe ab.* Dies bedeutet, daß wir die Metrik in neuartiger Weise
erst wieder einführen müssen.

Hätten wir diesem krummlinigen Koordinatensystem die metrische Funktion
belassen, so könnten wir wenigstens für die einzelnen Zellen des Netzwerkes den
erweiterten Pythagoräischen Lehrsatz als approximativ geltend annehmen, um die
Länge der Diagonale, die durch eine solche Zelle hindurchgeht, zu bestimmen.
Denn da wir das Netz als sehr dicht voraussetzten, kann man die Maschen, bezogen
auf eine bestimmte kleine Zelle, als angenäherte Gerade betrachten; die einzelnen
Zellen haben ja angenähert die Gestalt von Parallelogrammen. Die Länge einer
beliebigen krummlinigen Kurve könnten wir dann durch einen Polygonzug, bestehend aus einer Folge solcher kleinen Diagonalen, approximieren.

Doch ergibt auch dies jetzt keinen Sinn mehr, da die Maschen des Netzwerkes nur mehr der *Numerierung* dienen. *Dadurch jedoch, daß wir beschließen, zusätzlich jeder Zelle je zwei Zahlen α und β zuzuordnen, führen wir diese Metrik nachträglich
wieder ein.* Dies sei kurz geschildert. Bezeichnen wir die nach rechts und links
fortschreitenden Numerierungen mit der Variablen x_1 und die nach oben und
unten verlaufenden mit der Variablen x_2 (diese beiden Variablen treten an die
Stelle der bisher verwendeten x und y). Wir greifen eine beliebige Zelle heraus

und versuchen, den erweiterten Pythagoräischen Lehrsatz (1) zur Bestimmung der Diagonale anzuwenden. Δx_1 und Δx_2 seien die beiden Nummerndifferenzen, welche sich für diese Zelle nach den zwei Koordinatenrichtungen ergeben. Diese Nummerndifferenzen können wir, wie erwähnt, *nicht* für r und t in (1) einsetzen, weil sie als solche nichts mit Messung zu tun haben. Eine Längenmetrik erhalten wir jedoch durch jeweilige Multiplikation dieser Nummerndifferenzen mit den Zahlen α und β. Wir gewinnen auf diese Weise: $r = \alpha \, \Delta \, x_1$ und $t = \beta \, \Delta \, x_2$. Den Abstand, den wir oben mit a bezeichneten, nennen wir jetzt Δs. Daraus entsteht durch Einsetzung in (1) — wenn wir außerdem die rechte und linke Seite zum Quadrat erheben — die Formel:

$$(2) \quad (\Delta s)^2 = \alpha^2 (\Delta x_1)^2 + \beta^2 (\Delta x_2)^2 - 2 \alpha \beta \, \Delta \, x_1 \, \Delta x_2 \cos \psi.$$

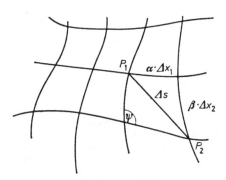

Fig. 3-4

Eigentlich hätten wir die beiden Ausdrücke „α" und „β" noch mit zwei Indizes versehen müssen. Denn das Zahlenpaar α; β wurde ja *nur dieser ganz bestimmten, von uns herausgegriffenen Zelle* zugeordnet. Die Zahlenpaare können von Zelle zu Zelle variieren. Darin kommt nichts anderes als die Tatsache zum Ausdruck, daß wir es nicht mit einer für die ganze Fläche gleichbleibenden, sondern mit einer von Zelle zu Zelle variierenden Metrik zu tun haben. Der Leser muß sich also vorstellen, daß für die gesamte Fläche, Zelle für Zelle, ein derartiges Zahlenpaar α; β bestimmt wurde und dann die entsprechende Längenbestimmung gemäß der Formel (2) durchgeführt worden ist. Die Gesamtheit der fraglichen Zahlenpaare ist abzählbar unendlich. Wir verzichten auf die Indizierung, da das Bisherige ohnedies nur ein Provisorium darstellt.

Es ist nämlich noch erforderlich, den Übergang vom „sehr Kleinen" zum „unendlich Kleinen" vorzunehmen. Die Abstände zwischen den Zellen sollen also unendlich klein werden. Diese Rede vom unendlich Kleinen ist natürlich nur eine façon de parler, welche in der Sprache der Analysis mittels des Begriffs des Grenzüberganges präzisiert wird. An die Stelle der *Differenzen* Δ s, Δ x_1 und Δ x_2 treten dann die *Differentiale* ds, dx_1 und dx_2, und an die Stelle der abzählbar unendlich vielen Zahlenpaare α; β tritt jetzt ein Kontinuum von Zahlenpaaren, die man *als Werte einer Funktion* auffassen kann, die jedem Punkt der Fläche diese beiden Zahlen zuordnet. Wir erhalten sogar noch eine dritte Zahl, da ja auch der obige Winkel ψ von Zelle zu Zelle bzw. jetzt genauer: von Punkt zu Punkt, variiert.

Wir führen nun die üblichen Symbolik ein, welche das eben Ausgesprochene sowohl zu vereinfachen wie zu präzisieren gestattet. Die terminologischen Abkürzungen lauten:

(3) $\alpha^2 = g_{11}$; $\beta^2 = g_{22}$; $- \alpha \beta \cos \psi = g_{12} = g_{21}$

Die letzte doppelte Definitionsgleichung soll besagen, daß der Ausdruck „$-\alpha \beta$ cos ψ" wahlweise durch „g_{12}" oder durch „g_{21}" abgekürzt werden kann. Die Formel (2) verwandelt sich dadurch in den kurzen und bündigen Ausdruck:

(4) $ds^2 = g_{ik} \, dx_i \, dx_k$ für $i, k = 1, 2$.

Dabei ist von der Summenkonvention EINSTEINs Gebrauch gemacht worden: Über die doppelt vorkommenden Indizes ist zu summieren (durch diese Konvention erspart man sich das Anschreiben eines Summenzeichens zu Beginn). Das rechte Glied von (4) drückt also eine zusätzliche Abkürzung aus; denn es steht für eine Summe von vier Gliedern. Da die g_{ik} Punktfunktionen des Ortes sind, könnte dies in der Gleichung (4) explizit gemacht und diese so angeschrieben werden: $ds^2 = g_{ik}(x_1, x_2) \, dx_i \, dx_k$.

Oben ist erwähnt worden, daß man eine beliebige Kurvenstrecke durch einen Polygonzug von sehr kleinen Strecken Δs annähern könnte, die Kurve also approximativ durch die Summe dieser Δs wiederzugeben hätte. Nach dem Übergang zu den Differentialen muß man die Summe durch ein Integral ersetzen. Vorausgesetzt ist dabei nur, daß man die Koordinatennummern jener Punkte kennt, welche die Kurvenstrecke durchläuft. Sind P und Q Anfangs- und Endpunkt dieser Strecke, so lautet die Längenformel also:

(5) $\int\limits_P^Q ds = \int\limits_P^Q \sqrt{g_{ik} \, dx_i \, dx_k}$

Die erste Aufgabe des Koordinatensystems können wir jetzt auch dessen *topologische* Aufgabe nennen. Diese Bezeichnungsweise ist deshalb berechtigt, weil durch die Numerierung trotz deren prinzipieller Willkür die *Nachbarschaftsverhältnisse* bestimmt sind. Daß z. B. ein Punkt auf einer Kurve *zwischen* zwei anderen Kurvenpunkten liegt, ist bereits durch das seiner metrischen Aufgabe entkleidete Koordinatensystem festgelegt. *Die metrische Aufgabe hingegen wird ganz von den Funktionen g_{ik} übernommen.* Das ursprüngliche Koordinatensystem, welches beide Aufgaben zu erfüllen hatte, enthält somit nur mehr die grundlegende topologische Funktion und überträgt die zweite dem System der g_{ik}. Erst mittels dieser g_{ik} wird eine Längenmessung möglich.

Das gegebene Koordinatensystem war ganz beliebig. Daraus ergibt sich folgendes weitere Problem: Geht man zu einem neuen Koordinatensystem über, welches die Koordinatenpunkte x_1 und x_2 in neue Koordinatenpunkte x_1^* und x_2^* überführt, so hat an die Stelle des alten Systems der g_{ik} ein neues System g_{ik}^* zu treten, von dem wir verlangen müssen, *daß es genau dieselben Längen bestimmt wie das alte System.* Kurvenstücke, die im alten System gleich lang waren, müssen also auch im neuen gleich lang sein, d. h. es muß gelten: $g_{ik} \, dx_i \, dx_k = g_{mn}^* \, dx_m^* \, dx_n^*$. Anders ausgedrückt: die metrischen Verhältnisse müssen unabhängig von Koordinatentransformationen sein. Aus dieser Forderung ergibt sich, daß die g_{ik} einem ganz bestimmten Transformationsprinzip genügen müssen: dem Transformationsprinzip für Tensoren. Eine Funktion g_{ik} wird daher auch ein *Tensor* genannt. Das System der g_{ik} heißt *metrischer Fundamentaltensor;* die Gleichung (4) wird *metrische Fundamentalform* genannt und ds das *Linienelement* (der fraglichen Fläche). Dieses Linienelement ist eine *transformationsinvariante* Größe, da die g_{ik} dem (hier nicht angeschriebenen, sondern nur erwähnten) Transformationsprinzip für Tensoren genügen.

Wir müssen uns jetzt daran erinnern, daß wir davon ausgingen, unsere Fläche sei eine euklidische Ebene. Wenn wir in dieser Ebene rechtwinklige Koordinaten wählen, so hat das Linienelement eine Gestalt, die dem gewöhnlichen Pythagoräischen Lehrsatz entspricht, nämlich:

(6) $ds^2 = dx_1^2 + dx_2^2$

Der metrische Fundamentaltensor hat hier die sogenannte *Normalform* erhalten. Für die beiden Koeffizienten g_{11} und g_{22} von dx_1 bzw. von dx_2 gilt, daß sie beide 1 sind: $g_{11} = g_{22} = 1$. Dagegen verschwinden, wie man sieht, die zwei anderen Komponenten: $g_{12} = g_{21} = 0$.

Man kann zeigen, daß der metrische Fundamentaltensor genau dann in diese Normalform transformierbar ist, wenn die Fläche, deren Punkte die g_{ik} zugeordnet sind, eine *euklidische Ebene* ist. Wenn man ein System g_{ik} willkürlich vorgibt, so kann man durch Transformationen, welche das erwähnte Transformationsprinzip für Tensoren erfüllen, zu zahlreichen anderen Systemen g'_{ik} übergehen. Die ganze *Klasse* der so miteinander verknüpften metrischen Fundamentaltensoren charakterisiert *eine ganz bestimmte Geometrie;* denn die Elemente dieser Klasse sind miteinander geometrisch äquivalent. Die Geometrie ist nach dem Gesagten eine euklidische Geometrie dann und nur dann, wenn sie das Normalsystem enthält. Vom formalen Standpunkt kann man daher die *euklidische Geometrie* mit dieser *Spezialklasse geometrisch äquivalenter Tensoren identifizieren.*

Auf diese Weise ist die metrische Struktur der Fläche durch die Funktionen g_{ik} bestimmt. Wären wir von der Oberfläche einer Kugel oder einer Ellipse ausgegangen, die eine zweidimensionale nichteuklidische Struktur besitzen, so wäre es *unmöglich*, das System der g_{ik} durch Transformation in das Normalsystem überzuführen. Den Mathematikern ist es geglückt, ein relativ einfaches Kriterium dafür zu entwickeln, mit dessen Hilfe man erkennen kann, ob die Klasse der zu einem vorgegebenen System g_{ik} geometrisch äquivalenten Systeme das Normalsystem enthält. Es ist dies der *Riemannsche Krümmungstensor* R_{iklmn}. Dieser Tensor verschwindet für ein System genau dann, wenn dieses System zur euklidischen Spezialklasse gehört. Gilt hingegen $R_{iklmn} \neq 0$, so ist dieser Krümmungstensor ein Maß für die Krümmung.

Wir müssen uns noch von der Voraussetzung der Zweidimensionalität befreien. Tatsächlich gelten die analogen Überlegungen auch für drei, ja sogar für beliebige n Dimensionen. Den zweidimensionalen Fall hatten wir nur aus Gründen der Anschaulichkeit zum Ausgangspunkt gewählt. (Für zweidimensionale Flächen läßt sich der Krümmungstensor durch einen wesentlich einfacheren Ausdruck, das sog. Gaußsche Krümmungsmaß, ersetzen; erst für die Behandlung des allgemeinen Falles erweist es sich als unerläßlich.)

Eine wichtige Bermerkung sei zu diesem rein mathematischen Aspekt der Tensoren noch hinzugefügt: Geht man an einem bestimmten Punkt in einen „unendlich kleinen" Bereich über, so läßt sich *für diese Stelle* stets die Transformation in das Normalsystem bewerkstelligen. (Daß dieses Normalsystem trotzdem nicht *für alle* Punkte des Raumes durchführbar ist, hat seinen Grund darin, daß man im allgemeinen Fall eine von Punkt zu Punkt verschiedene Transformation benützen muß, um die Überführung in das Normalsystem zu ermöglichen.) Darin kommt die Tatsache zur Geltung, daß infinitesimale Stücke einer gekrümmten Fläche (eines gekrümmten Raumes) als euklidische Ebenen (als euklidische Räume) aufgefaßt werden können. Umgekehrt zeigt dies, wie durch die metrischen

Funktionen g_{ik} der Geometriebegriff verallgemeinert wurde: *Der Begriff der Geometrie wurde derart erweitert, daß die euklidische Geometrie nur noch im Infinitesimalen gilt.*

Alle bisherigen Bemerkungen bezogen sich auf die mathematisch-analytische Behandlung Riemannscher Räume (im zweiten, verallgemeinerten Sinn des Wortes). EINSTEIN hat von diesen Methoden einen *physikalischen* Gebrauch gemacht. Es ist daher wesentlich, auch hier wieder scharf zwischen *mathematischer Geometrie* und *physikalischer Geometrie* zu unterscheiden. Innerhalb der ersteren sind die g_{ik} rein *mathematische Größen* (analog etwa den Funktionen, die man Cosinus oder Logarithmus nennt). In EINSTEINs Theorie hingegen werden sie zu *physikalischen* Größen. In der Terminologie formaler Sprachen ausgedrückt: Während in der Differentialgeometrie als einer mathematischen Disziplin die g_{ik} *logische* Zeichen darstellen, bilden sie innerhalb dieser physikalischen Theorie *deskriptive* Zeichen. (Im Sinn der späteren Unterscheidung zwischen zwei Sprachschichten wären die g_{ik} als *theoretische* Begriffe zu konstruieren. Es handelt sich also um deskriptive Zeichen der theoretischen Sprache und nicht der Beobachtungssprache.)

Die geschilderten analytischen Verfahren ermöglichten es EINSTEIN nicht nur, den physikalischen Raum als einen allgemeinen Riemannschen Raum zu beschreiben und dadurch die universelle Kraft, welche wir Gravitation nennen, wegzutransformieren. Er vermochte noch etwas Tieferes zu leisten. Er konnte nämlich ein Phänomen *erklären*, für welches die klassische Physik überhaupt keine Erklärung wußte: eben die metrische Struktur des Raumes. Die klassische Physik, insbesondere auch die Newtonsche Mechanik, beruhte auf der Voraussetzung, daß der physikalische Raum eine euklidische Struktur habe. Dies wurde sozusagen als eine „gottgegebene" Tatsache hingenommen, die keiner Erklärung bedurfte. Erstmals entstand jetzt die Möglichkeit einer solchen Erklärung. Dies ist an sich nichts Überraschendes, wenn man bedenkt, daß erstens die nichteuklidische Struktur an die Stelle der Gravitation tritt und daß zweitens NEWTON für die Gravitation ja eine Erklärung gegeben hatte: Sie war für ihn eine Wirkung der mit schwerer Masse behafteten Körper im All. Das Analogon für die allgemeine Relativitätstheorie bestand daher in der Annahme, *daß die durch die g_{ik} festgelegte Geometrie des Raumes eine Wirkung der Massenverteilung im Universum ist.* An die Stelle des allgemeinen Gravitationsprinzips NEWTONs tritt daher bei EINSTEIN eine Tensorgleichung, welche eine Aussage darüber beinhaltet, *wie die geometrische Struktur des Universums durch die Verteilung der Materie bestimmt ist.*

Abschließend sollen nochmals stichwortartig die wichtigsten Vorteile der Einsteinschen Fassung seiner Theorie angeführt werden. *Erstens* ist es in dieser Fassung nicht erforderlich, die Gesetze der Mechanik zu ändern. *Zweitens* erweist sich damit auch die Einführung neuer universeller Konstanten wie der obigen Konstanten C als überflüssig. Es sind keine zusätzlichen Korrekturformeln notwendig, in denen Gesetze für die Kontraktion von Körpern in Gravitationsfeldern vorkommen. Solche Kontraktionen treten jetzt überhaupt nicht auf, da alle universellen Effekte wegtransformiert sind. *Drittens* bleiben auch die Gesetze der Optik unverändert: Es ist nicht notwendig, diese Gesetze so zu modifizieren, daß gemäß diesen Gesetzen eine Ablenkung des Lichtes in der Nähe schwerer Massen erfolgt. *Viertens* wird der Begriff der Gravitationskraft überflüssig: Was vorher durch Bezugnahme auf diesen Begriff erklärt wurde, ist jetzt Folge der geometrischen Struktur des physikalischen Raumes. *Fünftens* erweist es sich, daß die Beschreibung der Bewegungen von Körpern und Lichtstrahlen außerordentlich vereinfacht werden kann. Alle diese Objekte bewegen sich auf „natürlichen Weltlinien". Und diese sind nichts anderes als geodätische Kurven, also Analoga zu den geraden Linien im euklidischen Raum[49]. *Sechstens* ermöglicht es diese Fassung der Theorie erstmals, etwas zum Objekt einer Erklärung zu machen, das vorher als unerklärliches physikalisches Faktum hingenommen werden mußte: die metrische Beschaffenheit des physikalischen Raumes.

Die Vorzüge, die sich alle aus der von EINSTEIN *befolgten Einfachheitsregel ergeben und die bei der P-Fassung der allgemeinen Relativitätstheorie ausnahmslos wegfallen würden, sind dem einzigen Vorteil, den* POINCARÉ *für sein Einfachheitsprinzip verbuchen kann, erdrückend überlegen.*

Die vorangehende Analyse war notwendig, um einen äußerst wichtigen Aspekt wissenschaftlicher Theorienbildung zu unterstreichen: Zu den *Festsetzungen* und *Erfahrungen* (in der doppelten Bedeutung von Tatsachenbefunden und Hypothesen) treten *Einfachheitsbetrachtungen*, gestützt auf ganz bestimmte Prinzipien, als die dritte *rationale Komponente* bei der Theorienbildung hinzu. Wenn es auch eine gelegentlich zu hörende Übertreibung sein mag, daß das Einfachere „das Wahrere" sei, so ist es doch zutreffend, daß eine Nichtberücksichtigung dieses rationalen Faktors nicht nur zu einem einseitigen, sondern zu einem gänzlich inadäquaten Bild von der wissenschaftlichen Theorienbildung führt.

Sowohl für POINCARÉ als auch für EINSTEIN spielen *Konventionen, Erfahrungen* und *rationale Überlegungen* eine entscheidende Rolle bei der wissenschaftlichen Theorienbildung. Ganz verkehrt wäre es daher, POINCARÉ als den *Konventionalisten* EINSTEIN als dem *Empiriker* entgegenzusetzen. Der theoretische Gegensatz zwischen beiden Denkern — der in dem Unterschied zwischen den Interpretationen (P) und (E) von T_r zur Geltung kam — ist kein Gegensatz zwischen einer konventionalistischen und einer empiristischen Auffassung. Bezüglich der Beurteilung der Rolle von Festsetzungen sowie der von Erfahrungen waren sich POINCARÉ und EINSTEIN vielmehr vollkommen einig. Der Konflikt zwischen ihnen trat erst in bezug auf die rationale Komponente zutage. Es war der *Rationalist* EINSTEIN, der dem

---

[49] Die Aussage, daß sich z. B. auch die Erde auf einer geodätischen Kurve bewege, ist von Kritikern der Relativitätstheorie, die sich von der Anschauung leiten ließen und bei diesem Begriff an die euklidische Gerade dachten, als paradox empfunden worden. Tatsächlich liegt hierin jedoch keine Absurdität. Vielmehr zeigt sich auch hier besonders deutlich der Vorzug einer „Geometrisierung der Kraft". Die Bewegung der Erde um die Sonne wird nicht damit erklärt, daß die Sonne auf unseren Planeten eine Kraft ausübt, welche diesen in seine ellipsenförmige Bahn um die Sonne zwingt, sondern damit, daß die Sonnenmasse eine negative Krümmung des Raum-Zeit-Kontinuums erzeugt. In diesem Kontinuum bewegt sich die Erde, wie jeder Körper, auf einer Geodätischen.

Rationalisten POINCARÉ ein anderes leitendes Erkenntnisprinzip entgegenstellte. Wenn man heute der Einsteinschen Auffassung den Vorzug gibt vor der Poincaréschen, so bedeutet das somit nicht, daß man der Erfahrung einen größeren Raum gewährt als definitorischen Festsetzungen. Worum es sich handelt, ist vielmehr dies, *daß man das rationale Einfachheitsprinzip, welches EINSTEIN befolgte, aus einer Reihe von Apriori-Gründen für besser erachtet als das rationale Einfachheitsprinzip von* POINCARÉ.

Bibliographie

Studienausgabe *Teil A*

BRAITHWAITE, R. B. [Explanation], *Scientific Explanation*, Cambridge, England 1953.

CARNAP, R. [Einführung], *Einführung in die symbolische Logik mit besonderer Berücksichtigung ihrer Anwendungen*, 3. Auflage Wien 1968.

CARNAP, R. [Physics], *Philosophical Foundations of Physics*, GARDNER, M. (Hrsg.), New York-London 1966 (deutsch: *Einführung in die Philosophie der Naturwissenschaft*, München 1969).

FEIGL, H., and W. SELLARS (Hrsg.), *Readings in Philosophical Analysis*, New York 1949.

FEIGL, H., and M. BRODBECK (Hrsg.), *Readings in the Philosophy of Science*, New York 1953.

FEIGL, H., and G. MAXWELL (Hrsg.), *Current Issues in the Philosophy of Science*, New York 1961.

FEIGL, H., and M. SCRIVEN (Hrsg.), *Minnesota Studies in the Philosophy of Science:* Bd. I, Minneapolis 1956.

FEIGL, H., and G. MAXWELL (Hrsg.), *Minnesota Studies in the Philosophy of Science:* Bd. III, Minneapolis 1962.

GRÜNBAUM, A. [Space and Time], *Philosophical Problems of Space and Time*, New York 1963.

GRÜNBAUM, A., "The Special Theory of Relativity as a Case Study of the Importance of the Philosophy of Science for the History of Science", in: BAUMRIN, B. (Hrsg.), *Philosophy of Science. The Delaware Seminar*, Bd. II, New York 1963, S. 171—204.

GRÜNBAUM, A., "Reply to Hilary Putnam's 'An Examination of Grünbaum's Philosophy of Geometry' ", in: COHEN, R. S., and M. W. WARTOFSKY (Hrsg.), *Boston Studies in the Philosophy of Science*, Bd. V, Dordrecht, Holland 1969.

HACKING, I. J. [Statistical Inference], *Logic of Statistical Inference*, Cambridge, England 1965.

HEMPEL, C. G. [Fundamentals], *Fundamentals of Concept Formation in Empirical Science*, Chicago, 1952.

JAMMER, M., *Das Problem des Raumes. Die Entwicklung der Raumtheorien*, Darmstadt 1960.

JAMMER, M., *Der Begriff der Masse in der Physik*, Darmstadt 1964.

NAGEL, E. [Science], *The Structure of Science: Problems in the Logic of Scientific Explanation*, New York 1961.

PFANZAGL, J., *Theory of Measurement*, Würzburg-Wien 1968.

PUTNAM, H., "An Examination of Grünbaum's Philosophy of Geometry", in: BAUMRIN, B. (Hrsg.), *Philosophy of Science. The Delaware Seminar*, Bd. II, New York 1963, S. 205—258.

REICHENBACH, H. [Axiomatik], *Axiomatik der relativistischen Raum-Zeit-Lehre*, Neuauflage Braunschweig 1965.

Bibliographie

REICHENBACH, H. [Raum-Zeit], *Philosophie der Raum-Zeit-Lehre*, Berlin-Leipzig 1928 (englische Neuauflage: *The Philosophy of Space and Time*, New York 1958).

REICHENBACH, H. [Time], *The Direction of Time*, Berkeley 1956.

SCHOLZ, H. [Topologie], "Eine Topologie der Zeit im Kantischen Sinne", in: Dialectica Bd. 9 (1955), S. 66—113.

STEGMÜLLER, W. [Gegenwartsphilosophie], *Hauptströmungen der Gegenwartsphilosophie*, 4. Auflage, Stuttgart 1969.

STEGMÜLLER, W. [Erklärung und Begründung], *Wissenschaftliche Erklärung und Begründung. Probleme und Resultate der Wissenschaftstheorie und Analytischen Philosophie I*, Berlin-Heidelberg- New York 1969.

SUPPES, P., and J. L. ZINNES, *Basic Measurement Theory*, Stanford University, Technical Report Nr. 45 (1962); abgedruckt in: LUCE, R. D., R. R. BUSH, and E. GALANTER, *Mathematical Psychology*, Bd. I, New York-London 1963, S. 1—76.

WEYL, H., *Raum, Zeit, Materie*, Berlin 1918, Neuauflage Darmstadt 1961.

ZINNES, J. L., siehe: SUPPES, P., and J. L. ZINNES.